Dominik M. Ohlmann

Neue katalytische Funktionalisierungen ungesättigter Fettsäuren

Dominik M. Ohlmann

Neue katalytische Funktionalisierungen ungesättigter Fettsäuren

Effiziente Doppelbindungsisomerisierung als Schlüsselschritt

Südwestdeutscher Verlag für Hochschulschriften

Impressum/Imprint (nur für Deutschland/only for Germany)
Bibliografische Information der Deutschen Nationalbibliothek: Die Deutsche Nationalbibliothek verzeichnet diese Publikation in der Deutschen Nationalbibliografie; detaillierte bibliografische Daten sind im Internet über http://dnb.d-nb.de abrufbar.
Alle in diesem Buch genannten Marken und Produktnamen unterliegen warenzeichen-, marken- oder patentrechtlichem Schutz bzw. sind Warenzeichen oder eingetragene Warenzeichen der jeweiligen Inhaber. Die Wiedergabe von Marken, Produktnamen, Gebrauchsnamen, Handelsnamen, Warenbezeichnungen u.s.w. in diesem Werk berechtigt auch ohne besondere Kennzeichnung nicht zu der Annahme, dass solche Namen im Sinne der Warenzeichen- und Markenschutzgesetzgebung als frei zu betrachten wären und daher von jedermann benutzt werden dürften.

Coverbild: www.ingimage.com

Verlag: Südwestdeutscher Verlag für Hochschulschriften GmbH & Co. KG
Heinrich-Böcking-Str. 6-8, 66121 Saarbrücken, Deutschland
Telefon +49 681 37 20 271-1, Telefax +49 681 37 20 271-0
Email: info@svh-verlag.de

Zugl.: Kaiserslautern, TU, Diss., 2012

Herstellung in Deutschland (siehe letzte Seite)
ISBN: 978-3-8381-3306-5

Imprint (only for USA, GB)
Bibliographic information published by the Deutsche Nationalbibliothek: The Deutsche Nationalbibliothek lists this publication in the Deutsche Nationalbibliografie; detailed bibliographic data are available in the Internet at http://dnb.d-nb.de.
Any brand names and product names mentioned in this book are subject to trademark, brand or patent protection and are trademarks or registered trademarks of their respective holders. The use of brand names, product names, common names, trade names, product descriptions etc. even without a particular marking in this works is in no way to be construed to mean that such names may be regarded as unrestricted in respect of trademark and brand protection legislation and could thus be used by anyone.

Cover image: www.ingimage.com

Publisher: Südwestdeutscher Verlag für Hochschulschriften GmbH & Co. KG
Heinrich-Böcking-Str. 6-8, 66121 Saarbrücken, Germany
Phone +49 681 37 20 271-1, Fax +49 681 37 20 271-0
Email: info@svh-verlag.de

Printed in the U.S.A.
Printed in the U.K. by (see last page)
ISBN: 978-3-8381-3306-5

Copyright © 2012 by the author and Südwestdeutscher Verlag für Hochschulschriften GmbH & Co. KG and licensors
All rights reserved. Saarbrücken 2012

Meinen Eltern

„Nihil tam difficile est, quin quaerendo investigari possit."

Nichts ist so schwierig, dass es nicht erforscht werden könnte.

Terenz

Abkürzungsverzeichnis

Ac	Acetyl
acac	Acetylacetonato
AcOH	Essigsäure
Äquiv.	Äquivalent
Ar	Arylrest
Binap	Bis-(di-phenylphosphino)-1,1'-binaphthalin
Biphephos	6,6'-[(3,3'-Di-*tert*-butyl-5,5'-dimethoxy-1,1'-biphenyl-2,2'-diyl)bis(oxy)]-bis-(dibenzo[d,f][1,3,2]dioxaphosphepin)
Bn	Benzyl
BTEAB	Benzyltriethylammoniumbromid
BTBPM	Bis-*tert*-butylphosphinomethan
Bz	Benzoyl
c	Konzentration
cod	1,5-Cyclooctadien
COE	Cycloocten
Cp	Cyclopentadienyl
Cy	Cyclohexyl
δ	Chemische Verschiebung
DB	Doppelbindung(en)
dba	Dibenzylidenaceton
DCE	1,2-Dichlorethan
DMAP	4-N,N-Dimethylaminopyridin
DMC	Dimethylcarbonat
DMF	N,N-Dimethyl-formamid
DMSO	Dimethylsulfoxid
DPE-Phos	Bis(2-diphenylphosphinophenyl)ether
dppe	1,2-Bis(diphenylphosphino)ethan
dppp	1,1-Bis(diphenylphosphino)propan
Et	Ethyl
GC	Gaschromatograph / Gaschromatographie
Hex	Hexyl
Hz	Hertz
^{i}Pr	Isopropyl
J	Kopplungskonstante

ABKÜRZUNGSVERZEICHNIS

John-Phos	(2-Biphenyl)dialkylphosphin
kat.	katalytisch
kt	Kilotonne(n)
L	Ligand
LDA	Lithiumdiisopropylamid
MCPBA	meta-Chlorperbenzoesäure
MeCN	Acetonitril
Me	Methyl
Mes	Mesityl
MIDA	6-Methyl-1,3,6,2-dioxazaborocan-4,8-dion
Monophos	(R)-(−)-(3,5-Dioxa-4-phospha-cyclohepta[2,1-a:3,4-a']dinaphthalen-4-yl)dimethylamin
Mrd	Milliarde(n)
Ms	Methylsulfonyl
Mt	Megatonne(n)
µW	Mikrowellenstrahlung
^{n}Bu	n-Butyl
Nap	Naphthyl
NHC	N-heterocyclischer Carbenligand
NMP	N-Methyl-2-pyrrolidon
NMR	Kernmagnetische Resonanz
Nor	Norbornadien
^{n}Pr	n-Propyl
Nu	Nucleophil
NTf	Bis-triflylamido
org.	organisch
Ph	Phenyl
Phen	1,10-Phenanthrolin
PPA	Polyphosphorsäure
PPC	Propylencarbonat
ppm	parts per million
ROMP	Ringöffnungsmetathesepolymerisation
SIMes	1,3-Bis(2,4,6-trimethylphenyl)-4,5-dihydroimidazol
TBAB	Tetrabutylammoniumbromid
TBAF	Tetrabutylammoniumfluorid
TBD	1,5,7-Triazabicyclo[4.4.0]dec-5-en
TON	Turn Over Number

(2-Tol)$_3$P	Tris-(2-tolyl)phosphin
^{t}Bu	*tert*-Butyl
Tf	Trifluormethansulfonyl
THF	Tetrahydrofuran
TMS	Trimethylsilyl
Tol	Toluol
TPP	Triphenylphosphin
TPPO	Triphenylphosphinoxid
TPPor	Tetraphenylporphin
Ts	4-Tolylsulfonyl
X	Halogenid
X-Phos	2-(Dicyclohexylphosphino)-2',4',6'-triisopropylbiphenyl

Nummerierung der Verbindungen

Die Nummerierung der Verbindungen erfolgt separat für jedes Kapitel der zweiten Gliederungsebene, beispielsweise **2.4-1a** für die Verbindung **1a** im Kapitel 2.4. Daher tragen Verbindungen, die in mehreren Kapiteln vorkommen, mitunter in jedem Kapitel eine andere Nummer. Eine Ausnahme bilden Rutheniumbasierte Metathesekatalysatoren, die durchgängig mit **Ru-1** bis **Ru-13** bezeichnet werden.

Inhaltsverzeichnis

ABKÜRZUNGSVERZEICHNIS V

NUMMERIERUNG DER VERBINDUNGEN IX

INHALTSVERZEICHNIS XI

1   ZUSAMMENFASSUNG 1

2   EINLEITUNG 5

2.1   Nachwachsende Rohstoffe 5

2.1.1   Begriff und Verfügbarkeit 5

2.1.2   Nutzungsstrategien 8

2.2   Fettsäuren als Rohstoffquelle 14

2.2.1   Pflanzenöle und Fettsäuren 14

2.2.3   Fettsäuren in der chemischen Industrie 18

2.3   Schlüsseltechnologie Katalyse 21

2.3.1   Potential katalytischer Reaktionen 21

2.3.2   Effiziente Methodenentwicklung mittels Hochdurchsatzverfahren 25

2.4   Reaktionen ungesättigter Fettsäuren und Fettsäureester 27

2.4.1   Nicht-isomerisierende Funktionalisierungen 27

2.4.2   Funktionalisierungen unter Doppelbindungswanderung ... 31

2.4.3   Olefinmetathese ungesättigter Fettsäurederivate 39

2.4.4   Alkylierung gesättigter und ungesättigter Fettsäureester ... 47

2.5   Aktuelle Entwicklungen in der Fettsäurechemie 50

3   ZIELE DER ARBEIT 61

4   ERGEBNISSE UND DISKUSSION 63

4.1	Das Konzept der isomerisierenden Funktionalisierungen	63
4.2	**Silber-katalysierte isomerisierende Lactonisierung**	**67**
4.2.1	Zielsetzung	67
4.2.2	Optimierung der Methode	68
4.2.3	Anwendungsbreite der isomerisierenden Lactonisierung	74
4.2.4	Mechanistische Aspekte	75
4.2.5	Folgechemie des γ-Stearolactons	77
4.2.6	Prototyp eines kontinuierlichen Verfahrens	79
4.2.7	Zusammenfassung	81
4.2.8	Ausblick	82
4.3	**Versuche zur isomerisierenden Lactamsynthese**	**86**
4.3.1	Vorüberlegungen	86
4.3.2	Synthese der Ausgangsverbindungen	87
4.3.3	Versuche zur Cyclisierung ungesättigter Fettsäureamide	88
4.3.4	Isomerisierung ungesättigter Fettsäureamide	91
4.3.5	Zusammenfassung und Ausblick	94
4.4	**Rhodium-katalysierte isomerisierende Michael-Addition**	**96**
4.4.1	Zielsetzung	96
4.4.2	Konzept und Vorüberlegungen	97
4.4.3	Synthesewege zu (*E*)-2-Octadecensäureethylester (4.4-1b)	98
4.4.4	Synthese sterisch aufwändiger Bisphosphitliganden	100
4.4.5	Katalysatoren für die Isomerisierung ungesättigter Ester	101
4.4.6	Entwicklung bifunktioneller Katalysatoren	107
4.4.7	Optimierung der isomerisierenden Michael-Addition von Arylnucleophilen	110
4.4.8	Anwendungsbreite der isomerisierenden Michael-Addition von Arylnucleophilen	113
4.4.9	Mechanistische Aspekte	119
4.4.10	Entwicklung einer isomerisierenden Aza-Michael-Addition	121

4.4.11 Anwendungsbreite der isomerisierenden Aza-Michael-Addition 124

4.4.12 Zusammenfassung 129

4.4.13 Ausblick 131

4.5 Palladium/Ruthenium-katalysierte isomerisierende Olefinmetathese 133

4.5.1 Zielsetzung 133

4.5.2 Hintergrund: Verwendungsmöglichkeiten für Olefingemische 134

4.5.3 Konzept und Vorüberlegungen 136

4.5.4 Bimetallische Katalysatorsysteme für die isomerisierende Olefinmetathese 138

4.5.5 Isomerisierende Selbstmetathese ungesättigter Fettsäuren 143

4.5.6 Isomerisierende Selbstmetathese einfacher Olefine 148

4.5.7 Isomerisierende Kreuzmetathese einfacher Olefine 149

4.5.8 Isomerisierende Ethenolyse von Ölsäure (4.5-1b) 152

4.5.9 Isomerisierende Kreuzmetathese von Ölsäure (4.5-1b) mit ungesättigten Carbonsäuren 156

4.5.10 Mechanistische Aspekte 162

4.5.11 Zusammenfassung 166

4.5.12 Exkurs: Synthese funktionalisierter Vinylbenzole *via* isomerisierende Ethenolyse 168

4.5.13 Ausblick 172

4.6 Die vorgestellten Isomerisierungskatalysatoren im Vergleich 174

4.7 Kettenalkylierung gesättigter und ungesättigter Fettsäureester .. 178

4.7.1 Vorüberlegungen 178

4.7.2 Versuche zur Doppelbindungsalkylierung *via* Heck-Kupplung ... 179

4.7.3 α–Alkylierung mittels *in situ* Enolatbildung 181

4.7.4 Zusammenfassung und Ausblick 184

5 AUSBLICK 187

6 EXPERIMENTELLER TEIL 193

6.1 Allgemeine Anmerkungen 193

6.1.1 Chemikalien und Lösungsmittel 193
6.1.2 Analytische Methoden 194
6.1.3 Methodik der Parallelversuche 196
6.1.4 Mikrowellenreaktionen 198
6.1.5 Autoklavenreaktionen 199

6.2 Arbeitsvorschriften zur Isomerisierung ungesättigter Fettsäureamide 200

6.2.1 Synthese von Bis(tri-tert-butylphosphin)palladiumdibromid (4.3-10) 200
6.2.2 Isomerisierung von 10-Undecenamid (4.3-1a) 200

6.3 Arbeitsvorschriften zur isomerisierenden Lactonisierung 201

6.3.1 Synthese von Zirkoniumtriflat 201
6.3.2 Synthese von γ-Lactonen aus Fettsäuren 201
6.3.3 Synthese von 4.2-2a im Multi-Gramm-Maßstab 204
6.3.4 Ringöffnende Derivatisierung von γ-Stearolacton (4.2-2a) 204
6.3.5 Kontinuierliches Verfahren zur Lactonsynthese 207

6.4 Arbeitsvorschriften zur Synthese ungesättigter Carbonsäureamide 208

6.4.1 Synthese von (E)-4-Decensäure (4.3-4a) 208
6.4.2 Aminolyse ungesättigter Carbonsäurechloride 208
6.4.3 N-Sulfonierung ungesättigter Carbonsäureamide 213

6.5 Arbeitsvorschriften zur isomerisierenden Michael-Addition 216

6.5.1 Synthese von (E)-2-Octadecensäureethylester (4.4-1b) 216
6.5.2 Synthese von (E)-2-Pentensäureethylester (4.4-1r) 219
6.5.3 Synthese der Bisphosphitliganden 219
6.5.4 Synthese der Edukte für Michael-Additionen 222

6.5.5	Michael-Addition von 4.4-14a an (L)-Menthyl-5-hexenoat (4.4-1f)	224
6.5.6	Isomerisierung von Ethyloleat (4.4-1d)	225
6.5.7	Synthese β-arylierter Carbonsäureester	227
6.5.8	Synthese β-aminierter Carbonsäureester	236
6.6	**Arbeitsvorschriften zur isomerisierenden Olefinmetathese**	**244**
6.6.1	Isomerisierende Selbstmetathese	244
6.6.2	Isomerisierende Ethenolyse von Ölsäure (4.5-1b)	246
6.6.3	Sequentielle Isomerisierung von 1-Octadecen (4.5-2a) und Kreuzmetathese mit (E)-3-Hexen (4.5-3)	247
6.6.4	Isomerisierende Kreuzmetathese	248
6.7	**Arbeitsvorschriften zur katalytischen Alkylierung**	**252**
6.7.1	Synthese von (Z)-9-Octadecensäure-n-octylester (4.7-3)	252
6.7.2	Synthese von Nonansäureisopropylester (4.7-4b)	252
6.7.3	Synthese von Nonansäure-tert-butylester (4.7-4c)	253
6.7.4	Synthese von Ölsäuremethylester-O-trimethylsilylketenacetal (4.7-7)	254
6.7.5	Synthese von α-Allylölsäuremethylester (4.7-5d)	255

7 VERZEICHNIS DER ABBILDUNGEN, SCHEMATA UND TABELLEN 257

7.1 Abbildungsverzeichnis **257**

7.2 Schemaverzeichnis **260**

7.3 Tabellenverzeichnis **265**

8 REFERENZEN UND ANMERKUNGEN **269**

1 Zusammenfassung

Die vorliegende Arbeit befasst sich mit der Entwicklung neuer katalytischer Methoden zur Funktionalisierung von Fettsäurederivaten als wichtige nachwachsende Rohstoffe. Mit dem innovativen Konzept der gezielten Abfangreaktion nach Doppelbindungsverschiebung eröffnen sich neue Möglichkeiten zur Veredelung ungesättigter Fettsäuren und ihrer Derivate, deren Potential als industrielle Rohstoffe nicht einmal ansatzweise ausgeschöpft ist. Die in dieser Arbeit entwickelten Methoden setzen auf effektive Übergangsmetallkatalysatoren zur Umwandlung eines breiten Substratspektrums preiswerter Oleochemikalien in höherwertige Produkte, die bisher nur auf petrochemischer Basis synthetisiert werden konnten. Die neuen Reaktionen sind besonders für oleochemische Rohstoffe geeignet und zeichnen sich durch hohe Selektivitäten, gute Ausbeuten sowie Toleranz gegenüber funktionellen Gruppen aus.

Es wurde zunächst ein Konzept entworfen, nach dem sich katalytische isomerisierende Funktionalisierungen ungesättigter Fettsäurederivate entwickeln lassen. Mit einem tieferen Verständnis der Doppelbindungswanderung gelingt ihre Beherrschung, und ihre selektive Nutzbarmachung durch gewinnbringende Kombination mit geeigneten Folgereaktionen wird möglich. Als Ausgangspunkt der Entwicklung neuer isomerisierender Tandemreaktionen wurden zunächst diejenigen Positionen entlang der aliphatischen Fettsäurekette identifiziert, die irreversibel durch eine *in situ* an diese Position verschobene Doppelbindung funktionalisiert werden können. Ein geeigneter Katalysator erzeugt so aus dem einheitlichen Ausgangsstoff ein Gemisch aus allen möglichen Doppelbindungsisomeren, die in der thermodynamisch günstigsten Gleichgewichtsverteilung vorliegen und ständig ineinander umgewandelt werden (Schema 1). Durch eine irreversible Abfangreaktion wird ein bestimmtes Isomer der Mischung entzogen und unmittelbar durch den Isomerisierungskatalysator nachgeliefert, wodurch auch Reaktionen an thermodynamisch nicht begünstigten Kettenpositionen möglich werden.

Die erste Anwendung dieses Konzeptes gelang mit der Entwicklung einer katalytischen Synthese von langkettigen γ-Lactonen aus freien ungesättigten Fettsäuren durch isomerisierende intramolekulare Cyclisierung (**A**). In Gegenwart eines bifunktionellen Silbertriflatkatalysators bilden sich die Produkte in hoher Selektivität durch intramolekularen Ringschluss der freien Carboxylgruppe mit der *in* *situ* in die γ,δ-Position verschobenen Doppelbindung. Ungesättigte Fettsäuren mit unterschiedlichen Kettenlängen und Doppelbindungspositionen wurden in Ausbeuten von bis zu 72 % zu den gesättigten γ-Lactonen umgesetzt. Darauf aufbauend wurde ein kontinuierlich betriebenes Verfahren entwickelt, das die Synthese von γ-Undecalacton aus 10-Undecensäure in einem Festbett-Rohrreaktor mit einer Schüttung aus immobilisiertem Silbertriflat das liefert.

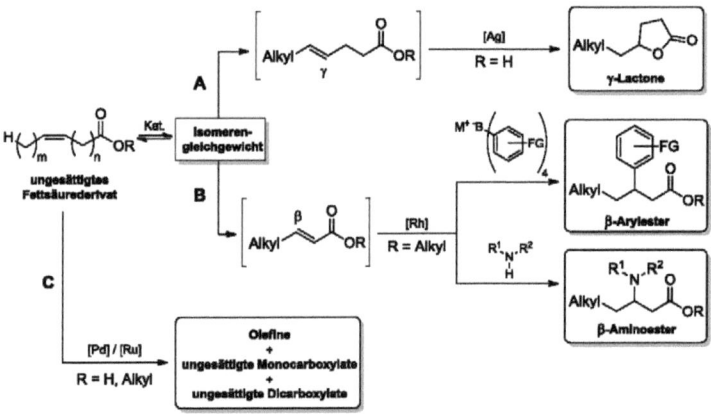

Schema 1. In dieser Arbeit entwickelte isomerisierende Funktionalisierungen ungesättigter Fettsäurederivate: Isomerisierende Lactonisierung (**A**); Isomerisierende Michael-Addition von Aryl- oder Stickstoffnucleophilen (**B**); Isomerisierende Olefinmetathese (**C**).

Daran anknüpfend war der isomerisierende Ringschluss ungesättigter Fettsäureamide von Interesse, der heterocyclische Derivate mit langkettigen Substituenten liefern würde. In systematischen Studien wurde ein Palladium(I)-Dimer identifiziert, das erstmals die Isomerisierung dieser Substanzklasse katalysiert. Die Addition der Amidgruppe an die Doppelbindung in γ-Position wurde an primären und *N*-substituierten, γ,δ-ungesättigten Fettsäureamiden untersucht. Statt der gewünschten γ-Lactame wurden γ- und δ-Lactone beobachtet, die aus dem Angriff des Carbonylsauerstoffs an die Doppelbindung resultieren. Um die Selektivität zugunsten der gewünschten Produkte umzukehren, muss ein Amidstickstoff-zentrierter Reaktionsverlauf begünstigt werden. In Kombination mit dem hochaktiven Isomerisierungskatalysator [Pd(μ-Br)^{t}Bu$_3$P]$_2$ kann die Methode dann zu einer direkten Lactamsynthese ausgebaut werden.

Die Erschließung ungesättigter Fettsäureester als Substratklasse für isomerisierende Funktionalisierungen gelang durch die Entwicklung einer regioselektiven

Tandem-Isomerisierung-Michael-Addition (**B**). In umfangreichen Isomerisierungsstudien zeigte sich, dass *in situ* gebildete Rhodium-Phosphit-Komplexe effektiv die Doppelbindungsverschiebung in Gegenwart von Estergruppen vermitteln. Diese Katalysatoren stellen den thermodynamischen Gleichgewichtszustand mit der charakteristischen Isomerenverteilung her, was anhand von GC- und NMR-Studien nachgewiesen wurde. Das für die Produktbildung benötigte α,β-ungesättigte Isomer wurde durch direkten Vergleich mit einer eigens synthetisierten Substanzprobe zweifelsfrei in der Gleichgewichtsmischung identifiziert. Die Untersuchung der Michael-Addition als zweiter Teilschritt der geplanten isomerisierenden Tandemreaktion erfolgte an der Rhodium-katalysierten Umsetzung eines α,β-ungesättigten Esters mit verschiedenen Arylborverbindungen zum β-Arylester. In systematischen Studien wurden optimale Reaktionsbedingungen ermittelt, unter denen sich Natriumtetraphenylborat in Gegenwart von Rh(cod)(acac) / Biphephos in quantitativer Ausbeute an das Modellsubstrat addieren lässt. Rhodium(I)-Komplexe dieses sterisch aufwändigen Bisphosphits weisen eine einzigartige bifunktionelle Aktivität sowohl für die Isomerisierung ungesättigter Ester als auch für die 1,4-Addition von Tetraarylboraten an Michael-Systeme auf, sodass sie ideal für diese Tandemreaktion geeignet sind. Die systematische Optimierung der Reaktionsbedingungen erlaubte schließlich die isomerisierende Michael-Addition von Arylnucleophilen an eine Vielzahl ungesättigter Ester. Das Substratspektrum umfasst Ester mit Kettenlängen von C_5 bis C_{18}, jeweils mit unterschiedlichen Doppelbindungspositionen und -geometrien. Die hohe Toleranz der Methode gegenüber funktionellen Gruppen wurde demonstriert: Trifluormethyl-, Halogenid-, Alkoxy- und Alkyl-substituierte aromatische Kupplungspartner wurden in Ausbeuten von bis zu 92 % zu den β-arylierten Estern umgesetzt. Das Reaktionskonzept wurde erfolgreich auf Stickstoffnucleophile übertragen, darunter primäre, sekundäre und funktionalisierte Amine sowie Lactame, die in Ausbeuten von bis zu 89 % an eine Vielzahl ungesättigter Ester addiert wurden.

In einem dritten Projekt wurde eine Methode zur isomerisierenden Olefinmetathese von Fettsäuren zur Synthese industriell bedeutsamer Olefingemische entwickelt (**C**). Durch umfangreiche Katalysatoruntersuchungen gelang die Entwicklung eines effektiven Verfahrens: Eine bimetallische Kombination aus $[Pd(\mu\text{-Br})^tBu_3P]_2$ als Isomerisierungskatalysator und Ruthenium-basierten Metathesekatalysatoren ermöglicht mit Beladungen von weniger als 1 mol% erstmals vollständigen Umsatz. Fettsäuren in technischer Qualität werden in definierte

1 ZUSAMMENFASSUNG

Gemische aus Olefinen, ungesättigten Monocarboxylaten und Dicarboxylaten umgewandelt, wobei die Beeinflussung der Produktverteilung vor allem durch Variation der Katalysatorverhältnisse gelang. Darauf basierend wurde eine isomerisierende Kreuzmetathese unterschiedlich langer Olefinen verwirklicht, mit der je nach Stöchiometrie der Reaktionspartner ein Produktgemisch mit einer bestimmten mittleren Kettenlänge entsteht. Diese Reaktion wurde erfolgreich auf ungesättigte Fettsäuren übertragen, die mit Ethen quantitativ zu Olefinschnitten mit deutlich verkürzten Ketten umgesetzt wurden. Der Zusatz eines funktionalisierten Kupplungspartners ermöglicht die Einführung zusätzlicher Gruppen in die Produktgemische, was am Beispiel der isomerisierenden Kreuzmetathese von Ölsäure und 3-Hexendisäure demonstriert wurde: Die Reaktion verläuft mit vollständigem Umsatz beider Reaktanden und führt zu der gewünschten Verschiebung der mittleren Produktkettenlänge. Mittelfristig könnte man daran aknpüfend einen Prozess zur Synthese einer einheitlichen, biobasierten Monomerfraktion aus preiswerten Oleochemikalien entwickeln.

In einem weiteren Teilprojekt wurde eine katalytische α-Allylierung zur Synthese verzweigter Fettsäureester entwickelt, die für Treibstoffe und Schmiermittel wichtig sind. Mit dieser direkten Methode (ohne Isomerisierung) gelingt die Palladium-katalysierte Übertragung einer Allylgruppe von Allylacetat oder -carbonaten in die α-Position gesättigter und ungesättigter Fettsäureester. In Gegenwart einer Aminbase entstehen mitunter durch vorgeschaltete Claisen-Kondensation 1,3-Dicarbonyle, die ebenfalls α-allyliert werden. Es wurde gezeigt, dass die Selektivität zugunsten der gewünschten Produkte durch die Wahl der Reaktionsbedingungen eingestellt werden kann. Diese Methode eröffnet einen direkten katalytischen Zugang zu neuen α-kettenverzweigten Fettsäureestern, die bisher nur durch mehrstufige Synthesen dargestellt werden konnten.

Die in dieser Arbeit entwickelten Katalysatorsysteme erweitern das Spektrum der stofflichen Nutzungsmöglichkeiten ungesättigter Fettsäuren und ihrer Derivate um katalytische Isomerisierungs-Funktionalisierungs-Reaktionen. Sie tragen zum notwendigen Wandel von unkatalysierten zu katalytischen Prozessen bei, der sich in der bio-basierten Oleochemie vollzieht. Daüberhinaus liefert diese Arbeit einen wichtigen Beitrag zur besseren Erforschung, Entwicklung und Etablierung katalytischer Verfahren ausgehend von nachwachsenden Rohstoffen.

2 Einleitung

2.1 Nachwachsende Rohstoffe

2.1.1 Begriff und Verfügbarkeit

Nachwachsende Rohstoffe stellen aufgrund ihrer naturgegebenen strukturellen Diversität und ihrer theoretisch unbegrenzten Verfügbarkeit eine ergiebige Rohstoffbasis für die chemische Industrie dar. Im engeren Sinne versteht man darunter biogene Materialien, die aus der Land- und Forstwirtschaft stammen und nicht für den Einsatz als Lebens- oder Futtermittel angebaut wurden, sondern zur gezielten Nutzung als Syntheserohstoffe oder Energieträger.[1] Nachwachsende Rohstoffe sind damit der Teil der Biomasse, das heißt der gesamten Masse von Organismen, der aufgrund seiner Molekülstruktur stofflich genutzt oder wegen seines Brennwertes zur Energieerzeugung verwendet wird. In der Regel gewinnt man erst durch Reinigung der nachwachsenden Rohstoffe die eigentlichen chemischen Grundstoffe, wie Pflanzenöle, Fettsäuren, Zucker, Stärke, Cellulose, Naturfasern, Proteine, Harze und Wachse. Deren industrieller Gesamtverbrauch lag 2006 bei ca. 2690 kt, wobei pflanzliche Öle den Hauptanteil stellten – und liegt damit ca. 150 % bis 180 % über dem Wert von 1997 (Tabelle 1).[1]

Tabelle 1. Nutzung landwirtschaftlicher Rohstoffe in der deutschen chemischen Industrie (2009).

Roh- / Grundstoff	Jahresverbrauch / kt
Pflanzenöle	800
Tierfette	350
Stärke	630
Cellulose/Chemiezellstoff	320
Zucker	295
Lignin/Naturfasern	176
Proteine/Harze/Wachse u.a.	117
Summe	**2688**

Man unterscheidet einerseits essbare Rohstoffe, wie Pflanzenöle, Tierfette, Stärke, Zucker und einige Proteine; andererseits nicht essbare Rohstoffe, wie Cellulose, Naturfasern, sowie Harze und Wachse. Unter den nicht essbaren nachwachsenden Rohstoffen findet man bei genauerer Betrachtung die Biopolymere Cellulose und Hemicellulose (beide aus Zuckereinheiten aufgebaut), sowie Lignin (aus aromatischen Alkoholen aufgebaut). Diese werden aus der Lignocellulose von Krautpflanzen, Holz und Rückständen der Forstwirtschaft gewonnen (Abbildung 1).[2] Aus Nutzpflanzen stammende Pflanzenfette und -öle liefern gleich mehrere Grundstoffe zur Weiterverarbeitung, nämlich Fettsäuren, Glycerin und Proteine. Zucker schließlich können entweder aus stärkehaltigen Nutzpflanzen oder über Lignocellulose / Cellulose aus Biomasserückständen und Holz gewonnen werden.[3]

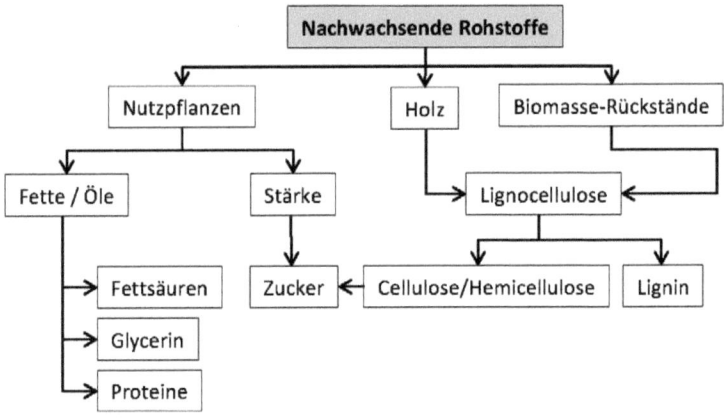

Abbildung 1. Übersicht der Grund- und Rohstoffgewinnung aus nachwachsenden Rohstoffen.[2,3]

Die Nutzung und Produktion nachwachsender Rohstoffe ist von gesamtgesellschaftlicher Bedeutung und birgt zahlreiche Vorteile. Die Fachagentur für nachwachsende Rohstoffe (FNR) fördert ausdrücklich den Anbau und die Beforschung dieser Rohstoffe und benennt konkrete positive Effekte:[4]

- Schonung endlicher fossiler Ressourcen
- Nutzung ohne zusätzlichen Treibhauseffekt durch weitgehende CO_2-Neutralität
- Potential zur Verwirklichung einer echten Kreislaufwirtschaft
- Einsatzmöglichkeit bio-basierter Produkte in umweltsensiblen Bereichen
- Schaffung von Arbeitsplätzen im ländlichen Raum
- Erschließung neuer, globaler Marktsegmente durch innovative „grüne" Produkte und Technologien

- Erhaltung biologischer Vielfalt

Unabhängig von diesen ökologischen und ökonomischen Aspekten zwingt uns die Verknappung petrochemischer Ressourcen zur ernsthaften Diskussion über eine Rohstoffwende, um auch weiterhin Produkte des täglichen Lebens produzieren zu können. Die beiden Kernfragen sind dabei:

> Welche Kohlenstoffquellen werden wir in Zukunft nutzen?
>
> Woraus werden wir funktionalisierte Moleküle herstellen?

Als zukünftige, nachhaltige Quelle für die benötigten Kohlenstoffbausteine kommt in letzter Konsequenz nur Kohlenstoffdioxid in Frage – wir können lediglich entscheiden, ob es direkt oder nach dem Einbau in Organismen in Form von Biomasse genutzt werden soll. Aus dieser entstehen entweder Treibstoffe oder chemische Produkte (Abbildung 2).

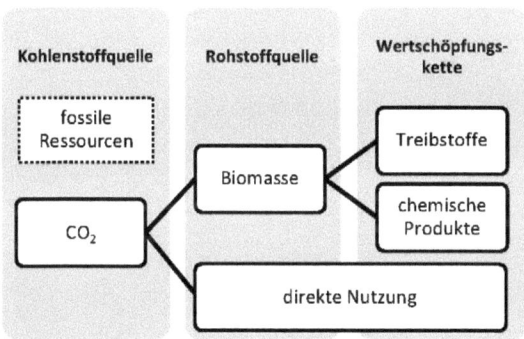

Abbildung 2. Wertschöpfungsketten ausgehend von CO_2 als Kohlenstoffquelle.

Zu bedenken ist hierbei, dass fossile Rohstoffe energiereich sind und damit direkt als Energieträger zur Verfügung stehen, während Kohlenstoffdioxid eine thermodynamische Senke darstellt und erst durch die Syntheseleistung der Natur in energiereichere Biomasse umgewandelt werden muss. Die Technologie zur Erschließung von CO_2 und Biomasse ist allerdings noch nicht ausgereift genug, um einen mittelfristigen, vollständigen Wechsel von fossilen zu nachwachsenden Rohstoffen zu bewerkstelligen. Der Blick zurück zeigt, dass ähnliche Verknappungen essentieller Ressourcen schon früher zu den entscheidenden Fortschritten der chemischen Entwicklung beigetragen haben; prominente Beispiele sind die Ammoniaksynthese aufgrund eines Mangels an natürlichen Nitraten und die Kohleverflüssigung durch Bergius bzw. Fischer und Tropsch angesichts mangelnder Treibstoffreserven.[5] Taarning et al. wagten die Prognose, dass die kontinuierliche Beforschung dieses Gebietes zu neuen, effizienteren und kostengünstigeren Prozessen und Produkten führen wird.[6,7] Die industrielle und akademische Forschung liefert bereits eine Vielzahl an Verfahren, um Zwischenprodukte und Feinchemikalien aus nachwachsenden Rohstoffen zugänglich zu machen. Diese Nutzungswege lassen sich auf zwei grundlegend verschiedene Strategien reduzieren, um aus natürlichen Kohlenstoffquellen Treibstoffe zu erzeugen und funktionalisierte chemische Produkte aufzubauen.

2.1.2 Nutzungsstrategien

Das Ziel einer effizienten, nachhaltigen und wertschöpfenden Verstofflichung nachwachsender Rohstoffe kann auf zwei verschiedenen Wegen erreicht werden, die beide wirtschaftliche und technologische Vor- und Nachteile haben. Diese Strategien sind unterschiedlich gut kompatibel mit den vorhandenen industriellen Wertschöpfungsketten, erfordern daher einen unterschiedlich großen technologischen Entwicklungsaufwand und zielen auf unterschiedlich weit entwickelte Märkte ab. Für die erste Strategie dienen nachwachsende Rohstoffe als reine Kohlenstoffquelle; die zweite nutzt auch die funktionalisierte Molekülstruktur der Grundstoffe (Abbildung 3).

Abbildung 3. Strategische Möglichkeiten der Eingliederung nachwachsender Rohstoffe in die Wertschöpfungskette.

Um aus der divers zusammengesetzten Biomasse eine verwertbare Kohlenstoffquelle zu machen, wird sie zunächst in kleine Bausteine zerlegt (Strategie 1). Dies geschieht z. B. durch Vergasung jeglicher Biomasse zu Synthesegas (CO/H_2) oder durch Fermentation stärkehaltiger Rohstoffe zu Ethanol. Diese Intermediate werden in die bestehende Wertschöpfungskette zum schrittweisen

Aufbau höherwertiger Moleküle integriert, im Falle des Synthesegases durch das Fischer-Tropsch-Verfahren und die Methanolsynthese.

Die Vorteile dieser Strategie sind:

- Die erzeugten Intermediate sind unabhängig von natürlichen Strukturvorgaben wie definierten Kettenlängen bei Fettsäuren oder Überfunktionalisierung von Zuckern.
- Die technologische Infrastruktur für die Weiterverarbeitung zum Endprodukt existiert bereits.
- Der Markt für Intermediate und Endprodukte ist bereits vorhanden.

Als Nachteile der ersten Strategie lassen sich anführen, dass für den ersten Schritt der Biomassezerlegung die Technologie noch nicht ausgereift ist. Idealerweise könnte man die Rohstoffe direkt aus Wald, Feld und Wiese einsetzen; zur Zeit sind jedoch meist aufwändige Reinigungsprozeduren notwendig, um aus pflanzlichem Material Grundstoffe in technisch nutzbarer Qualität zu erreichen. Hohe Anforderungen werden hierbei an Katalysator- und Reaktortechnik gestellt. Ein zweiter, potentieller Nachteil ist die Konkurrenzsituation zu fossilen Ressourcen, die in riesigen Volumina in die etablierten Wertschöpfungsketten eingespeist werden.[8] Deutlich wird dies am Beispiel von Ethen, der meistproduzierten organischen Verbindung weltweit: Selbst nach Errichtung einer Anlage zur Ethenerzeugung aus Bioethanol in einer Größenordnung von 200 000 Tonnen pro Jahr beträgt der Anteil fossiler Rohstoffe an der Gesamtproduktion immer noch 99.83 %.[9]

Bei dieser ersten Strategie wird die vorhandene Funktionalisierung der Biomasse verworfen, etwa Hydroxygruppen der Kohlenhydrate, Phenoleinheiten des Lignins oder Carboxylgruppen der Pflanzenöle (Abbildung 4).

Biomasse lässt sich effizienter nutzen, wenn man auf der Syntheseleistung der Natur geschickt aufbaut und das Potential vorhandener Strukturmerkmale für sinnvolle, neue Transformationen erkennt (Strategie 2). Indem man möglichst viele Funktionalitäten der nachwachsenden Rohstoffe in die Endprodukte übernimmt, lassen sie sich deutlich effizienter nutzen als bei bloßer Zerlegung in ihre molekularen oder atomaren Bestandteile. Einige Roh- und Grundstoffe sind nach entsprechender Aufbereitung bereits für bestimmte Anwendungen brauchbar (z. B. Pflanzenöle für Schmiermittel und Beschichtungen), andere müssen zunächst in höherwertige Produkte umgewandelt werden (z. B. Zucker durch Hyd-

2.1 Nachwachsende Rohstoffe

rolyse von Stärke und anschließender Dehydrierung zu Aromaten; Biodiesel durch Umesterung von Pflanzenölen).

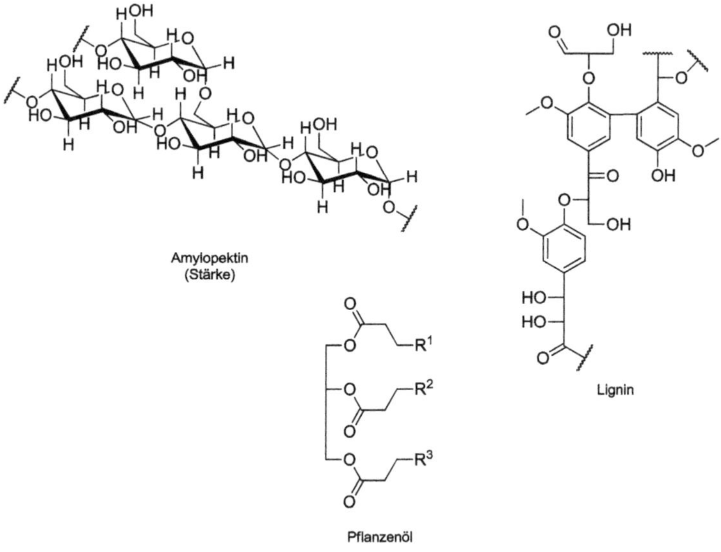

Abbildung 4. Strukturausschnitte von Stärke, Lignin und Pflanzenölen.

Diese Strategie eröffnet vorteilhafte neue Produktlinien auf biogener Basis. Die Hauptschwierigkeit dieser Wertschöpfungsstrategie ist die Etablierung völlig neuer Strukturen für die Aufbereitung der erneuerbaren Rohstoffe sowie zur Vermarktung der neu zugänglichen Produkte. Erschwert wird die Verarbeitung in den sog. Bioraffinerien zusätzlich durch die uneinheitliche Qualität der Naturstoffe. Idealerweise wären diese neu zu schaffenden Strukturen komplementär zu den bereits bestehenden statt alternativ dazu, sodass Synergien aus der Nutzung fossiler und nachwachsender Rohstoffquellen und der sich anschließenden Wertschöpfungsketten entstehen. Ein Beispiel für eine zukünftige Plattformchemikalie ist 5-Hydroxymethylfurfural (5-HMF), das durch Dehydratisierung aus Zuckern gewonnen und zu Furan-2,5-dicarbonsäure oxidiert werden kann, einem potentiellen Ersatz für Terephthalsäure zur Polymerproduktion. 5-HMF kann darüber hinaus zu 2,5-Dimethylfuran hydriert werden, das als Treibstoffzusatz Verwendung findet. Problematisch sind in beiden Fällen die technische Umsetzung und die wirtschaftliche Etablierung der Produkte in einem gesättigten und recht unflexiblen Markt, sodass noch keine industriell implementierten Verfahren existieren.[8]

Bisher haben sich Mischvarianten aus beiden Strategien durchgesetzt, d. h. Biomasse wird nur teilweise statt vollständig zerlegt und mit einem gewissen Komplexitätsgrad entweder in die bestehende Wertschöpfung integriert oder als Basis neuer Produktlinien genutzt. Auf diese Weise überholen die Primärchemikalien aus nachwachsenden Rohstoffen die Produkte der klassischen Chemie, indem ihre Einbindung auf einem höheren Niveau stofflicher Komplexität erfolgt (Abbildung 5).[10]

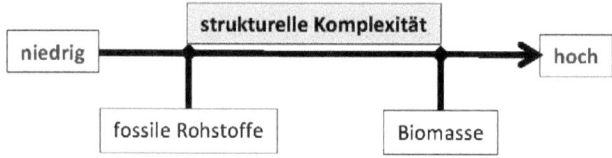

Abbildung 5. Strukturelle Komplexitäten von fossilen Rohstoffen und Biomasse.

Insbesondere sauerstoffreiche Verbindungen, wie Ethylenglycol, Essigsäure, Furfural und Acrylsäure, sind Beispiele für „komplexere" Moleküle, die aufgrund ihrer Vorfunktionalisierung viel effizienter aus nachwachsenden Rohstoffen als aus Erdöl gewonnen werden können.[7]

Die Hauptmärkte für diese und andere Produkte aus biogenen Rohstoffen werden sich wahrscheinlich auf folgende vier Sektoren konzentrieren:[2,11]

1. Chemische Zwischenprodukte und Polymere
2. Spezial- und Feinchemikalien: Klebstoffe, Lösemittel, Tenside, Vitamine, Pharmazeutika, Pflegeprodukte und Kosmetika
3. Industriefasern: Papier, Pappe, Verbundmaterialien, Textilfasern
4. Industrieöle: Schmierstoffe, hydraulische Öle, Motor- und Getriebeöle, Öle zur Metallbearbeitung

An den gewaltigen Marktvolumina bio-basierter Chemikalien, die von mehreren hundert Kilotonnen bis zu Megatonnen reichen, wird der Umbruch deutlich, in dem sich die chemische Industrie in Bezug auf die Rohstoffquellen befindet (Tabelle 2).

2.1 NACHWACHSENDE ROHSTOFFE

Tabelle 2. Bereits aus nachwachsenden Rohstoffen produzierte oder zugängliche Chemikalien mit momentanen und voraussichtlichen Marktvolumina (2011).[8]

Chemikalie	Rohstoff	Marktvolumen[a]	Markt[b]	Hauptproduzent(en)
Essigsäure	Ethanol	9.0	v	–
Acrylsäure	Glycerin / Glucose	4.2	v	Arkema, Cargill / Novozymes
C_4-Disäuren	Glucose	(0.1 - 0.5)	e	BASF / Purac / CSM, Myriant
Epichlorhydrin	Glycerin	1.0	v	Solvay, DOW
Ethanol	Glucose	60	v	Cosan, Abengoa Bioenergy, ADM
Ethen	Ethanol	110	v	Braskem, DOW / Crystalsev, Borealis
Ethylenglycol	Glucose / Xylitol	20	v	India Glycols, Dacheng Industrial
Glycerin	Pflanzenöl	1.5	v	ADM, P&G, Cargill
5-HMF	Glucose / Fructose	–	e	–
3-HPA	Glucose	(0.5)	e	Novozymes / Cargill
Isopren	Glucose	0.1 (0.1 - 0.5)	v/e	Danisco / Goodyear
Lävulinsäure	Glucose	(0.5)	e	Segetis, Maine Bioproducts, Le Calorie
Milchsäure	Glucose	0.3 (0.3 - 0.5)	v/e	Cargill, Purac / Arkema, ADM, Galactic
Oleochemikalien	Pflanzenöl / -fett	10 - 15	v	Emery, Croda, BASF, Vantage Oleochemicals
1,3-Propandiol	Glucose	(0.1 - 0.5)	e	Dupont / Tate & Lyle
Propylen	Glucose	80	v	Braskem / Novozymes
Propylenglycol	Glycerin / Sorbitol	1.4 (2.0)	v/e	ADM, Cargill / Ashland, Senergy, Dacheng Industrial
Polyhydroxyalkanoate	Glucose	(0.1 - 0.5)	e	Metabolix / ADM

3-HPA: 3-Hydroxypropionsäure. [a] Marktvolumen (in Mio. t/a) vorhandener Märkte ist als Gesamtproduktionsvolumen aus fossilen und nachwachsenden Rohstoffen angegeben; für entstehende Märkte sind Werte in Klammern angegeben; [b] v = vorhanden, e = entstehend.

Zunehmend investieren nicht mehr nur Nischenfirmen, sondern auch große Chemiekonzerne in neue Produktlinien und Verarbeitungstechnologien. Auffallend ist das große Marktvolumen der Oleochemikalien, die nach Ethen, Propylen, Ethanol und Ethylenglycol bereits den fünften Rang der aufgeführten Produkte belegen – mit steigender Tendenz.

Trotz der vielversprechenden Aussichten für bio-basierte Zwischenprodukte bleiben die Anbauflächen für nachwachsende Rohstoffe begrenzt und werden nicht nur zur stofflichen Nutzung von der chemischen Industrie beansprucht, sondern auch für Nahrungs- und Futtermittel, Kraftstoff- und Brennstoffproduktion sowie als Raum für die freie Entwicklung der Natur. Daher müssen neue chemische Prozesse und bio-basierte Wertschöpfungsketten so effizient und nachhaltig wie möglich sein.[12] Eine Teilmenge der nachwachsenden Rohstoffe ist im Folgenden von besonderem Interesse: Fettsäuren und ihre Derivate sind aus Pflanzenölen zugänglich und bieten durch ihre einzigartige Struktur mit polaren Kopfgruppen und unpolaren Ketten Ausgangspunkte für neue chemische Reaktionen.

2.2 Fettsäuren als Rohstoffquelle

2.2.1 Pflanzenöle und Fettsäuren

Natürliche Pflanzenöle sind Triacylglyceride gesättigter und ungesättigter Fettsäuren, wobei meist Mischungen mehrerer Fettsäuren innerhalb einer Ölsorte vorliegen. Die Gewinnung von Pflanzenölen aus öl- und proteinhaltigen Samen, Körnern oder Fruchtfleisch erfolgt in mehreren Stufen: Zunächst werden die Rohstoffe durch Reinigen, Trocknen, Schälen, Zerkleinern und Konditionieren vorbehandelt, wobei Mehl und Schalen abgetrennt werden. Es folgt die eigentliche Ölgewinnung entweder durch Direktextraktion mit Lösemitteln (z. B. Hexan, Ethanol, CO_2), Pressen und Extrudieren (Kalt- und Heißverfahren), oder durch wässrige Verdrängungsextraktion. Man erhält neben dem gewünschten pflanzlichen Rohöl auch stärkehaltige Schrote und Presskuchen, welche zur Proteingewinnung weiter aufgereinigt werden.[1]

Jährlich werden ca. 450 Mio. Tonnen der neun wichtigsten Ölsaaten produziert: Sojabohne, Raps, Sonnenblume, Palmöl, Palmkern, Kopra (getrocknetes Kokosnussfleisch), Baumwollsamen, Erdnuss, Olive.[13] Daraus gewinnt man die neun wichtigsten Pflanzenöle (Palm-, Soja-, Raps-, Sonnenblumen-, Palmkern-, Kokosnuss-, Baumwollsamen-, Erdnuss-, Olivenöl) in einem Volumen von weltweit ca. 151 Mio. Tonnen; nach Regionen betrachtet stammen davon ca. 50 % aus Asien, 27 % aus Nord- und Südamerika und 17 % aus Europa.[14] Durch basische Hydrolyse, dem bedeutendsten industriellen oleochemischen Prozess, erhält man aus den Pflanzenölen die freien Fettsäuren, deren jährliches globales Produktionsvolumen etwa 7.67 Mio. Tonnen beträgt.[15]

Da die Pflanze mit Hilfe von Sonnenlicht ausgehend von Kohlenstoffdioxid und Wasser über Acetyl-Coenzym A aus C_2-Einheiten Kohlenwasserstoffketten aufbaut, findet man fast ausschließlich Fettsäuren mit gerader Anzahl von C-Atomen. Tabelle 3 gibt einen Überblick der Fettsäurezusammensetzungen wichtiger pflanzlicher Fette und Öle.[14] Die gezeigten Kettenlängen reichen von C_8 bis C_{20}, mit null bis drei meist Z-konfigurierter Doppelbindungen in der C_{18}-Fraktion. Die Siede- und Schmelzpunkte der Fettsäuren sind von dieser Zahl der Doppelbindungen abhängig, weiterhin von der Kettenlänge und eventuellen Gerüstverzweigungen. Feste Fette enthalten daher überwiegend längere, gesättigte Fettsäurereste.

Durch Genmodifikation ist man in der Lage, die Gehalte an Fettsäuren bestimmter Kettenlänge und Doppelbindungsposition zu steuern und zu steigern, sodass beispielsweise spezielles Sonnenblumenöl mit einem Ölsäuregehalt von ca. 900 g / kg erhältlich ist.[16] Die technische Verarbeitung dieser Naturstoffe ist umso leichter, je reiner der gewünschte Grundstoff vorliegt, weil mit steigender Reinheit die Zahl der notwendigen Aufreinigungsschritte abnimmt.

Tabelle 3. Zusammensetzungen wichtiger pflanzlicher Öle (Gehaltsangaben in %).

Öl	Kettenlänge							DB in C_{18}-Fraktion			
	8	10	12	14	16	18	20	0	1	2	3
Kokosnussöl	8	7	48	17	9	10		2	15	1	
Palmkernöl	4	5	50	15	7	18		2	41	1	
Palmöl				2	42	56		5	15	10	
Rapsöl (konventionell)					2	38	7	1	60	15	7
Rapsöl (modifiziert)					4	90	2	1	60	20	9
Sonnenblumenöl (konv.)					6	93		4	28	61	
Sonnenblumenöl (mod.)					4	93		4	84	5	
Sojaöl					8	91		4	28	53	6

Abbildung 6 (S. 17) zeigt die strukturelle Diversität pflanzlicher Fettsäuren.[15,17] Die am häufigsten vorkommende ungesättigte Fettsäure ist die Ölsäure (**2.2-1**), gefolgt von der Hydroxy-funktionalisierten, optisch aktiven Ricinolsäure (**2.2-2**) und der zweifach ungesättigten Linolsäure (**2.2-3**). Drei Z-konfigurierte, methylenverbrückte Doppelbindungen finden sich in α-Linolensäure (**2.2-4**), die vor allem aus Chiaöl, Perillaöl und Leinöl gewonnen wird. Weitere einfach ungesättigte Fettsäuren sind Erucasäure (**2.2-5**), Petroselinsäure (**2.2-6**) und (5Z)-Eicosensäure (**2.2-7**).

Es finden sich besondere und ungewöhnliche Strukturmerkmale:

- In der Calendulasäure (**2.2-8**) mit ihren drei konjugierten, E,E,Z-konfigurierten Doppelbindungen
- In der ungesättigten, Epoxy-funktionalisierten Vernolsäure (**2.2-9**)
- In Form von gleich sechs Doppelbindungen pro Molekül in der Cervonsäure (**2.2-10**)
- In der En-In-Fettsäure Santalbinsäure (**2.2-11**) mit konjugierter Dreifach- und Doppelbindung
- In der 2-Hydroxysterculiasäure (**2.2-12**), die eine reaktive Cyclopropeneinheit an C_9 aufweist.

- In Gestalt terminaler Ringeinheiten in der 13-Phenyltridecansäure (**2.2-13**) und der chiralen, zweifach ungesättigten (+)-Gorlisäure **2.2-14**.[18]

Ergänzt wird dieses Spektrum durch Keto- und Furanfettsäuren sowie Variationen und Kombinationen der gezeigten Strukturmotive. Im Bereich der tierischen Fette und Öle finden sich noch weitaus exotischere Derivate, darunter Fettsäuren mit Halogenid- und Nitrogruppen und solche mit ungeradzahliger Kettenlänge.[19]

Die Vielfalt der verfügbaren Kettenlängen, Doppelbindungspositionen und -zahlen sowie funktionellen Gruppen lässt ein enormes Potential dieser Verbindungsklasse für eine industrielle Nutzung erahnen. Durch wohlüberlegte, vorzugsweise katalytische Transformationen ließen sich diese mitunter filigranen nachwachsenden Synthesebausteine in höherwertige Verbindungen umwandeln. Dennoch werden die meisten Fettsäuren für die großtechnische Produktion von Seifen und anderen Tensiden genutzt und erst in geringem Maße für die Erzeugung höherwertiger Zwischenprodukten und Feinchemikalien eingesetzt.

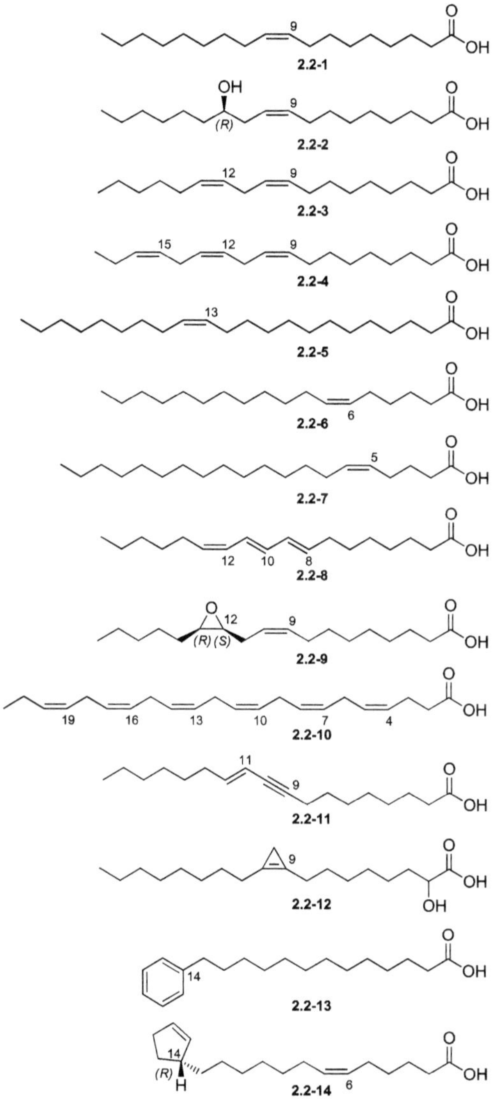

Abbildung 6. Strukturelle Diversität pflanzlicher Fettsäuren.

2.2.3 Fettsäuren in der chemischen Industrie

Die Industrie unterliegt derzeit einem Umstellungsprozess, indem sie sich von der jahrelang praktizierten Verarbeitung petrochemischer Rohstoffe löst und sich wieder stärker nachwachsenden Rohstoffen zuwendet. Hierzu müssen herkömmliche Verarbeitungsmethoden umgestellt und neue Prozesse entwickelt werden – eine lohnende Aufgabe in Anbetracht der ökologischen Vorteile und der interessanten Märkte für Produkte auf Basis nachwachsender Rohstoffe (siehe Kapitel 2.1.2). Dieses Vorhaben schrieb die *Fachagentur Nachwachsende Rohstoffe e.V.* bereits im Jahre 2004 fest:[20] Damals wurde angestrebt, chemokatalytische Verfahren zu entwickeln und sie zur technischen Anwendung zu bringen, um Zwischenprodukte sowie Fein- und Spezialchemikalien aus nachwachsenden Rohstoffen herzustellen. Etwa 20 % der weltweit produzierten Pflanzenöle werden von der chemischen Industrie genutzt; etwa ein Drittel der daraus erhaltenen Öle und Fette für die Herstellung von Wasch- und Reinigungsmitteln.[21] Weitere Anteile dienen als Ausgangsstoffe für die Pharma-, Kosmetik- und Textilindustrie, darüber hinaus sind Fette und Öle wichtige Rohstoffe für biologisch abbaubare Schmierstoffe und -öle, Polymere und Polymeradditive sowie Lacke und Farben.

Die Verwertungskette der Ölpflanzen beginnt mit ihrer Zerlegung in Öle und Fette, Stärke und Proteine, sodass eine ganze Reihe wichtiger Grundchemikalien resultiert (Abbildung 7). Durch Umesterung und Spaltung entstehen die Fettsäuremethylester, Roh-Glycerin und die freien Roh-Fettsäuren. Jede der drei Fraktionen wird mittels großtechnischer Grundoperationen weiterverarbeitet, z. B. durch Hydrierung, Destillation oder hydrolytische Auftrennung.

Aus Roh-Fettsäuren gewinnt man Stearin, ein Gemisch aus den gesättigten Palmitin- und Stearinsäuren, und Olein, eine etwa 70-90 % reine Ölsäure (**2.2-1**) mit Anteilen von Palmitoleinsäure und Linolsäure (**2.2-3**). Die reinen Fettsäuren werden mit Glycerin zu (Poly)glycerinestern oder mit Aminosäuren zu Acylaminosäuren umgesetzt, durch Hydrierung in feste Fette (Margarine) überführt, mit meist langkettigen Alkoholen verestert oder durch eine Anzahl weiterer Folgereaktionen z. B. in konjugierte Fettsäuren überführt (siehe auch Kapitel 2.4). Am Ende der Wertschöpfungskette stehen neben den gezeigten Produkten auch Verbindungen, die man klassischerweise aus Erdöl gewinnt, wie etwa (α)-Olefine, Fettalkohole, Propandiole, Propylenoxid, Acrolein, Acrylsäure und 3-Hydroxy-propionaldehyd.

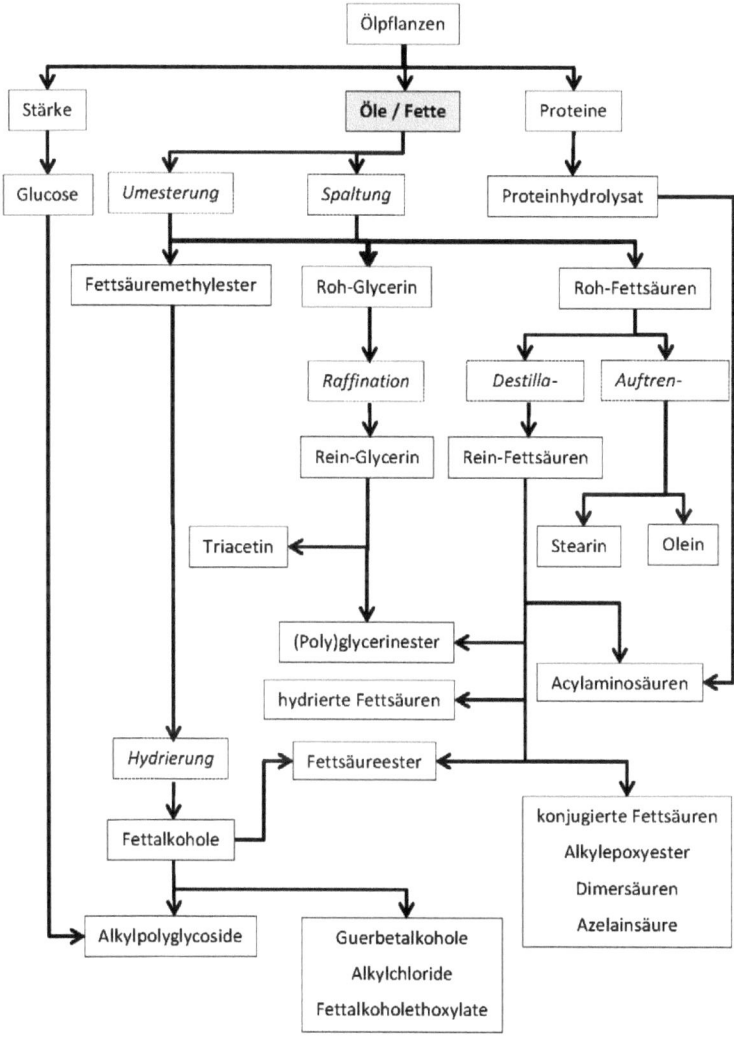

Abbildung 7. Wertschöpfungsketten ausgehend von Ölpflanzen.[22,23]

Aus industrieller Sicht stellt sich die Frage, ob der wachsende Bedarf an pflanzlichen Ölen und Fetten in Zukunft gedeckt werden kann. Vergleicht man die Schätzungen für zukünftig benötigte Anbaukapazitäten für Pflanzenöle mit den aktuellen Produktionszahlen, so folgt daraus, dass die Pflanzenölproduktion ge-

2.2 Fettsäuren als Rohstoffquelle

steigert werden muss; sei es durch Vergrößerung der Anbaufläche oder genetisch verändertes Saatgut für höhere Ernteerträge.[24] Da Pflanzenöle neben Stärke den größten Anteil an essbaren nachwachsenden Rohstoffen haben, ist hierbei die Konkurrenz zwischen Pflanzenölen für Futter- und Lebensmittel und solchen für chemische Zwischenprodukte und Feinchemikalien ein wichtiger Punkt. Vielversprechend könnte die Nutzung solcher Ölpflanzen sein, die sich nicht als Nahrungsmittel eignen, wie etwa der tropische Wunderbaum.

Die nachhaltige Nutzung pflanzlicher Öle und Fette ist nur dann gewährleistet, wenn die neu zu entwickelnden Verfahren von der Prototypenphase bis zu einer industriellen, großtechnischen Anwendungsreife gebracht werden. Die besten Chancen, durch neue Reaktionen das Potential dieser natürlichen Rohstoffe auszuschöpfen, haben hocheffiziente homogenkatalytische und kontinuierlich betriebene heterogenkatalytische Verfahren.

2.3 Schlüsseltechnologie Katalyse

2.3.1 Potential katalytischer Reaktionen

Seit der ersten Erwähnung der Katalyse durch Berzelius im Jahre 1835 und ihrer präziseren Definition durch Ostwald 1894 wurden unzählige katalytische Reaktionen und Technologien ersonnen.[25] Mit Hilfe von Katalysatoren werden Wertstoffe erzeugt, Überschussprodukte abgebaut und Schadstoffe vermieden. Die wichtigsten katalytischen Prozesse sind die Fetthärtung zur Margarineproduktion (Normann, 1901), die Ammoniaksynthese aus den Elementen (Haber, Bosch und Mittasch, 1910), das Kontaktverfahren zur Salpetersäuresynthese mit weitreichender Bedeutung für die Welternährung (Ostwald, 1902), das Fischer-Tropsch-Verfahren zur Treibstofferzeugung aus nahezu jeder Kohlenstoffquelle (Fischer und Tropsch, 1925), die stereoselektive Polymersynthese (Ziegler und Natta, 1953), die asymmetrische Katalyse (ca. 1985) und die katalytische Entgiftung von Autoabgasen (ca. 1990).[26]

Mit geeigneten Katalysatoren werden sich nahezu alle thermodynamisch erlaubten chemischen Reaktionen verwirklichen lassen, allerdings stellt sich immer die Frage nach der wirtschaftlichen Rentabilität. Die gegenwärtige Bedeutung der Katalyse wird an nachfolgend aufgeführten Fakten deutlich:

- ca. 90 % aller chemischen Industrieprozesse laufen in Gegenwart eines Katalysators ab[27]
- mit Hilfe von Katalysatoren werden jährlich Produkte im Wert von mehr als 400 Mrd. Euro hergestellt (2008)[28]
- das Marktvolumen für Katalysatoren (homogen, heterogen, enzymatisch) beträgt jährlich ca. 25 Mrd. Euro, mit steigender Tendenz[29]
- nach dem Haber-Bosch-Verfahren wird eine jährliche Menge von ca. 500 Mio. Tonnen an Stickstoffdünger erzeugt[30]

In Gegenwart eines Katalysators können Moleküle zur Reaktion gebracht werden, die andernfalls nicht oder nur sehr langsam miteinander reagieren würden. Ein katalytisch aktives Zentrum, meist ein Übergangsmetall, bringt Reaktanden zusammen und eröffnet neue Reaktionswege, die in Abwesenheit des Katalysators nicht zugänglich wären. Mit Hilfe von Katalysatoren entstehen neue Produkte durch effizientere Prozesse, unter milderen Reaktionsbedingungen und mit höheren Selektivitäten (Abbildung 8).

2.3 SCHLÜSSELTECHNOLOGIE KATALYSE

K	➤ neue Reaktivitäten
A	➤ neue Prozesse
T	➤ neue Produkte
A	➤ höhere Selektivitäten
L	➤ mildere Reaktionsbedingungen
Y	➤ Abfallvermeidung
S	
E	➤ Erschließung nachwachsender Rohstoffe

Abbildung 8. Katalyse als Schlüsseltechnologie.

Man kann anführen, dass katalytische Reaktionen meist nach komplexen Mechanismen verlaufen, die oft erst wenig verstanden sind, wodurch Vorhersage und Erklärung von Reaktionsergebnissen schwierig werden. Beim Erschließen neuer Pfade treten naturgemäß Schwierigkeiten auf: Oft gibt es eine Vielzahl möglicher Wege mit ähnlichen Aktivierungsenergien, sodass bereits kleine Änderungen der Reaktionsbedingungen zu drastischen Änderungen der Reaktionsverläufe führen. Dies kann eine Chance für die Entwicklung neuer katalytischer Methoden sein.[31] Gerade im Bereich der homogenen Übergangsmetallkatalyse sind die Möglichkeiten für neue Reaktionen angesichts der Vielzahl der Metalle, Liganden und Additive nahezu unbegrenzt.[32]

Die Notwendigkeit zur Entwicklung nachhaltigerer chemischer Prozesse ist angesichts verknappender Ressourcen und steigender Weltbevölkerung unstrittig. Neue nachhaltige Prozesse sollten effizient, ressourcensparend und sicher sein sowie möglichst wenig Abfall produzieren. Katalytische Prozesse tragen entscheidend zur Energieeinsparung, Abfallvermeidung und damit zur effizienten Nutzung der Ausgangsstoffe bei. Klassische stöchiometrische (unkatalysierte) Reaktionen erreichen selten vollständige Atomnutzungen oder Atomselektivitäten (Verhältnis des Molekulargewichts des Zielproduktes zur Summe der Molekulargewichte aller Produkte), da Koppelprodukte anfallen und entsorgt werden müssen. Im Folgenden werden unkatalysierte und katalytische Varianten typischer synthetischer Transformationen – Reduktion, C-C-Knüpfung, Oxidation – in Bezug auf ihre Atomselektivitäten verglichen.[33]

Der klassische Syntheseweg zu 1-Phenylethanol ist die Reduktion von Acetophenon mittels anorganischer Hydride, z. B. Natriumborhydrid, und anschließender wässriger Aufarbeitung. Dabei entsteht unvermeidlich das Boratsalz als

Koppelprodukt, und für die gesamte Reaktion ergibt sich eine Atomselektivität von 83 % (Schema 2, **A**). Der entsprechende katalytische Prozess nutzt molekularen Wasserstoff als Reduktionsmittel und erreicht so eine Atomselektivität von 100 % (**B**).

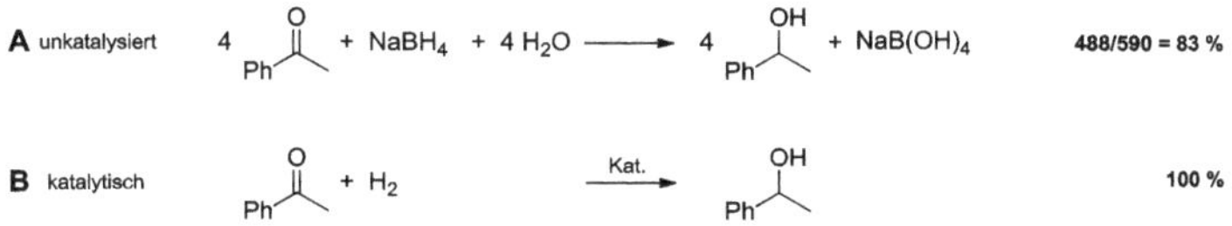

$$\textbf{A unkatalysiert} \quad 4\;\text{Ph-CO-H} + \text{NaBH}_4 + 4\,\text{H}_2\text{O} \longrightarrow 4\;\text{Ph-CH(OH)-H} + \text{NaB(OH)}_4 \qquad 488/590 = 83\,\%$$

$$\textbf{B katalytisch} \quad \text{Ph-CO-H} + \text{H}_2 \xrightarrow{\text{Kat.}} \text{Ph-CH(OH)-H} \qquad 100\,\%$$

Schema 2. Atomselektivitäten unkatalysierter und katalytischer Reduktionen im Vergleich.

Noch deutlicher wird dieser Unterschied, und damit das Potential der Katalyse, bei einer C-C-Bindungsknüpfung (Schema 3): Ausgehend von 1-Phenylethanol würde man in einer mehrstufigen Reaktionssequenz zunächst mit Chlorwasserstoff die Benzylposition chlorieren, ein Grignard-Reagens erzeugen und dieses mit Kohlenstoffdioxid umsetzen. Die nachfolgende Hydrolyse liefert die gewünschte 2-Phenylpropansäure, aber auch stöchiometrische Mengen an Magnesiumsalz als Koppelprodukt. Die Atomselektivität beträgt somit lediglich 61 % (**C**). Mit Hilfe eines Katalysators gelingt die Einführung der Carboxylgruppe durch direkte Carbonylierung des Alkohols mit Kohlenstoffmonoxid, und man erhält das Produkt in 100 % Atomselektivität (**D**).

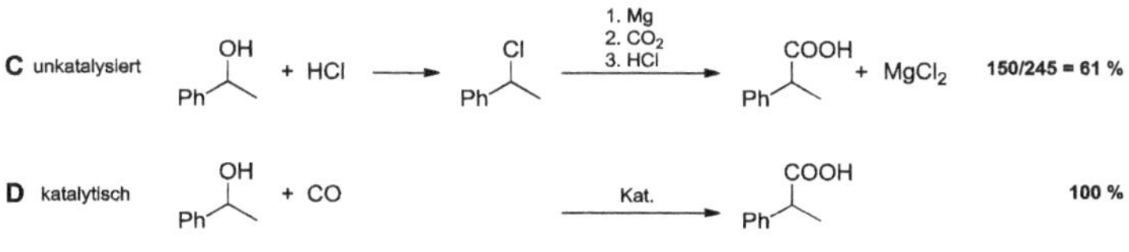

$$\textbf{C unkatalysiert} \quad \text{Ph-CH(OH)-CH}_3 + \text{HCl} \longrightarrow \text{Ph-CHCl-CH}_3 \xrightarrow{\text{1. Mg, 2. CO}_2,\;\text{3. HCl}} \text{Ph-CH(COOH)-CH}_3 + \text{MgCl}_2 \qquad 150/245 = 61\,\%$$

$$\textbf{D katalytisch} \quad \text{Ph-CH(OH)-CH}_3 + \text{CO} \xrightarrow{\text{Kat.}} \text{Ph-CH(COOH)-CH}_3 \qquad 100\,\%$$

Schema 3. Atomselektivitäten unkatalysierter und katalytischer C-C-Knüpfungen im Vergleich.

Im Hinblick auf die Vermeidung toxischer Abfallprodukte leisten Katalysatoren einen wichtigen Beitrag zum Umweltschutz. Deutlich wird dies an der Synthese von Vitamin-K$_3$ aus 2-Methylnaphthalin (Schema 4): Auf traditionellem Wege wird Chromschwefelsäure zur Oxidation des Aromaten eingesetzt, wobei 16 kg toxische Abfälle pro Kilogramm Produkt entstehen (**E**). Die gleiche Reaktion kann nach Herrmann *et al.* in Gegenwart eines homogenen Rheniumkatalysators

2.3 SCHLÜSSELTECHNOLOGIE KATALYSE

durchgeführt werden, wobei als Nebenprodukt lediglich das aus dem Oxidationsmittel H_2O_2 gebildete Wasser frei wird (**F**).[34]

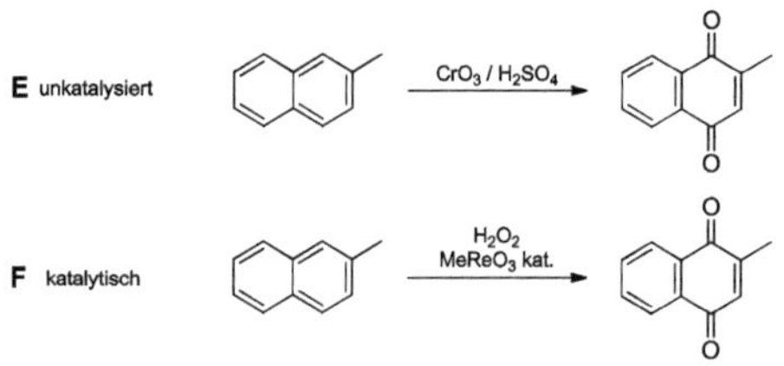

Schema 4. Unkatalysierte *versus* katalytische Synthese von Vitamin-K_3.

Wir benötigen die Katalyse mit ihrem mächtigen technologischen Potential zur Bewältigung des anstehenden Rohstoffwandels von fossilen Energieträgern zu nachwachsenden Ressourcen.[35] Insbesondere auf dem Gebiet der Fettsäurechemie, traditionell eine Domäne stöchiometrischer Umsetzungen, können katalytische Verfahren ein wichtiger Schritt zur verstärkten Nutzung dieser Rohstoffe für bio-basierte Zwischenprodukte und Feinchemikalien sein. Neben der Frage der optimalen Integration dieser Rohstoffe in die Wertschöpfungsketten (siehe Kapitel 2.1.2) werden auch die zu entwickelnden Katalysatoren für die Umsetzung von Naturstoffen einige Voraussetzungen erfüllen müssen, die über die generellen Anforderungen für Reaktionen mit synthetischen Edukten hinausgehen:

- Robustheit gegenüber Verunreinigungen in den Edukten, um diese in technischer Qualität – im Bestfall direkt aus der natürlichen Quelle – einsetzen zu können. Bei einfach ungesättigten Fettsäuren sind insbesondere gesättigte oder mehrfach ungesättigte Fettsäuren als Verunreinigungen zu erwarten, die natürlicherweise im jeweiligen Pflanzenöl vorkommen.

- Hohe Toleranz gegenüber funktionellen Gruppen, die in Naturstoffen meist polarer Natur sind und durch Koordination an das Metallzentrum den Katalysator inhibieren können. Prominente Beispiele hierfür sind die geradezu überfunktionalisierten Zucker und Stärken mit ihren zahlreichen freien Hydroxygruppen.

- Sehr hohe Turn Over Numbers (>20 000). Aufgrund der relativ geringen Rohstoffkosten und der zu erwartenden niedrigen Produktpreise sind möglichst hohe Umsätze schon mit geringen Katalysatorbeladungen eine

Grundbedingung für die industrielle Implementierung eines homogenkatalytischen Prozesses ausgehend von nachwachsenden Rohstoffen.[36] Trotz dieser erhöhten Anforderungen werden katalytische Methoden angesichts ihres großen Potentials der Schlüssel sein, um die industrielle Nutzung von Biomasse voranzutreiben (Abbildung 8, S. 22). Durch die katalytische Weiterverarbeitung dieser Rohstoffe können sie langfristig als Basisprodukte eine Alternative zu Erdöl und Kohle sein.[10] Allerdings spielen hierbei die benötigten Volumina an Biomasse sowie wirtschaftliche Aspekte eine entscheidende Rolle. Zur effizienten Entwicklung neuer Reaktionen benötigt man innovative Techniken, um in kurzer Zeit ein Verfahren von der Planungsphase zur Anwendungsreife zu bringen.

2.3.2 Effiziente Methodenentwicklung mittels Hochdurchsatzverfahren

Die schnelle und effiziente Entwicklung einer neuen homogenkatalytischen Synthese-methode erfordert spezielle Arbeitstechniken. Ausgehend von sinnvollen, vielversprechenden Stichversuchen müssen die Reaktionsbedingungen optimiert werden, um das volle Potential einer Reaktion auszuschöpfen. Zu untersuchende Parameter sind:

- Reaktionstemperatur und -dauer
- Katalysator (Art, Beladung, Aktivierung)
- Additive und Promotoren (Wasser, Säuren, Basen, dehydratisierende Agentien, Oxidations- oder Reduktionsmittel)
- Lösemittel (Art, Gemische, Polarität, Volumen, Vorbehandlung)
- Reaktionsführung (Inertatmosphäre, Druck, Reihenfolge und Geschwindigkeit der Zugabe)
- Aufarbeitung (analytisch und präparativ, möglichst mit Übertragung der Methode auf Multi-Gramm-Ansätze)
- Toleranz der Methode gegenüber funktionellen Gruppen

Die optimalen Parameter lassen sich nur bedingt voraussagen und werden daher in umfangreichen Reihenexperimenten untersucht. Auf diese Weise werden maximale Reaktionsgeschwindigkeiten, Ausbeuten und Selektivitäten für die gewünschten Produkte erreicht. Es lassen sich außerdem in kurzer Zeit Katalysatorgifte identifizieren und systematisch Nebenreaktionen untersuchen. Gegen-

2.3 SCHLÜSSELTECHNOLOGIE KATALYSE

über der sequentiellen Methodik erzielt man mit parallelen Experimenten einen fünf- bis zehnfach höheren Durchsatz und damit eine deutlich höhere Datendichte. Durch die Verwendung kleiner Ansätze minimiert man die Mengen an Einsatz- und Hilfsstoffen und kann so kostengünstig den untersuchten Parameterbereich verbreitern. Die Auswertung der Reihenversuche und die Erfassung der analytischen Daten erfolgt rechnergestützt mit Hilfe eines elektronischen Laborjournals, das einen wichtigen Beitrag zu effizienter und kostenminimierter Forschung liefert.[37]

2.4 Reaktionen ungesättigter Fettsäuren und Fettsäureester

2.4.1 Nicht-isomerisierende Funktionalisierungen

Bei einem intern ungesättigten Fettsäurederivat können mehrere Positionen entlang der Alkylkette mittels direkter Methoden, d. h. ohne Doppelbindungsmigration (im Folgenden als „Isomerisierung" bezeichnet) manipuliert und funktionalisiert werden. Dabei sind das Kettenende, die Allylpositionen, die Doppelbindung selbst, die α-Position und die Carboxylgruppe die Ausgangspunkte für katalytische und unkatalysierte Reaktionen (Abbildung 9).[15,38]

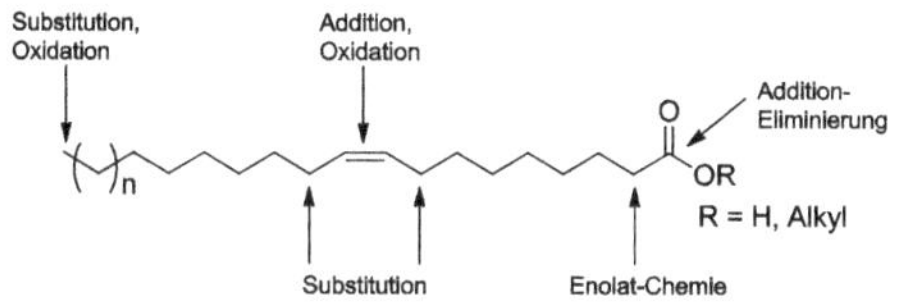

Abbildung 9. Manipulation diverser Fettsäure-Kettenpositionen durch direkte Methoden.

Das *Kettenende* (ω-Position) kann durch biokatalytische Methoden hydroxyliert[39] oder zur Carbonsäure oxidiert werden (Schema 5).[40] Die so erhaltenen α,ω-Dicarbonsäuren sind auf petrochemischem Wege nicht zugänglich und spielen eine Rolle als Monomere für die Herstellung neuer Polyamide und -ester.

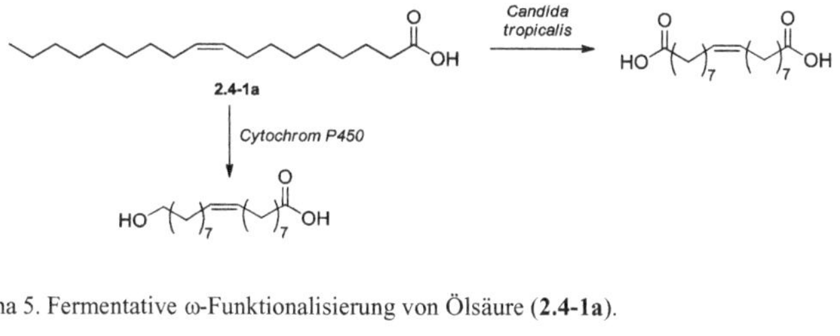

Schema 5. Fermentative ω-Funktionalisierung von Ölsäure (**2.4-1a**).

In *Allylstellung* zur Doppelbindung sind Substitutionsreaktionen möglich, die zu ungesättigten Fettsäuren mit Azid-[41] oder Hydroxygruppen[42] sowie Bromidsubstituenten[43] führen (Schema 6); für diese Substanzklassen ist eine vielseitige Folgechemie beschrieben.

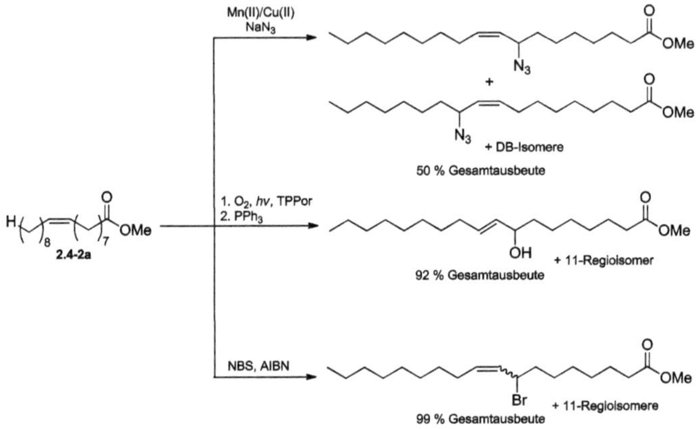

2.4 REAKTIONEN UNGESÄTTIGTER FETTSÄUREN UND FETTSÄUREESTER

Schema 6. Direkte allylische Substitutionen an Methyloleat (**2.4-2a**) (TPPor = Tetraphenylporphin).

Die *C=C-Doppelbindung* in ihrer ursprünglichen Position ist seit jeher Gegenstand klassischer Additionsreaktionen, die zu einer Vielzahl funktionalisierter Produkte führen (Schema 7, S. 29). Die Kettenposition des neu eingeführten Substituenten ist für viele Anwendungen der Produkte irrelevant, sodass die Regioselektivität bei diesen Reaktionen eine untergeordnete Rolle spielt. Im Einzelnen sind die folgenden Additionsreaktionen beschrieben, die meist unter Bildung von Regioisomeren ablaufen:

a. Hydroformylierungen (Roelen-Reaktionen): In Gegenwart von Synthesegas (Kohlenmonoxid/Wasserstoff) und eines Rhodiumkatalysators gelingt die Einführung einer Aldehydgruppe, wobei gesättigte Regioisomere entstehen.[44]

b. Hydroaminomethylierungen: Die Fortführung der Hydroformylierung ist die Umsetzung ungesättigter Fettsäureester in Gegenwart eines primären oder sekundären Amins, welches mit dem zuerst gebildeten Aldehyd in einer reduktiven Aminierung reagiert. Die Produkte sind hierbei Regioisomere langkettiger aliphatischer Aminocarbonsäuren, die als waschaktive Substanzen eingesetzt werden.[45]

c. Hydroalkylierungen: Durch Lewis-Säuren, wie Ethylaluminiumsesquichlorid ($Et_3Al_2Cl_3$), lassen sich Chlorameisensäureester zur Alkylierung ungesättigter Fettsäuren aktivieren. Die Reaktion führt in der Regel zu einer 1:1-Mischung der 9- und 10-alkylierten Regioisomere, welche als verzweigte Fettsäuren eine wichtige Rolle bei der Produktion von Schmierstoffen spielen.[46]

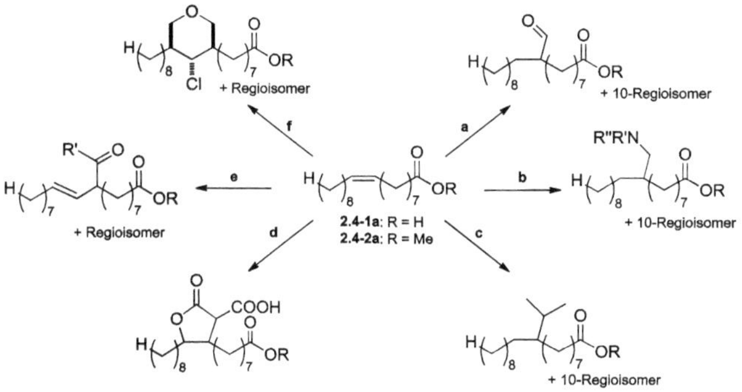

Schema 7. Additionen an die Doppelbindung ungesättigter Fettsäurederivate **2.4-1a** und **2.4-2a**. *Reaktionsbedingungen*: **a**: CO/H$_2$ (20 bar), Rh/Bisphosphit-Kat., 115 °C; **b**: CO/H$_2$/R'R''NH (10 bar), Rh-Kat., 140 °C; **c**: ClCOO^{i}Pr, Et$_3$Al$_2$Cl$_3$, DCM, -15 °C, dann H$_2$O; **d**: Malonsäure, Mn(OAc)$_3$/KOAc/HOAc, 70-100 °C; **e**: R'CO-Cl, EtAlCl$_2$, DCM, 20 °C, dann H$_2$O; **f**: (CH$_2$O)$_n$, AlCl$_3$, DCM, 20 °C, dann H$_2$O.

d. Additionen von Malonsäurederivaten: Eine radikalische, Mangan(III)-induzierte Reaktion ermöglicht den Aufbau von γ-Lactonen aus **2.4-2a** und Malonsäure - auch hier entstehen die Produkte als Regioisomerengemisch.[47]

e. Friedel-Crafts-Acylierungen mit RCO-Cl: (*E*)-konfigurierte, β,γ-ungesättigte Ketonfettsäuren bilden sich bei der Umsetzung von **2.4-1a** mit einem Säurechlorid, die durch Ethylaluminiumdichlorid vermittelt wird und Gemische aus Regioisomeren liefert. Die Produkte können z. B. in Nazarov-Cyclisierungen weiter umgesetzt werden.[48]

f. Lewis-Säure-induzierte elektrophile Additionen von Aldehyden und Ketonen: Para-formaldehyd kann in Gegenwart von Aluminiumchlorid an **2.4-2a** addiert werden, wobei in einer der Prins-Reaktion ähnlichen Weise ein gesättigter Chlorpyranfettsäureester aufgebaut wird. Es fallen Produktgemische mehrerer Diastereomere und Regioisomere an.[49]

Die partielle oder vollständige *Oxidation der C=C-Doppelbindung* ungesättigter Fettsäuren und Fettsäureester ist gut erforscht und liefert wichtige bio-basierte Zwischenprodukte für die chemische Industrie (Schema 8).

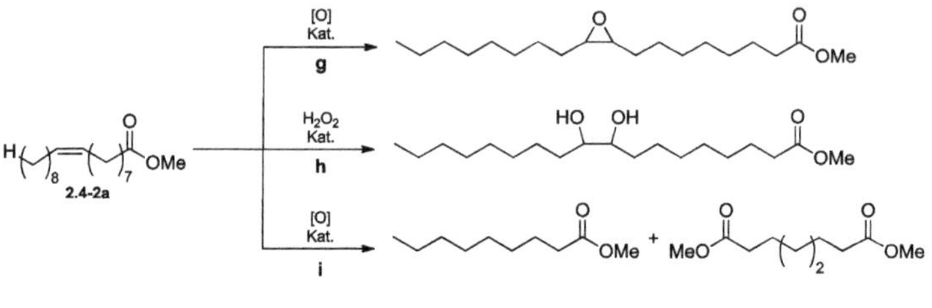

2.4 REAKTIONEN UNGESÄTTIGTER FETTSÄUREN UND FETTSÄUREESTER

Schema 8. Funktionalisierung ungesättigter Fettstoffe durch Oxidationsreaktionen.

Drei Klassen von Oxidationsreaktionen sind hierbei besonders gut erforscht:

g. Die Epoxidierung erfolgt meist durch organische Persäuren, die *in situ* aus einem Peroxid und einer Carbonsäure, einem Carbonsäurechlorid oder einem Carbonsäureanhydrid gebildet werden.[50] Dies kann unter homogener Molybdän-Katalyse bewerkstelligt werden, z. B. mit $Mo(CO)_6$ in Gegenwart organischer Peroxide.[51] Wesentlich umweltschonender ist der Einsatz chemoenzymatischer Verfahren, bei denen eine Lipase mit H_2O_2 behandelt wird und die Fettsäure eine zweistufige Selbst-Epoxidierung durchläuft.[41,52] Die resultierenden gesättigten Epoxyfettsäureester werden als PVC-Stabilisatoren gegen Wärme, Licht und Oxidation sowie als Additive in Flammschutzmitteln und Weichmachern genutzt; oder sie werden zu Polyolen, Polyurethanen und Linoleum-Beschichtungen weiterverarbeitet.[22]

h. Durch Dihydroxylierung werden gesättigte vicinale Diolfettsäureester gewonnen, z. B. 9,10-Dihydroxystearinsäureester aus Ölsäureestern. Als besonders vorteilhaftes Reagens hat sich Wolframsäure H_2WO_4 herausgestellt, mit der diese Reaktion bereits bei milden Temperaturen abläuft;[53] des Weiteren wurden effektive Rheniumkatalysatoren beschrieben, wie etwa Methyltrioxorhenium (CH_3ReO_3).[54]

i. Wird die Doppelbindung vollständig oxidativ gespalten, erhält man verkürzte gesättigte Carbonsäuren – aus Ölsäure (**2.4-1a**) gewinnt man auf diese Weise durch Ruthenium-Katalyse industriell Pelargonsäure (Nonansäure) und Azelainsäure (Nonandisäure).[55] Letztere ist ein Grundstoff für Schmierstoffe, Polyester und Harze, Polyamide (wie Nylon 6.9 und 6.6.9), Polyurethane für Verbundklebstoffe, Weichmacher, Medikamente gegen Hautkrankheiten und für Kosmetikadditive.[22] Als Oxidationsmittel werden neben Ozon auch Persäuren (in Verbindung mit Rutheniumkatalysatoren) und Wasserstoffperoxid (in Verbindung mit Molybdän-, Wolfram- oder Rheniumkatalysatoren) eingesetzt.[56] Auf lange Sicht ist es das Ziel auf diesem Gebiet, auch im industriellen Maßstab den preiswerten, aber weniger reaktiven Luftsauerstoff zur Oxidation einzusetzen.

Mittels Olefinmetathese lässt sich die Doppelbindung durch ein weiteres, mitunter funktionalisiertes Olefin ($H_2C=CH-FG$) spalten und man erhält zwei verschiedene, jeweils höherwertige Produkte (siehe Kapitel 2.4.3).

Die C-H-acide *α-Position* kann in Analogie zu anderen Carbonylverbindungen als Nucleophil für Substitutions- oder Additionsreaktionen genutzt werden, allerdings sind hierfür ausschließlich mehrstufige Prozesse mit separater Deprotonierung und Stabilisierung des Enolats beschrieben. Ein Beispiel hierfür ist die unkatalysierte Darstellung α-C-silylierter Fettsäureester aus Trialkylsilyltriflaten, bei der eine Wanderung der Silylgruppe vom Carbonylsauerstoff zum α-Kohlenstoff erfolgt (Schema 9).[57]

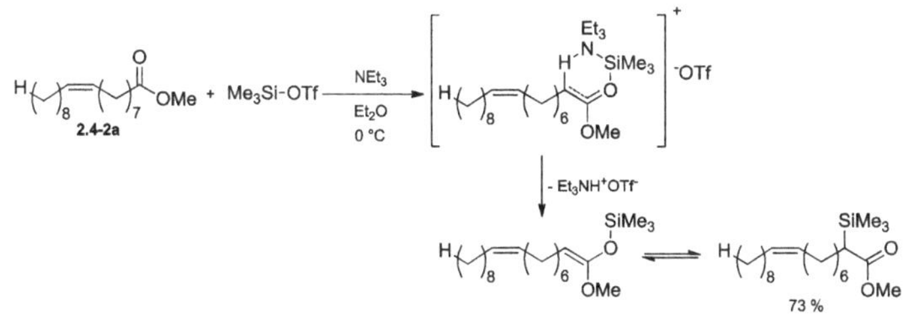

Schema 9. α-Silylierung von Methyloleat (**2.4-2a**).

Die *Carboxylgruppe* einer Fettsäure selbst ist in ihrer Reaktivität mit anderen Carbonsäuren vergleichbar und kann dementsprechend durch Additions-Eliminierungs-Reaktionen manipuliert werden. Man erhält durch diese grundlegenden Transformationen unter anderem Fettalkohole, Fettamine, Fettaldehyde, Fettsäurechloride, -amide, -anhydride und -ester.[58]

2.4.2 Funktionalisierungen unter Doppelbindungswanderung

Prinzip des dynamischen Isomerisierungsgleichgewichtes
Die Doppelbindung ungesättigter Fettsäuren ermöglicht viele Funktionalisierungen zur Synthese wichtiger Wertprodukte (siehe Kapitel 2.4.1). Da sich die Doppelbindung in natürlichen Fettsäuren an bestimmten, festgelegten Positionen

befindet, kann die Zahl der anwendbaren Transformationen und der damit zugänglichen Zielverbindungen erweitert werden, wenn man sie in eine neue Stellung verschiebt (isomerisiert). Das Grundprinzip der katalytischen isomerisierenden Funktionalisierung lebt von der Einstellung eines dynamischen Gleichgewichtszustandes, in dem alle möglichen Doppelbindungsisomere ständig ineinander umgewandelt werden. Aus dieser Mischung heraus wird durch eine geeignete, idealerweise katalytische Abfangreaktion selektiv nur eine bestimmte Spezies funktionalisiert und damit dem Gleichgewicht entzogen. Sukzessives Nachliefern des gewünschten Isomers durch einen permanent aktiven Isomerisierungskatalysator führt schließlich zur vollständigen Umwandlung des Edukts in ein einziges Produkt. Auf diese Weise werden Positionen entlang der Alkylkette zugänglich, die man klassisch-synthetisch nur schwer oder gar nicht manipulieren kann; gleichzeitig gelangen neue Produkte und ganze Verbindungsklassen in Reichweite, die ohne isomerisierende Tandemreaktionen nicht denkbar wären. Entscheidend für die Effizienz einer solchen Tandemreaktion sind die Geschwindigkeit der Isomerisierungsreaktion und die Substrat- und Regioselektivität der Abfangreaktion für eine bestimmte Kettenposition: Nur wenn beide möglichst hoch sind, werden die schnelle Einstellung des Isomerengleichgewichtes und die Unterdrückung unerwünschter Nebenreaktionen möglich.

Dieses Konzept des dynamischen Isomerisierungsgleichgewichtes erlaubt also die Funktionalisierung weiterer Kettenpositionen in Fettsäurederivaten durch selektive Tandemreaktionen. Gegenwärtig ist jedoch nur die ω-Position durch einige isomerisierende katalytische Methoden erschlossen, darunter terminale Alkoxycarbonylierungen, Hydroborierungen und Hydroformylierungen (Abbildung 10).[38d]

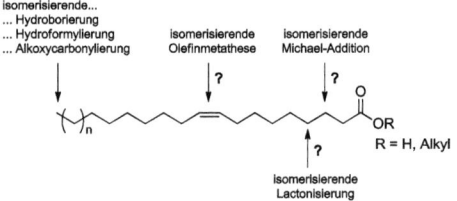

Abbildung 10. Isomerisierende Funktionalisierung ungesättigter Fettsäurederivate an bisher unzugänglichen Positionen (angestrebte katalytische Umsetzungen sind mit Fragezeichen markiert).

Isomerisierende terminale Funktionalisierungen ungesättigter Fettsäurederivate

Der Zugang zu α,ω-funktionalisierten Verbindungen ausgehend von intern ungesättigten Fettsäuren und -estern durch katalytische Methoden ist seit längerer Zeit Gegenstand der Forschung. Die wohl am weitesten entwickelte Reaktion auf diesem Gebiet ist die Palladium-katalysierte *ω-Alkoxycarbonylierung*, die 2005 von Cole-Hamilton *et al.* vorgestellt wurde (Schema 10).[59] Aus **2.4-2a** kann der entsprechende gesättigte C_{19}-Methylester in Gegenwart eines Palladiumkatalysators mit sterisch aufwändigem Phosphinliganden und Methansulfonsäure als Promotor unter Kohlenmonoxiddruck in sehr guter Ausbeute synthetisiert werden. Das Produkt spielt eine Rolle als Polymerbaustein, da seine Struktur der von Polyethylen bereits sehr ähnlich ist („Nature's Polyethylene").[60] Die Methode wurde seitdem mehrmals verfeinert und gewann vor allem durch den Einsatz umweltfreundlicher Folgereaktionen an Bedeutung, mit deren Hilfe nun bio-basierte Polymere in hoher Reinheit und in wenigen Schritten aus nachwachsenden Rohstoffen zugänglich sind.[61]

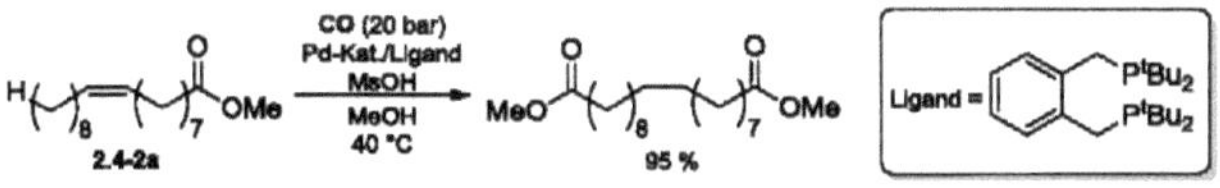

Schema 10. Isomerisierende terminale Methoxycarbonylierung von Methyloleat (**2.4-2a**).

Eine *isomerisierende Hydroborierung* stellten Angelici *et al.* im Jahre 2006 vor: Mit Hilfe eines Iridium-Olefin-Komplexes und eines bidentaten Phosphinliganden können terminal oder intern ungesättigte Fettsäureester in Gegenwart von Pinakolboran in gesättigte lineare Boronatfettsäureester umgewandelt werden (Schema 11).[62]

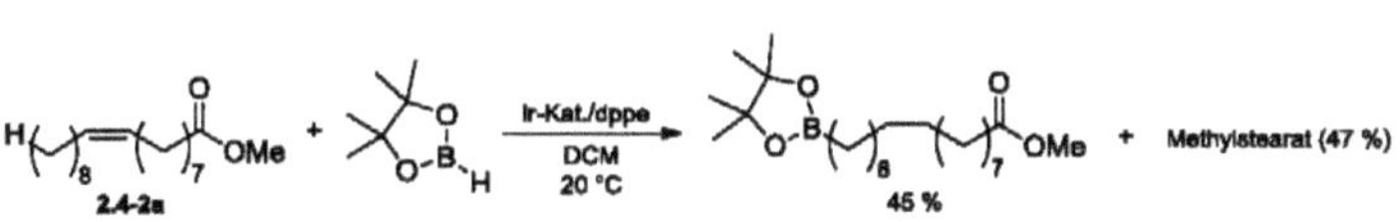

Schema 11. Isomerisierende Hydroborierung von Methyloleat (**2.4-2a**).

Die Autoren arbeiten heraus, dass der Katalysator sowohl die Doppelbindungswanderung, als auch die elektrophile Addition von H-B(OR)$_2$ vermittelt. Bei separater Untersuchung des Isomerisierungsschrittes detektieren sie die charak-

2.4 REAKTIONEN UNGESÄTTIGTER FETTSÄUREN UND FETTSÄUREESTER

teristischen, exponierten NMR-Signale des α,β-ungesättigten (*E*)-2-Octensäureethylesters (**2.4-3a**) und schätzen den Gehalt in der Isomerenmischung auf ca. 4 % ab. Hierdurch wird die Theorie unterstützt, dass sich nach Zugabe des Katalysators zum Startmaterial zunächst ein Gleichgewicht aller möglichen Isomere einstellt, wovon jedes in einer bestimmten Konzentration vorliegt. Der Wert für **2.4-3a** korreliert recht genau mit früheren Befunden von Angelici *et al.*, die mit einem Eisencarbonylkatalysator Versuche zur Gleichgewichts-Isomerenverteilung von Methyloleat (**2.4-2a**) durchgeführt hatten.[63]

Die beschriebene Hydroborierungsmethode eignet sich aufgrund der moderaten Ausbeute und einer geringen Selektivität bisher nur bedingt für präparative Zwecke. Die Autoren beobachten die Hydrierung der Doppelbindung als dominante Nebenreaktion – bei einer Ausbeute von 45 % des gewünschten terminalen Boronats detektierten sie 47 % an gesättigtem Methylstearat. Trotz dieser noch nicht zufriedenstellenden Selektivität bietet diese isomerisierende Hydroborierung Anknüpfungspunkte für die Synthese von ω-Hydroxyfettsäuren. Kürzlich gelang Zhu *et al.* eine Verbesserung dieser Reaktion mit Hilfe eines heterogenen Nano-Iridiumkatalysators: Für das lineare Hydroborierungsprodukt des Methyloleats berichten sie Ausbeuten von bis zu 78 %.[64]

Eine weitere wichtige Reaktion auf diesem Gebiet ist die Rhodium-katalysierte terminale Hydroformylierung ein- oder mehrfach ungesättigter Fettsäureester zu gesättigten ω-Fettaldehyden.[44b] Behr *et al.* gelang es, in Gegenwart eines Rhodium-Phosphit-Katalysators unter Synthesegas-Druck **2.4-2a** in den entsprechenden C$_{19}$-Aldehyd umzuwandeln – immerhin in einer Ausbeute von 26 % (Schema 12).

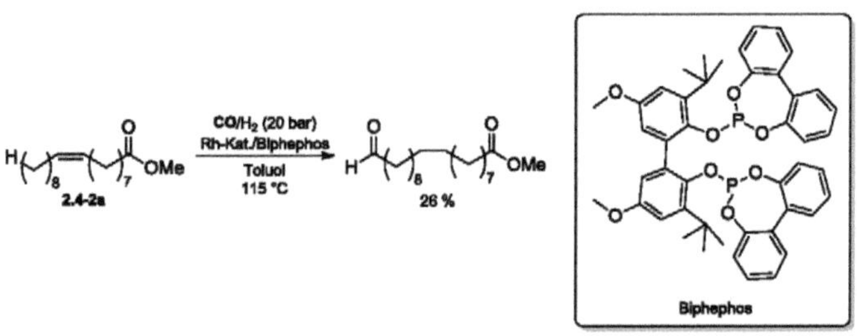

Schema 12. Isomerisierende Hydroformylierung von Methyloleat (**2.4-2a**).

Eine besondere Herausforderung bei dieser Reaktion ist die Kontrolle der *n / iso*-Selektivität, um das Entstehen verzweigter Aldehyde zugunsten linearer zu unterdrücken. Den Autoren gelang dies vornehmlich durch die Wahl des Liganden und durch Optimierung des Metall-Ligand-Verhältnisses. Der Biphephos-Ligand, ein symmetrisches und sterisch aufwändiges Bisphosphit (siehe Kapitel 4.4.4), lieferte die besten Ergebnisse und ermöglichte auch die erfolgreiche Umsetzung des zweifach ungesättigten Linolsäuremethylesters zum entsprechenden C_{19}-Aldehyd in einer Ausbeute von 34 %. Allerdings tritt als Nebenreaktion, wie bei der beschriebenen Hydroborierung, die Hydrierung des Startmaterials zum gesättigten Ester auf.

Die drei beschriebenen isomerisierenden Funktionalisierungen der ω-Position verlaufen über statistische Gleichgewichtsmischungen von Doppelbindungsisomeren, und man erhält das gewünschte Produkt durch selektive Abreaktion einer bestimmten Spezies. Die Darstellung eines bestimmten Isomers durch eine reine Isomerisierungsreaktion kann nur dann gelingen, wenn der Mediator in äquimolarer Menge zugesetzt wird. Angelici und Shi zeigten dies am Beispiel der UV-Photolyse von **2.4-2a**, bei der die Doppelbindung in α,β-Stellung wandert und dort durch Komplexbildung fixiert wird.[63] In einer zweistufigen Reaktionssequenz wird dabei die stabilisierende Wirkung der $Fe(CO)_3$-Einheit für Oxadiensysteme – wie α,β-ungesättigter Ester – genutzt. Diese führt zur η^4-Koordination und war bereits in Steroidsynthesen hilfreich.[65] Das Produkt 2-Octadecensäuremethylester (**2.4-3a**) kann durch Zusatz von Pyridin oder Kohlenmonoxid aus dem Eisenkomplex erhalten werden (Schema 13).

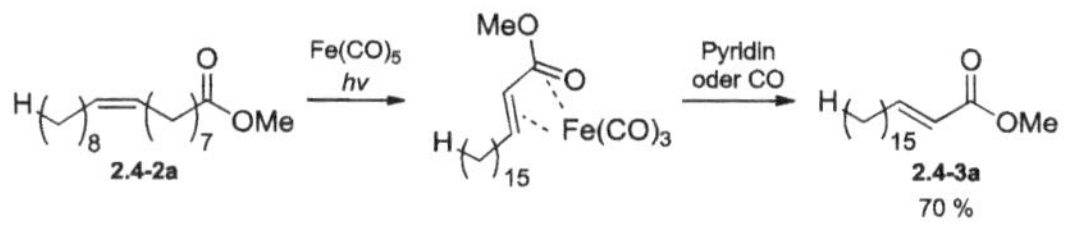

Schema 13. Darstellung des α,β-ungesättigten Esters **2.4-3a** *via* UV-Photolyse von Methyloleat (**2.4-2a**).

Isomerisierende Cyclisierung ungesättigter Fettsäurederivate

Die Übertragung des Prinzips der isomerisierenden Funktionalisierung auf den *intra*molekularen Fall ist die Basis einer wenig beschriebenen Reaktionsklasse – der isomerisierenden Cyclisierung. Voraussetzung für eine solche Umsetzung ist

2.4 REAKTIONEN UNGESÄTTIGTER FETTSÄUREN UND FETTSÄUREESTER

eine reaktive Gruppe am Carboxy-Ende des Fettsäurederivates, die zu einem Ringschluss durch Addition von H-X an die Doppelbindung fähig ist (Schema 14).

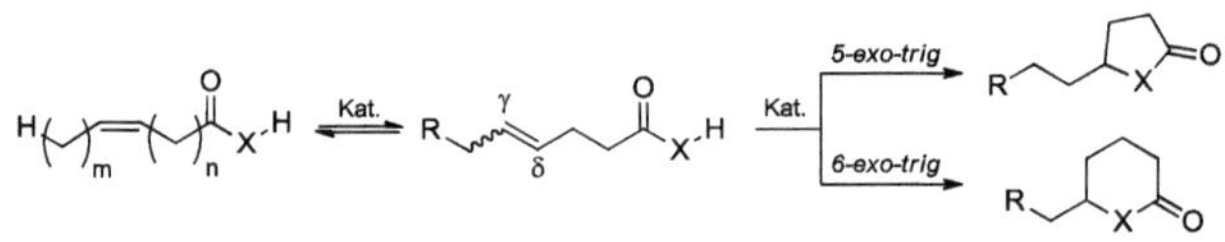

Schema 14. Prinzip der isomerisierenden Cyclisierung ungesättigter Fettsäurederivate. Beschrieben: X = O; angestrebt: X = NH, *N*-Alkyl, *N*-Sulfonyl; R = Alkyl.

Idealerweise wird der Cyclisierungsschritt durch den gleichen Katalysator vermittelt wie die Isomerisierung und verläuft mit hoher Selektivität für einen Angriff über X statt über den Carbonylsauerstoff. Im Zustand des Isomerengleichgewichtes wandert die Doppelbindung auch in Richtung der Carboxylgruppe; sobald sie sich in γ- oder δ-Position befindet, kann der Ringschluss zum 5- oder 6-gliedrigen Ring erfolgen. Die Selektivität ist dabei aufgrund der thermodynamischen Bevorzugung des 5-Ringes von den Reaktionsbedingungen abhängig, vor allem von der Temperatur. Bisher ist von den denkbaren isomerisierenden Cyclisierungen nur der Fall X = O beschrieben, d. h. die Umsetzung freier Fettsäuren zu gesättigten γ- oder δ-Lactonen *via* 5-*exo*-trig- oder 6-*exo*-trig-Cyclisierungen. Langkettige Lactone sind aufgrund ihrer lipophilen Eigenschaften als Zwischenprodukte für die Kosmetikindustrie von Interesse, wo sie in Wachsen, Crèmes und Emulsionen Verwendung als Stabilisatoren und Solubilisatoren finden. Die Folgechemie der Fettlactone bietet Möglichkeiten zur Produktion biologisch abbaubarer Tenside und nichtionischer Detergentien (siehe Kapitel 4.2.4).[66] Darüber hinaus sind Stearo- und Palmitolactone möglicherweise in Wespenpheromonen enthalten und stehen im Fokus zoologischer Studien.[67]

Die direkte Synthese langkettiger Lactone aus freien Fettsäuren gelingt in Gegenwart von Brønsted- oder Lewis-Säuren, wobei bisher lediglich Protokolle mit stöchiometrischer oder substöchiometrischer Menge des Mediators beschrieben sind (Tabelle 4, Einträge 1 bis 7). Eine gute Ausbeute an γ-Stearolacton (**2.4-4a**) lässt sich durch Erhitzen von Ölsäure (**2.4-1a**) in siedender Perchlorsäure erzielen (Eintrag 1).[68] Diese Methode erscheint jedoch angesichts der korrosiven und explosiven Eigenschaften des Mediators ungeeignet für eine industrielle Anwendung.[69]

Tabelle 4. Ausgewählte Methoden zur isomerisierenden Cyclisierung ungesättigter Fettsäuren.

#	Substrat	Reagens[a]	Produkte	Ausb. (%)	Ref.
1	**2.4-1a** (m = 8, n = 7)	HClO$_4$ (1.0)	**2.4-4a**	75	68
2	"	MsOH (3.0)	**2.4-4a** / **2.4-5a** (20:1)	59	70
3	"	H$_2$SO$_4$ (2.0)	**2.4-4a** / **2.4-5a** (1:15)	85[b]	71
4	**2.4-1b** (m = 0, n = 8)	Nafion NR-50[c]	**2.4-4b**	48	72
5	**2.4-1a**	"	**2.4-4a**	30	72
6	**2.4-1b**	p-TsOH (0.49)	**2.4-4b**	60	73
7	**2.4-1a**	AgOTf (0.15)	**2.4-4a**	51	74
8	**2.4-1b**	AgOTf (0.10)	**2.4-4b**	72	74

[a] Angabe der Äquivalente in Klammern. [b] GC-Ausbeute. [c] Es wurden 92 mg pro mmol Substrat verwendet.

Mit einem deutlichen Überschuss Methansulfonsäure kann das gleiche Substrat mit einer Selektivität von 20:1 zum γ-Stearolacton (**2.4-4a**) umgesetzt werden.[70] Die Umkehrung der Selektivität zugunsten des δ-Stearolactons (**2.4-5a**) ist ebenfalls möglich: Cermak et al. wiesen bei niedrigeren Temperaturen die beiden Lactone **2.4-4a** und **2.4-5a** im Verhältnis 1:15 und in einer Gesamtausbeute von 85 % per GC nach, als sie **2.4-1a** in Gegenwart von zwei Äquivalenten Schwefelsäure umsetzten (Eintrag 3).[71]

Eine heterogenkatalytische Variante wurde beschrieben, bei der mittels immobilisierter Sulfonsäuren (Amberlyst-15 und Nafion) für Substrate mit kürzeren Ketten (C$_7$) gute Ausbeuten von bis zu 82 % erzielt wurden, wobei überwiegend die γ-Isomere entstanden. Für Fettsäuren mit längeren Ketten wie 10-Undecensäure (**2.4-1b**) und Ölsäure (**2.4-1a**) betrugen die Ausbeuten jedoch nur noch 48 % und 30 % (Einträge 4 und 5).[72] Kanetkar et al. verwendeten p-Toluolsulfonsäure oder Phosphorsäure, um **2.4-1b** in das gesättigte γ-Undecalacton (**2.4-4b**) zu überführen. Die Beladungen sind hierbei im substöchiometrischen Bereich anzusiedeln: In Gegenwart von 49 mol% TsOH wird eine Ausbeute von 60 % an **2.4-4b** berichtet (Eintrag 6).[73]

Im Rahmen von Vorarbeiten wurde gezeigt, dass eine katalytische Variante dieser isomerisierenden Lactonisierung ungesättigter Fettsäuren entwickelt werden kann.[74] In Gegenwart des nicht-korrosiven, homogenen Silberkatalysators AgOTf konnten bereits zwei Substrate unter relativ milden Bedingungen in hoher Selektivität in die entsprechenden γ-Lactone umgewandelt werden (Einträge 7 und 8). Allerdings steht die Untersuchung der Anwendungsbreite dieser Reaktion noch aus, ebenso wie ein umfangreicheres Katalysatorscreening und die Untersuchung umweltfreundlicher Lösemittel (siehe Kapitel 4.2). Von hohem industriellem Interesse ist die Überführung und Erweiterung dieser Methode in ein heterogenkatalytisches Verfahren, um eine effizientere und umweltfreundlichere kontinuierliche Prozessführung zu ermöglichen.

Bisher finden sich in der Literatur keine Beschreibungen isomerisierender Cyclisierungen anderer ungesättigter Fettsäurederivate, wie etwa Fettsäureamide. Diese würden durch Addition der CON-H-Einheit an die *in situ* in die γ- oder δ-Position verschobene Doppelbindung den Aufbau gesättigter Fettlactame ermöglichen, einer bisher nur spärlich beschriebenen Substanzklasse (Schema 15). Lipophile γ-Lactame mit langkettigen Alkylsubstituenten wurden zur Synthese von Acyl-CoA-Inhibitoren eingesetzt.[75]

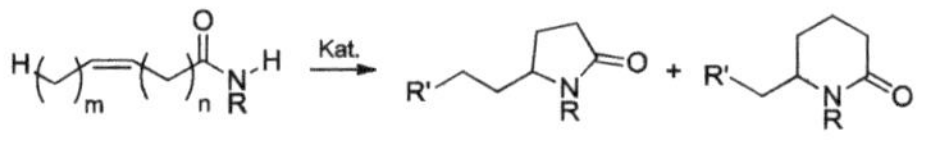

Schema 15. Mögliche Lactamsynthese *via* isomerisierende Cyclisierung ungesättigter Fettsäureamide.

Die nicht-isomerisierende Cyclisierung eines ungesättigten Carbonsäureamids kann unter recht extremen Bedingungen durchgeführt werden: Die Umsetzung von (*E*)-3-Pentensäureamid mit einem großen Überschuss an Trifluormethansulfonsäure liefert nach Marson *et al.* das entsprechende γ-Lactam, zusammen mit Spuren des γ-Lactons (Schema 16).[76] Letzteres resultiert aus dem Angriff der C=C-Doppelbindung an das Amid-Sauerstoffatoms und der anschließenden Hydrolyse des entstehenden Imins zum Lacton.

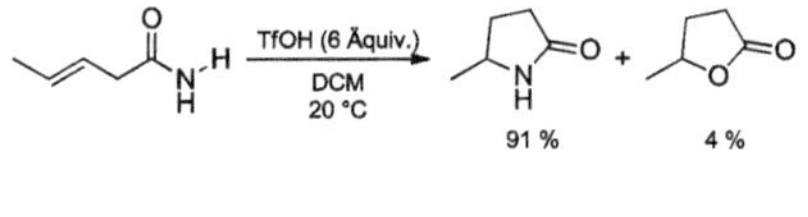

Schema 16. Direkte Cyclisierung von (*E*)-3-Pentensäureamid zum γ-Lactam.

Da die redoxneutrale intramolekulare Addition eines Carbonsäureamids an C=C-Doppelbindungen prinzipiell möglich ist, wäre die Entwicklung eines katalytischen Verfahrens zur isomerisierenden Direktsynthese langkettiger Lactame aus ungesättigten Fettsäuren möglich.

2.4.3 Olefinmetathese ungesättigter Fettsäurederivate

Allgemeines

Die Entdeckung der Olefinmetathese durch Chauvin *et al.*[77] legte den Grundstein für zahlreiche Methoden zur Knüpfung neuer C=C-Doppelbindungen und wurde mit dem gemeinsamen Nobelpreis für Chauvin, Schrock und Grubbs gewürdigt.[78] Seither wurden unzählige Anwendungen und Weiterentwicklungen beschrieben, die der Metathese zu großer Bedeutung in der Synthesechemie verholfen haben.[79,80]

Oleochemikalien mit C=C-Doppelbindungen stellen eine lohnenswerte Substratklasse für metathetische Umsetzungen dar, da eine Vielzahl neuer Produkte zugänglich ist: Langkettige Olefine und Diester werden zur Herstellung von Polyolefinen, oberflächenaktiven Substanzen, Riechstoffen, Polyamiden und Polyestern eingesetzt.[81] Mehrere Varianten der Olefinmetathese wurden bereits auf ungesättigte Fettsäurederivate angewandt, darunter Ethenolyse, Selbstmetathese und Kreuzmetathese; letztere auch in Verbindung mit Polymerisationsreaktionen.

Kurze Historie der Fettsäuremetathese

Die Anwendung der Olefinmetathese auf Oleochemikalien begann unmittelbar nach Aufkommen dieses neuen Reaktionstyps und brachte eine ganze Reihe von Katalysatorgenerationen hervor (Tabelle 5, S. 41).[82] Bereits 1972 fanden Boelhouwer *et al.*, dass sich **2.4-2a** in Gegenwart eines Wolfram / Zinn-Katalysatorgemisches in einer Selbstmetathesereaktion zu 9-Octadecen (**2.4-6a**) und 9-Octadecendisäuredimethylester (**2.4-8a**) umsetzen lässt (Schema 17).[83] Die nächsten Katalysatorgenerationen bestanden aus geträgerten Rheniumoxiden, die entweder mit einem Zinn-Cokatalysator[84] oder durch Methylierung[85] aktiviert wurden.

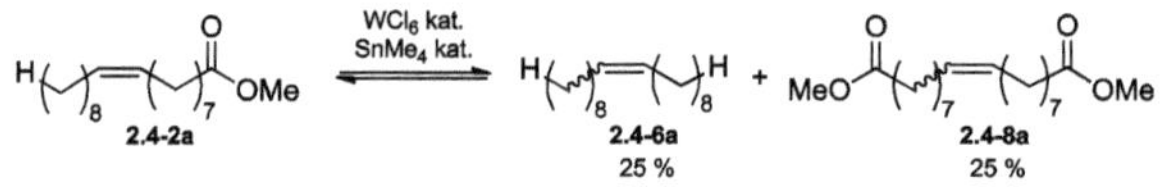

2.4 REAKTIONEN UNGESÄTTIGTER FETTSÄUREN UND FETTSÄUREESTER

Schema 17. Erstes Verfahren zur Selbstmetathese von **2.4-2a**.

Schrock *et al.* stellten einen Wolfram-Carbenkomplex **W-1** vor (Abbildung 11), der die Selbstmetathese und die Kreuzmetathese von **2.4-2a** mit simplen Olefinen wie (Z)-3-Hexen und (Z)-5-Decen katalysierte – wenn auch mit eher geringer Aktivität.[86]

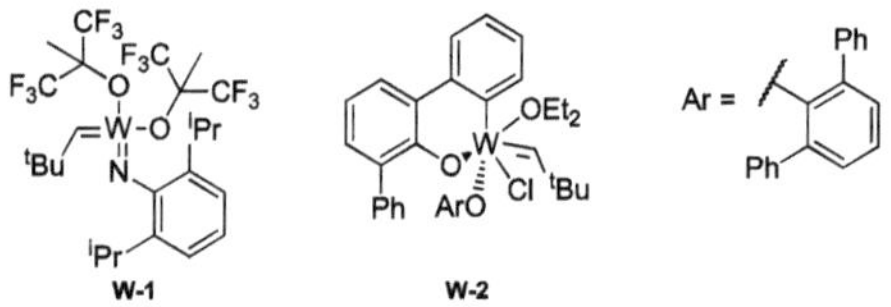

Abbildung 11. Wichtige homogene Wolframkatalysatoren für die Fettsäuremetathese.

Eine Verbesserung der Katalysatoraktivität für die Selbstmetathese gelang Basset *et al.*, indem sie die sterische Abschirmung des Wolfram-Komplexes **W-2** weiter erhöhten und damit die Koordination der Estergruppe des Substrates an das Metallzentrum unterdrückten, welche zu Desaktivierung führen würde.[87]

Ein äußerst aktives System auf Molybdän-Basis entwickelten Mol *et al.* im Jahre 1994: Unter CO-Atmosphäre und in Gegenwart von Cyclopropan wurde geträgertes MoO_3 mit Laserlicht bestrahlt und zu Mo(IV) reduziert. Dieses reagierte mit Cyclopropan über ein Metallacyclobutan-Intermediat zur katalytisch aktiven $Mo=CH_2$-Spezies für die Selbstmetathese von **2.4-2a**.[88] Die Umsätze der nahezu thermoneutralen Gleichgewichtsreaktion beliefen sich jedoch auf maximal 50 % und es war eine hohe Substratreinheit erforderlich.

Tabelle 5. Wichtige Katalysatorentwicklungen für die Metathese von Ölsäure (**2.4-1a**) und Alkyloleaten.

Jahr	Katalysator	Einsatzgebiet	TON[a]	Ref.
1972	WCl_6 / $SnMe_4$	homogene SM	38	83
1977	Re_2O_7/Al_2O_3 + $SnEt_4$	heterogene SM	3	84
1986	**W-1**	homogene SM und KM mit einfachen Olefinen	150	86
1991	$MeReO_3$ + Al_2O_3	heterogene SM	27	85
1992	B_2O_3-Re_2O_7/Al_2O_3-SiO_2 + $Sn(^nBu)_4$	heterogene SM und Ethenolyse	198	89
1992	**W-2**	homogene SM	250	87
1994	MoO_3/SiO_2/Cyclopropan[b]	heterogene SM	500	88
1999	**Ru-1**	homogene SM und Ethenolyse	2500	92, 94
1999	**Ru-2**	homogene SM	225	93
2002	B_2O_3-Re_2O_7/Al_2O_3-SiO_2 + $Ge(^nBu)_4$	heterogene SM und Ethenolyse	32	90
2002	**Ru-4**	homogene SM	440 000	98
2004	**Ru-1**	homogene Ethenolyse	15 000	95
2006	**Ru-3**	homogene SM und Ethenolyse	12 450	96
2006	**Ru-6**	homogene KM mit einfachen Olefinen	9500	104
2007	**Ru-5**	Ethenolyse in ion. Flüssigkeit	39	102
2007	**Ru-6**	homogene KM mit Acrylaten	990	106
2008	**Ru-7, Ru-8**	homogene SM	1150	109
2009	**Ru-6**	homogene KM mit Acrylnitril / Fumarnitril	20	108

SM = Selbstmetathese, KM = Kreuzmetathese. [a] TON = Stoffmenge an umgesetztem Substrat pro Mol Katalysator; [b] aktiviert durch Lasereinstrahlung unter CO-Druck.

Warwel *et al.* stellten daher ein zweistufiges Verfahren zur Gewinnung der symmetrischen, langkettigen Dicarbonsäureester vor: Ein geträgertes Bor / Rhenium / Zinn-System katalysiert die Spaltung des ungesättigten Fettsäureesters durch Ethen, wobei die beiden terminalen Olefine 9-Decen (**2.4-6b**) und 10-Decensäuremethylester (**2.4-2c**) erhalten werden. Diese Umsetzung birgt aufgrund des geringen Ethen-Preises und der vielseitigen Verwendbarkeit der entstehenden α-Olefine großes Wertschöpfungspotential und wird bis heute

2.4 REAKTIONEN UNGESÄTTIGTER FETTSÄUREN UND FETTSÄUREESTER

stark beforscht (siehe unten). Im zweiten Schritt erfolgt die Selbstmetathese des C_{11}-Esters und man erhält den gewünschten 9-Octadecendisäuredimethylester (**2.4-9a**) in einer Gesamtausbeute von 70 % (Schema 18).[89] Dieses heterogene System wurde später variiert, indem der Zinn-Cokatalysator gegen eine Germaniumalkylverbindung ausgetauscht wurde.[90]

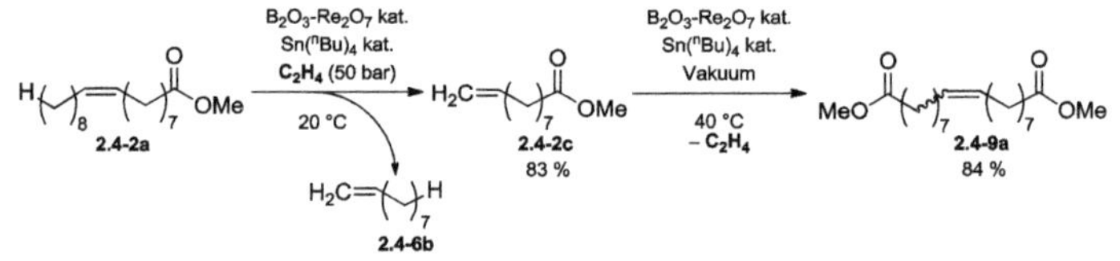

Schema 18. Zweistufige Synthese von 9-Octadecendisäuredimethylester (**2.4-9a**) via Ethenolyse und Selbstmetathese.

Einen entscheidenden Durchbruch erreichten Grubbs et al. im Jahre 1992 mit der Synthese definierter Ruthenium-Carbenkomplexe (Abbildung 12).[91] Die erstmalige Anwendung auf Oleochemikalien gelang der gleichen Gruppe einige Jahre später, als sie die effektive Selbstmetathese und Ethenolyse der freien Ölsäure (**2.4-1a**) in Gegenwart der sogenannten ersten Grubbs-Katalysatorgeneration **Ru-1** patentierten.[92]

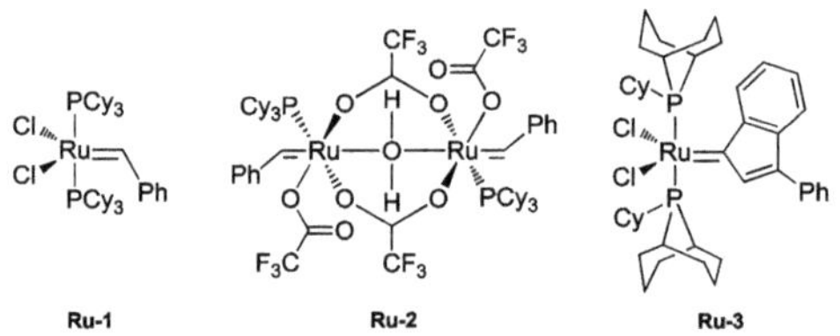

Abbildung 12. Ruthenium-Metathesekatalysatoren der ersten Generation.

Ebenfalls 1999 erschien eine Arbeit über einen dimeren Ruthenium-Carbenkomplex **Ru-2**, der die Strukturelemente der Grubbs-Katalysatoren vereint und zudem ein verbrückendes Wassermolekül enthält; allerdings wurde deren Aktivität nicht annähernd erreicht.[93] Verfahrensverbesserungen durch Mol et al. führten mit dem Katalysator **Ru-1** zu beachtlichen TONs von 2500,[94] was erst 2004 durch detaillierte mechanistische und verfahrenstechnische Studien übertroffen werden konnte.[95] Ähnliche Ergebnisse wurden mit dem Phoban-Indyliden-Ruthenium-Komplex **Ru-3** von Winde et al. erzielt: In der homogenen Selbstmetathese und Ethenolyse von **2.4-2a** beschrieben sie TONs von bis zu 12 450.[96]

Mit der Einführung N-heterocyclischer Carben-(NHC-)Liganden modifizierten Grubbs *et al.* die Rutheniumkatalysatoren in entscheidender Weise.[97] Diese zweite Generation **Ru-4** (siehe Abbildung 13) lieferte für die homogene Selbstmetathese von Methyloleat unter lösemittelfreien Bedingungen hohe TONs von bis zu 440 000 und rückte damit die industrielle Anwendung dieser Reaktion in einem wirtschaftlichen Prozess in greifbare Nähe.[98]

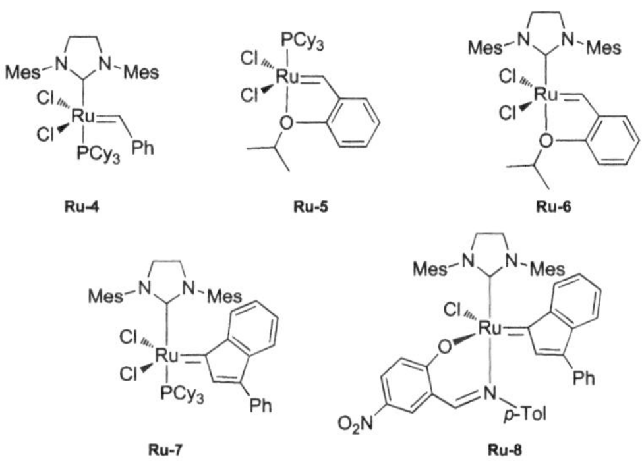

Abbildung 13. Neuere Rutheniumkatalysatoren für die Fettsäuremetathese.

Die Umsetzung der freien Ölsäure (**2.4-1a**) in einer Selbstmetathese, die bis dahin nicht effizient möglich war, gelang Foglia *et al.* in Gegenwart von Katalysator **Ru-4** mit hohen TONs von bis zu 10 800.[99] Hierbei war es hilfreich, die Reaktion bei einer Temperatur knapp unter dem Schmelzpunkt der entstehenden Dicarbonsäure durchzuführen, um so das Gleichgewicht in Richtung der Produkte zu verschieben und einen Umsatz von bis zu 79 % zu erreichen. Die zweite Grubbs-Katalysatorgeneration verhalf auch der Ethenolyse von Methyloleat (**2.4-2a**) zu neuen Fortschritten: Forman *et al.* beschreiben TONs von bis zu 7150 mit **Ru-4** unter 10 bar Ethendruck.[100]

Der nächste wichtige Schritt bei der Entwicklung robuster und effizienter Metathesekatalysatoren war die Strukturvariation der Benzylideneinheit, die einen Phosphinliganden ersetzte. Hoveyda *et al.* beschreiben den (fortan „Hoveyda-Grubbs-Katalysator der ersten Generation" genannten) Komplex **Ru-5** als äußerst stabile Verbindung, die sogar *via* Säulenchromatographie gereinigt werden

2.4 REAKTIONEN UNGESÄTTIGTER FETTSÄUREN UND FETTSÄUREESTER

kann.[101] Die Synthese erfolgte ausgehend von **Ru-1** durch Zugabe von 2-Isopropoxystyrol (Schema 19).

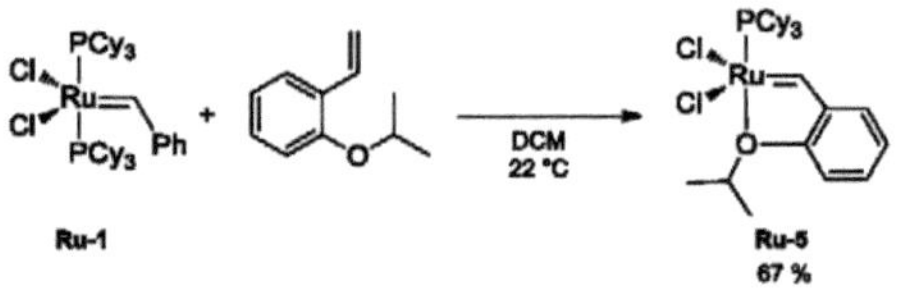

Schema 19. Synthese von **Ru-5** nach Hoveyda et al.[101]

In neueren Studien von Thurier et al. zur effektiven Ethenolyse von **2.4-2a** setzte sich **Ru-5** im Vergleich mit anderen Metathesekatalysatoren durch: Höhere Aktivität, bessere Selektivität und die Möglichkeit der Wiederverwendung bei Reaktionsführung in einer ionischen Flüssigkeit zeichnen **Ru-5** aus (Schema 20).[102]

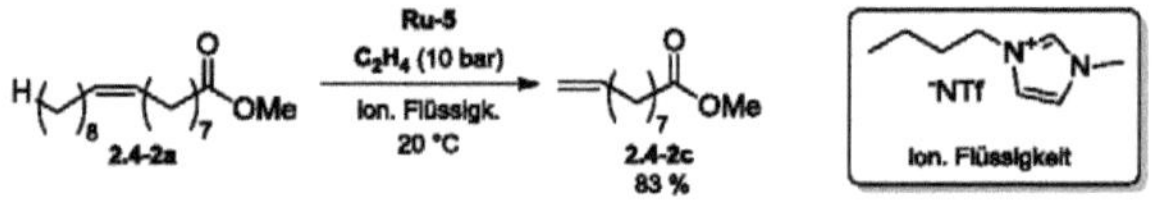

Schema 20. Ethenolyse von Methyloleat (**2.4-2a**) mit **Ru-5** in einer ionischen Flüssigkeit.

Kreuzmetathese

Die Kreuzmetathese ungesättigter Fettstoffe mit anderen Olefinen als Ethen gewann entscheidend an Bedeutung, als Hoveyda et al. die Strukturmerkmale der bis dahin aktivsten Katalysatoren kombinierten: Die zweite Hoveyda-Grubbs-Katalysatorgeneration **Ru-6** mit NHC-Ligand und Isopropoxybenzylideneinheit war geboren.[103] Die Anwendung auf Fettsäureester und sogar native Triglyceride gelang Jackson et al. im Jahre 2006, als sie mit **Ru-6** deutlich höhere TONs als bisher für die Kreuzmetathese mit (Z)-2-Buten berichteten (Schema 21, **j**).[104] Wichtiger noch ist der mit diesem Katalysator eröffnete Zugang zu neuen Produkten, der durch Reaktion der Fettsäureester mit funktionalisierten, meist elektronenarmen Olefinen möglich wird. In den Arbeiten von Meier et al. konnten Substrate wie Allylchlorid und Methylacrylat mit **2.4-2a** umgesetzt werden, um ω-Chlorfettsäureester (Schema 21, **k**)[105] und ungesättigte Alkyldicarboxylate zu erhalten (**l**).[106]

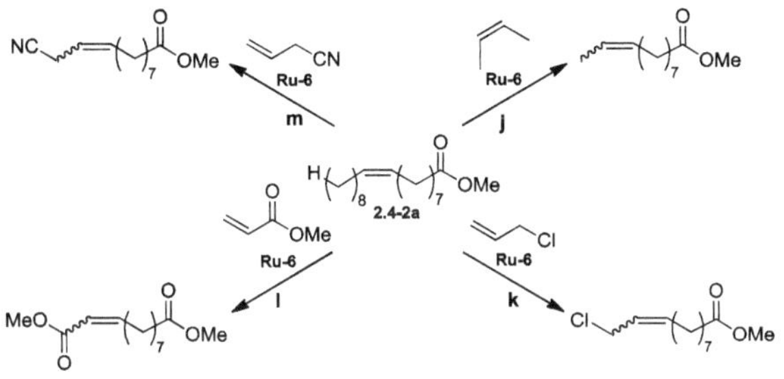

Schema 21. Kreuzmetathese von **2.4-2a** mit funktionalisierten Olefinen.

Letztere lassen sich ebenfalls durch Kreuzmetathese terminal ungesättigter Fettsäurederivate, wie 10-Undecensäuremethylester (**2.4-2b**), mit Maleinsäurediethylester synthetisieren.[107] Die Folgechemie dieser α,ω-Dicarbonsäurederivate ist hauptsächlich im Polymerbereich angesiedelt.[38d]

Die Einführung stickstoffhaltiger funktioneller Gruppen in Fettsäurederivate, meist Alkylester, ist ebenfalls mit dem Katalysator **Ru-6** möglich. Dixneuf *et al.* erzielten gute Ausbeuten für die Reaktion von **2.4-2a** mit Acrylnitril oder Fumarnitril (Schema 21, **m**).[108] Beide Reaktionswege führen zu ω-Nitrilfettsäuren, aus welchen durch Hydrierung der C=C- und CN-Gruppen lineare Aminofettsäuren zur Produktion von Polyamiden gewonnen werden können.

Die Forschung auf dem Gebiet der Selbstmetathese ungesättigter Fettsäuren ist bereits weit fortgeschritten und hat zur industriellen Nutzung dieses Prozesses geführt. Ein Patent der Firma Cognis (heute BASF Personal Care and Nutrition GmbH, Düsseldorf) erwähnt modifizierte Grubbs-Katalysatoren der zweiten Generation, **Ru-7** mit Indylidenrest und **Ru-8** mit Schiff-Base-Ligand, die bereits im ppm-Bereich die Selbstmetathese der freien Ölsäure (**2.4-2a**) ermöglichen.[109] Die Ethenolyse dagegen bedarf weiterer Verbesserung: Verfahren mit TONs von mindestens 50 000 werden als wirtschaftlich nutzbar angesehen.[95a] Die Motivation hierfür ist ungebrochen, da die aus preiswerten Pflanzenölen zugänglichen α-Olefine von großem Wert für die Industrie sind: Sie werden unter anderem für die Herstellung und Formulierung von Tensiden, Weichmacheralkoholen, Poly-(α-olefinen), Epoxiden, Alkylaromaten, Pflegeprodukten, Geschmacks- und Riechstoffen verwendet.[82b] Die Kreuzmetathese mit funktionalisierten Olefinen befindet sich erst in der Anfangsphase, aber auch hier sind die erst neuerdings darstellbaren Verbindungen von vielversprechender Anwendungsbreite für industrielle Nutzungen.[110] Ein wichtiger Aspekt für die wirtschaftliche, technische Nutzbarkeit solcher Prozesse ist die Immobilisierung der Metathesekatalysatoren zur Entwicklung kontinuierlicher Verfahren. Hierfür gibt es bereits zahlreiche Ansätze, allerdings wurde noch nicht von durchschlagenden Erfolgen für die Umsetzung von Pflanzenölen berichtet.[82c,111]

Potential der Fettsäuremetathese

Die Metathese von Fettsäurederivaten kann also unter milden Bedingungen in Gegenwart effektiver heterogener und homogener Katalysatoren durchgeführt werden. Hohe TONs und hohe Selektivitäten bei niedrigen Beladungen (teilweise im ppm-Bereich) ermöglichen die Selbstmetathese, Ethenolyse und bereits erste Kreuzmetathesen, wobei die Toleranz der Katalysatoren gegenüber funktionellen Gruppen steigt und die Unterdrückung von Nebenreaktionen, wie etwa Isomerisierungen, immer besser gelingt.

Großes Potential liegt in der Kombination der Metathese mit anderen Reaktionen zu sogenannten Tandemreaktionen. Durch die unmittelbare Verknüpfung von zwei oder mehr Schritten in einem Reaktionsansatz eröffnen sich neue synthetische Möglichkeiten ausgehend von Olefinen. Beschrieben wurde bereits die Kombination der Metathese mit der Hydrierung funktionalisierter Olefine, Dehydrierung von Alkanen, Oxidation zur Synthese aromatischer Systeme, Dihydroxylierung, Cyclopropanierung, Diels-Alder-Reaktionen und Heck-Reaktionen.[112] Die gezielte Isomerisierung von Doppelbindungen wurde in diesem Zusammenhang als Folgereaktion von Ringschlussmetathesen berichtet.[113] Unfunktionalisierte Olefine lassen sich mittels isomerisierender Metathese zu längeren Ketten umsetzen, wobei allerdings hohe Katalysatorbeladungen oder Metallhydride sowie ionische Flüssigkeiten benötigt werden (Schema 22).[114,115]

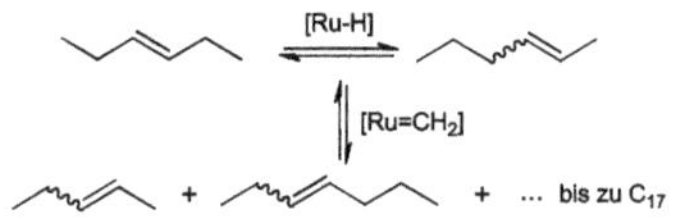

Schema 22. Isomerisierende Selbstmetathese von (*E*)-3-Hexen.

Die Anwendung von Metathese-Tandemreaktionen auf Oleochemikalien ist gegenwärtig noch wenig beschrieben,[116] bietet aber großes Potential. Speziell durch Kombination von katalytischer Isomerisierung und kontinuierlicher Selbst- oder Kreuzmetathese würde man aus einem einheitlichen Startmaterial ein Produktgemisch erhalten, dessen Zusammensetzung beeinflusst werden könnte (siehe Kapitel 4.5). In einer frühen Arbeit von Grubbs et al. wird eine derartige Umsetzung von **2.4-2a** berichtet, allerdings mit maximal 50 % Umsatz bei hohen Beladungen mit Iridium- und Silberkatalysatoren.[115]

2.4.4 Alkylierung gesättigter und ungesättigter Fettsäureester

Verwendung kettenverzweigter Fettsäureester

Die Einführung von Alkylsubstituenten in eine gesättigte oder ungesättigte Fettsäurekette führt zu Gerüstverzweigung und verändert die physikalischen Eigenschaften der Verbindung gravierend, hauptsächlich die Oxidationsstabilität und den Schmelz- / Stockpunkt (Tabelle 6).[117] Dementsprechend werden verzweigte Fettsäureester als verbesserte Dieseltreibstoffe eingesetzt, da sie gegenüber herkömmlichem Biodiesel aus Rapsölmethylester ein vorteilhaftes Tieftemperaturverhalten aufweisen.[43] Gerüstverzweigte freie Fettsäuren sind darüber hinaus aufgrund ihrer niedrigen Schmelz- und Stockpunkte wichtige Inhaltsstoffe für Detergentien, Kosmetika und industrielle Schmiermittel.[118]

Tabelle 6. Eigenschaften verzweigter und unverzweigter Fettsäuren im Vergleich.

Fettsäure	Oxidationsstabilität	Schmelz- / Stockpunkt
ungesättigt	unzureichend	niedrig
gesättigt	ausgezeichnet	hoch
verzweigt und gesättigt	ausgezeichnet	niedrig (zusätzlich: niedrige Viskosität)

Verzweigtkettige Fettsäuren kommen zwar auch in der Natur vor, allerdings in unzureichender Qualität für eine technische Nutzung.[119] Zu ihrer Herstellung bediente man sich bisher hauptsächlich der Umesterung von Triglyceriden mit verzweigten Alkoholen (z. B. Guerbetalkoholen) und weniger der Einführung kurzer Alkylgruppen in die Fettsäurekette. Abhängig von der Verzweigungsposition sind einige meist unkatalysierte Methoden beschrieben, um solche Substanzen aus nachwachsenden Pflanzenölen zu synthetisieren.

Synthese kettenverzweigter Fettsäuren

Der einfachste Weg zur Einführung einer Verzweigung ist die *Umlagerung* des bestehenden Fettsäuregerüstes durch saure Mineralien. Aus **2.4-1a** wird in einem heterogenkatalytischen Verfahren bei 250 °C in Gegenwart von Zeolithen oder

2.4 REAKTIONEN UNGESÄTTIGTER FETTSÄUREN UND FETTSÄUREESTER

Ton nach Hydrierung in 85 % Gesamtausbeute ein Isomerengemisch aus methylverzweigten Heptadecansäuren erhalten (Schema 23).[120]

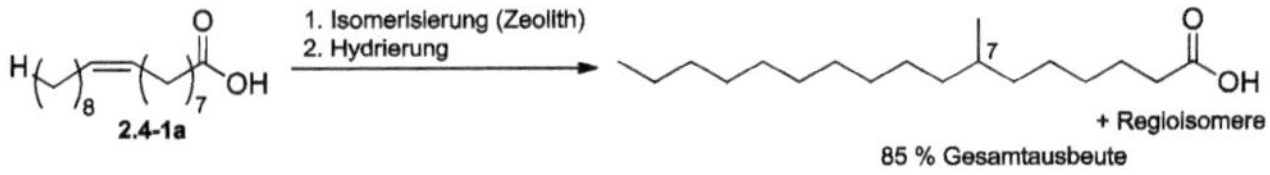

Schema 23. Mehrstufiger Prozess zur Gerüstverzweigung von Ölsäure (**2.4-1a**).

Bei dieser Reaktion bilden sich durch die stark Lewis-sauren, großporigen Zeolithe cyclische Kationen, die nach Umlagerung und Hydrierung die verzweigten Produkte liefern. Ähnliche Verfahren wurden mit Zirconium-, Wolfram- und Edelmetallkatalysatoren beschrieben, jedoch laufen diese Prozesse ebenfalls meist bei Temperaturen über 250 °C ab.[117] Größere Alkylgruppen wie Cyclohexyl oder Isopropyl können durch die bereits erwähnte *elektrophile Addition* an die Doppelbindung in die Fettsäurekette eingeführt werden (siehe Kapitel 2.4.1).[46] Über Radikalreaktionen kann das gesättigte Methylstearat mit perfluorierten Alkylresten in 9- oder 10-Position, ausgehend von **2.4-2a**, in einer ebenfalls stöchiometrischen Reaktion synthetisiert werden; allerdings ist hierbei, wie auch bei der elektrophilen Addition, keine Regioselektivität zu beobachten.[121]

Die gezielte Einführung von *Methyl*gruppen in Fettsäureester gelingt bisher nur in der α-Position mittels einer zweistufigen Deprotonierungs-Alkylierungs-Sequenz. Mehrere Protokolle zur α-Methylierung von **2.4-2a** sind beschrieben; ihnen gemeinsam ist die Deprotonierung durch sterisch aufwändige Lithiumamide (LDA und Lithiumcyclohexylisopropylamid) und die nachfolgende Alkylierung mit Methyliodid.[122] *Allyl*gruppen lassen sich mit einem zweistufigen katalytischen Verfahren in die α-Position gesättigter, kurzkettiger Carbonsäureester einführen. Tsuji *et al.* beschreiben die Synthese von Silylketenacetalen bei tiefen Temperaturen durch Deprotonierung und Silylierung. Die Produkte werden isoliert und liefern in einem zweiten Schritt in Gegenwart eines Palladiumkatalysators und einer Allyl-Quelle die gewünschten α-Allylcarbonsäureester (Schema 24).[123]

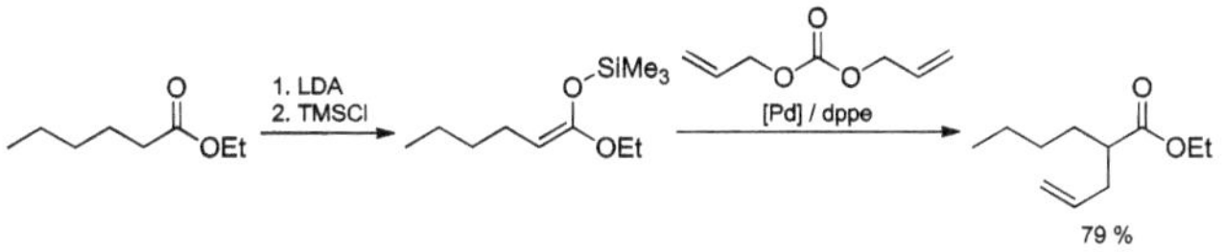

Schema 24. Synthese α-allylierter Carbonsäureester *via* Silylketenacetale.

Die Alkylierung von Fettsäuren und ihren Derivaten zwecks Kettenverzweigung ist also zum einen mit den beschriebenen unkatalysierten Reaktionen in Gegenwart von Aluminiumsalzen möglich, die als Koppelprodukt immer große Salzmengen mit sich bringen. Zum anderen gibt es Hochtemperaturverfahren mit Zeolithkatalysatoren, die allerdings ebenfalls nicht regioselektiv sind. Darüber hinaus sind mehrstufige Verfahren beschrieben, die Überschüsse sehr starker Basen und die Isolierung von Metall-Enolaten erfordern. Es besteht daher der Bedarf, eine katalytische, möglichst abfallfreie Methode zur direkten Synthese alkylverzweigter Fettsäuren zu entwickeln (siehe Kapitel 4.7).

2.5 Aktuelle Entwicklungen in der Fettsäurechemie

Parallel zu den in dieser Dissertation vorgestellten Arbeiten und teilweise auch danach ergaben sich einige interessante Entwicklungen auf dem Gebiet der Fettsäurechemie, auf die im Folgenden eingegangen wird. Zu den aktuellen Entwicklungen zählen die Synthese neuer Polymere, neue Katalysatoren für die Ethenolyse, Alternativen zur Ozonolyse, neue bio-basierte Tenside sowie Fortschritte bei der Synthese von Biodieseltreibstoffen.

Synthese neuer Polymere auf Fettsäurebasis

Ein großes Thema ist die Verwertung ungesättigter Fettsäuren zur Darstellung *bio-basierter Polymere*:[124] Mecking et al. stellten eine mehrstufige Reaktionssequenz vor, bei der ungesättigte Fettsäuren zunächst *via* Isomerisierung und Alkoxycarbonylierung zu gesättigten Diestern umgesetzt werden. Diese werden Ruthenium-katalysiert zu den entsprechenden langkettigen α,ω-Diolen reduziert und dienen als Bausteine für Polyester oder Polyamide (Schema 25).[61,125]

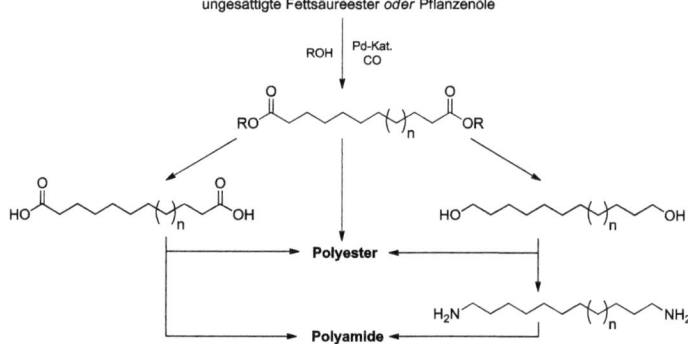

Schema 25. Zugang zu Polymeren ausgehend von ungesättigten Fettsäuren.

Aus den Diestern können über mehrere Stufen auch die gesättigten α,ω-Diamine zur Synthese von Polyamiden gewonnen werden. Speziell die Polyester weisen Schmelzpunkte und Kristallisationstemperaturen auf, die mit denen konventioneller Hochleistungspolymere auf Erdölbasis vergleichbar sind. Cole-Hamilton bezeichnete diese Materialien sogar als das „Polyethylen der Natur".[60] In ihrer neuesten Arbeit zeigen Mecking und Cole-Hamilton, dass gesättigte C_{19}-α,ω-

Diester durch isomerisierende Alkoxycarbonylierung direkt aus naürlichen Pflanzenölen von Olive, Raps oder Sonnenblume erzeugt werden können.[126]

Einen anderen Zugang zu Polymeren aus nachwachsenden Rohstoffen fanden Meier *et al.*, indem sie die seit langem bekannte Thiol-En-Reaktion auf terminal ungesättigte Fettsäuren anwendeten (Schema 26).[127] Diese Addition von Thiolen an olefinische Doppelbindungen liefert hauptsächlich das *anti*-Markownikow-Produkt, verläuft über eine Radikalkettenreaktion und kann durch Licht oder Radikalstarter initiiert werden.[128] Die Autoren synthetisierten durch Addition hydroxylierter Thiole an 10-Undecensäure (gewonnen durch Pyrolyse von Rizinusöl aus den Samen des tropischen Wunderbaumes) im Vakuum mehrere α,ω-funktionalisierte Monomere. Deren Polymerisation in Gegenwart von TBD lieferte neuartige, Thiol-verbrückte Polymere mit vielversprechendem Wärmeverhalten.

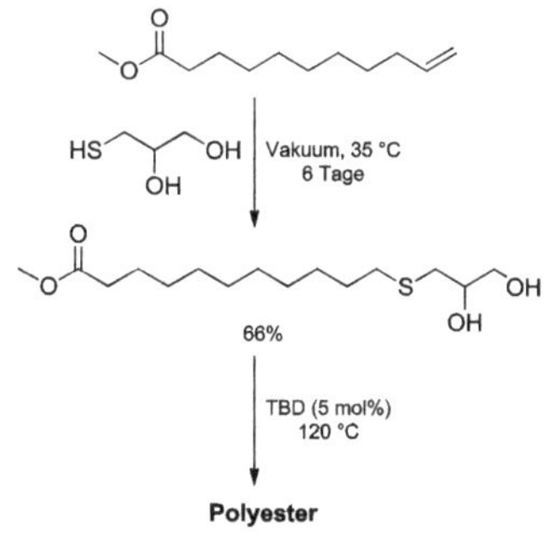

Schema 26. Thiol-En-Addition an Fettsäureester zur Synthese α,ω-funktionalisierter Monomere.[127]

Komplexere Strukturen als Grundgerüste für heteroatomhaltige Spezialpolymere stellten Ronda *et al.* vor (Abbildung 14):[124a] Silicium-haltige Co-Polymere können mikrowellenunterstützt aus Sojaöl, Styrol, 1,4-Divinylbenzol und 4-Trimethylsilylstyrol synthetisiert werden, sind mehrfach kreuzvernetzt und dienen als Flammschutzmittel (**A**).[129] Ausgehend von speziellem Sonnenblumenöl mit einem Ölsäureanteil von ca. 90 % erhält man durch Oxidation zunächst Enoneinheiten, die durch Michael-Addition von 4,4'-Diaminodiphenylmethan quervernetzt werden. Die entstehenden Triglyceridpolymere (**B**) finden Anwendung als weiche Gummikunststoffe und können durch Wärmebehandlung in Thermoplasten überführt werden.[130]

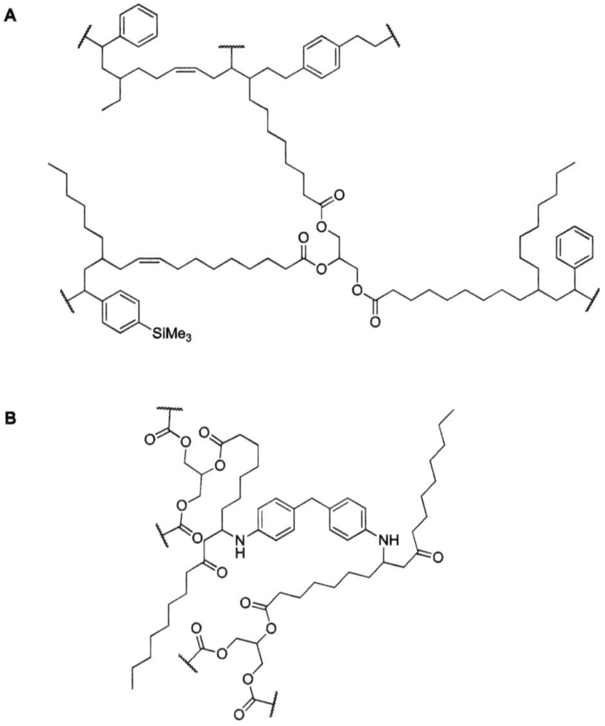

2.5 Aktuelle Entwicklungen in der Fettsäurechemie

Abbildung 14. Beispiele für neue Polymerstrukturen auf Fettsäurebasis.

Eher ungewöhnlich ist der Einbau von Phosphoratomen in Fettsäurestrukturen, erwies sich jedoch als förderlich für die brandhemmenden Eigenschaften der auf 10-Undecensäure aufbauenden Polymere (Abbildung 15, **C**). In mehreren Schritten erfolgen zunächst die Anknüpfung einer Phosphoniumaryleinheit, acyclische Metathesepolymerisation, Acylierung mit Acrylsäurechlorid und radikalische Peroxidation der Olefinseitenketten zur Kreuzvernetzung der Polymerstränge.[131]

c

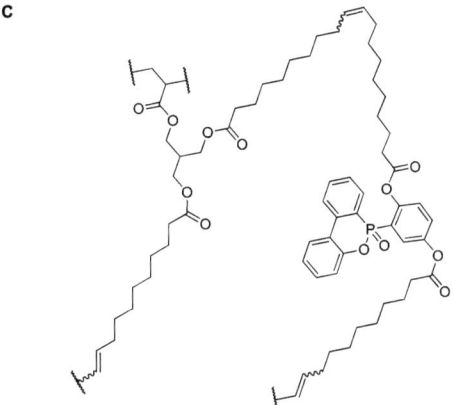

Abbildung 15. Phosphorhaltiges Polymer auf Basis von 10-Undecensäure.

Neue Ethenolyse-Katalysatoren und En-In-Metathesen

Die Olefinmetathese spielt eine entscheidende Rolle bei der Veredelung von Pflanzenölen in höherwertige Produkte. Die ethenolytische Spaltung intern ungesättigter Fettsäurederivate ist nach wie vor von großem akademischem und industriellem Interesse (siehe Kapitel 2.4.3). Insbesondere die Selektivität dieser Reaktion kann noch verbessert werden, um das Gleichgewicht auf die Seite der Kreuzmetathese- / Ethenolyseprodukte zu verschieben und die Nebenreaktion der Selbstmetathese zu unterdrücken. Grubbs *et al.*, seit jeher führend bei der Entwicklung neuer Metathesekatalysatoren, verfolgten eine durchdachte Strategie zur Steigerung der Selektivität: Sie evaluierten eine Reihe von Ruthenium-Komplexen der zweiten Hoveyda-Grubbs-Katalysatorgeneration mit unsymmetrischen, arylalkyl-substituierten NHC-Liganden und fanden einen deutlichen Einfluss dieser Variation auf die Umsätze und Selektivitäten der Ethenolyse von Methyloleat.[132] Der aktivste Katalysator war der gezeigte Ruthenium-Komplex **Ru-12**, der TONs von bis zu 5500 und Selektivitäten von bis zu 95 % ermöglichte (Schema 27). Die besondere Rolle der arylalkyl-substituierten NHC-Liganden in der Ethenolyse wurde darüber hinaus erstmals mittels mehrdimensionaler Tieftemperatur-NMR-Spektroskopie untersucht.[133]

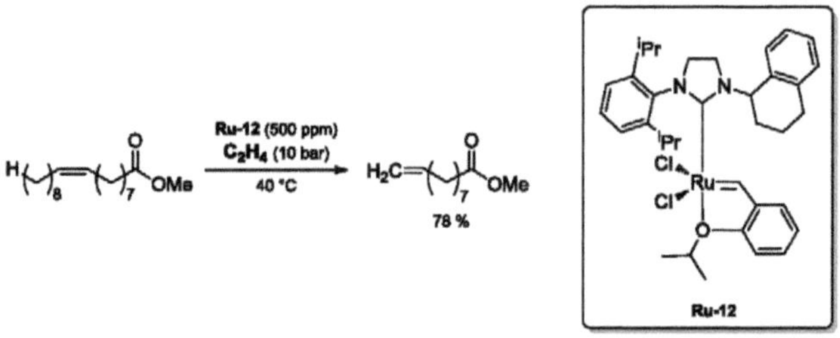

2.5 AKTUELLE ENTWICKLUNGEN IN DER FETTSÄURECHEMIE

Schema 27. Ethenolyse von Methyloleat mit der neuesten Katalysatorgeneration.

Eine weitere Facette der Ethenolyse von Methyloleat wurde ebenfalls von Grubbs *et al.* bearbeitet, nämlich die Durchführung in einem speziellen Mikroreaktor. Mit Beladungen von nur 50 ppm eines Ruthenium-Carben-Komplexes mit einer cyclischen Alkylaminoeinheit erreichten sie bei einem Ethendruck von nur 4 bar Ausbeuten von bis zu 69 % und TONs von mehr als 27 000.[134]

Die erste En-In-Kreuzmetathese von Fettsäurederivaten mit terminalen oder internen Alkinen zur Synthese verzweigter 1,3-Diene wurde von Bruneau *et al.* beschrieben.[135,136] In einem Eintopfverfahren wurde Methyloleat zunächst ethenolytisch mit einem Hoveyda-Grubbs-Katalysator der zweiten Generation **Ru-6** zu einer Mischung aus 1-Decen und 9-Decensäuremethylester gespalten; dabei entstanden auch geringe Mengen an Selbstmetatheseprodukten (Schema 28).

Zur Reaktionsmischung wurden direkt der Grubbs-Katalysator der zweiten Generation (**Ru-4**) und ein terminales Alkin gegeben; die Reaktion lieferte ein Gemisch aus stereoisomeren 1,3-Dienen in Gesamtausbeuten von 81 bis 98 %. Die erhaltenen Produkte können für weitere Manipulationen genutzt werden, z. B. für Cycloadditionen, allerdings sind sie bisher nicht von industriellem Nutzen. Diese Arbeiten schließen weitere Lücken in der Palette der Wertstoffe ausgehend von ungesättigten Fettsäureestern; zudem wurde hier ein effizienter katalytischer Prozess entwickelt, der unter milden Bedingungen abläuft und bereits das „grüne" Lösungsmittel Dimethylcarbonat verwendet.

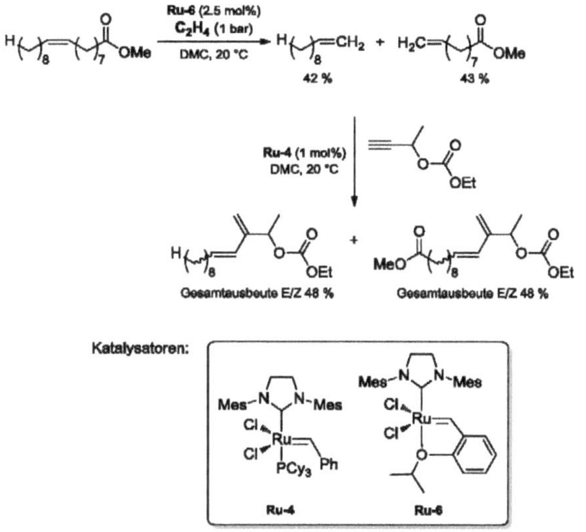

Schema 28. En-In-Kreuzmetathese von Methyloleat mit einem terminalen Alkin. DMC = Dimethylcarbonat.

Alternativen zur ozonolytischen Spaltung der C=C-Doppelbindung

Auf dem Gebiet der *oxidativen Spaltung* ist das zentrale Ziel aktueller Forschung die Entwicklung eines alternativen Verfahrens zur industriell eingesetzten Ozonolyse von Ölsäure zur Synthese von Azelainsäure.[137] Der gegenwärtig genutzte Prozess ist energieintensiv und birgt Gefahren durch das giftige und hochreaktive Ozon. Neue Reaktionen zur Herstellung der industriell bedeutenden Azelainsäure (siehe Kapitel 2.4.1) werden seit längerer Zeit erforscht, vorzugsweise mit „grünen" Oxidantien wie H_2O_2 oder Luftsauerstoff. Letztere würde sich ideal für diesen Zweck eignen, allerdings stellt die Diradikalnatur des Sauerstoffs ein Problem dar: Konkurrierende Autoxidationsprozesse in Allylposition ungesättigter Fettsäurederivate führen zu schlechter Selektivität und Zersetzung der Edukte. Ansätze zur enzymatischen Umwandlung von Ölsäure in Azelainsäure erreichen bereits Ausbeuten von ca. 70 %, benötigen aber zur optimalen Ausnutzung der Enzymaktivität recht aufwändige Reaktionsführungen.[137a] In einer neueren Arbeit berichten Köckritz *et al.* über die selektive aerobe Spaltung von Ölsäure zu Azelainsäure in Gegenwart eines Aldehyds als „Opferreagens".[138] Die Osmium-katalysierte Radikalreaktion gelingt bei einer Temperatur

2.5 Aktuelle Entwicklungen in der Fettsäurechemie

von 90 °C unter Sauerstoffdruck und mit einem Überschuss an Isobutyraldehyd bereits in einer Ausbeute von 70 % für Azelainsäure (Schema 29).

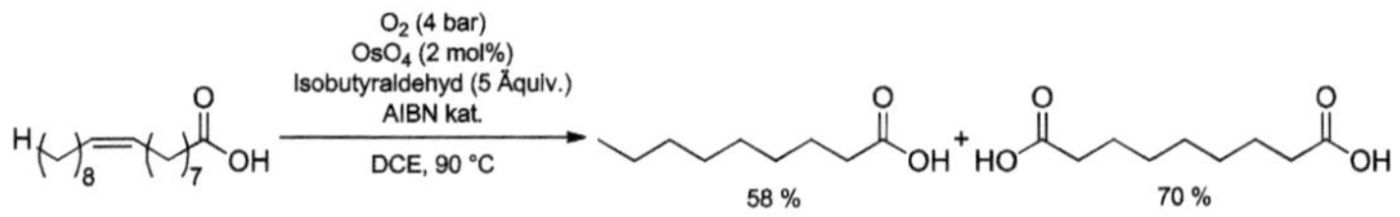

Schema 29. Osmium-katalysierte Spaltung von Ölsäure zu Pelargonsäure und Azelainsäure.

Entwicklung bio-basierter Tenside

Führt man eine nur *partielle* Oxidation des Ölsäuremethylesters durch, so erhält man geminale Dialkohole (siehe Kapitel 2.4.1), die Bausteine für oberflächenaktive Substanzen darstellen. Schäfer *et al.* stellten kürzlich umfassende Untersuchungen zur Synthese solcher Verbindungen und ihrer Emulgator- und Tensideigenschaften vor.[139] Ausgehend von Methyloleat wurde in einer Jacobsen-artigen, Osmium-katalysierten Dihydroxylierung der entsprechende *threo*-9,10-Dihydroxystearinsäureester erhalten (Schema 30).

Die anschließende Sulfonierung des gesättigten Diol-Esters mit Chlorsulfonsäure und die Umsetzung mit Natronlauge lieferte die Mono- oder Dinatriumsulfonate in Ausbeuten von 65 und 68 %.

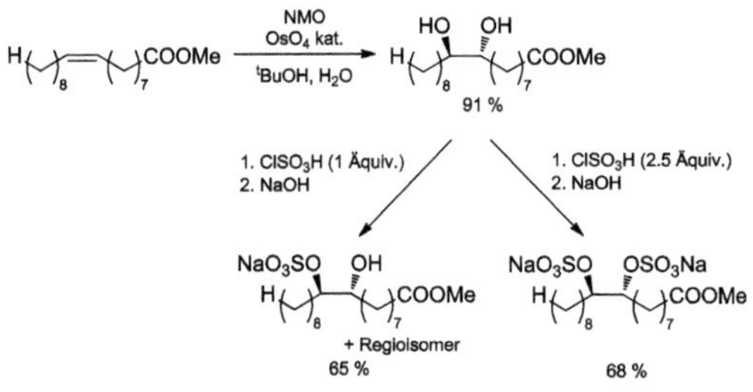

Schema 30. Jacobsen-Dihydroxylierung von Methyloleat mit anschließender Sulfonierung und Verseifung.

Eine zweite, neue Klasse von Detergentien wurde aus Methyloleat durch Epoxidierung und anschließender säurekatalysierter Ringöffnung mit Oligoethylenglycolen synthetisiert (Schema 31). Die Darstellung des 9,10-Epoxystearinsäureesters gelang mit MCPBA in Ether; es folgte die Reaktion mit Oligoethylenglycolen verschiedener Kettenlängen. Dabei dienten die Glycole gleichzeitig als Lösemittel und Reaktanden und konnten in Gegenwart von Zinntetrachlorid in Ausbeuten von 52 bis 64 % zu den entsprechenden gesättigten Di-, Tri- und Tetraethylenglycolen umgesetzt werden.

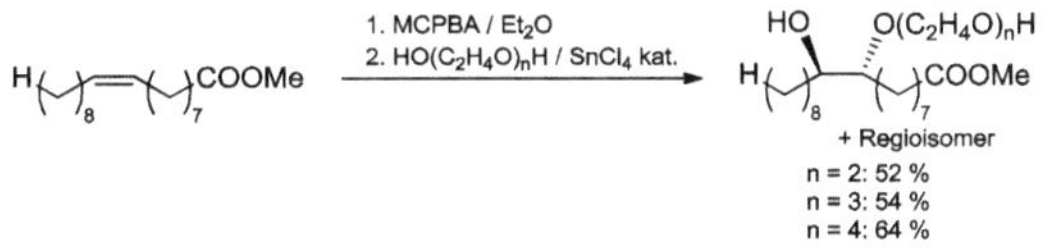

$$H-(CH_2)_8-CH=CH-(CH_2)_7-COOMe \xrightarrow[2.\ HO(C_2H_4O)_nH\ /\ SnCl_4\ kat.]{1.\ MCPBA\ /\ Et_2O} H-(CH_2)_8-CH(OH)-CH(O(C_2H_4O)_nH)-(CH_2)_7-COOMe$$

+ Regioisomer
n = 2: 52 %
n = 3: 54 %
n = 4: 64 %

Schema 31. Epoxidierung von Methyloleat und Ringöffnung durch Oligoethylenglycole.

Verglichen mit kommerziellen ionischen oder nicht-ionischen Tensiden, die meist auf den petrochemisch erzeugten „laurics" (C_{12}-C_{14}-Monocarbonsäuren) basieren, wiesen die untersuchten bio-basierten Substanzen vergleichbare oder sogar verbesserte Eigenschaften auf: Geeignetes Schäumungsverhalten, erhöhte Wasserlöslichkeit und Oberflächenspannung sowie optimales Emulsionsverhalten machen diese Verbindungen zu attraktiven Tensiden.[139]

Neue Wege zu Biodieseltreibstoffen

Die Erzeugung von Treibstoffen aus Pflanzenölen spielt seit längerem eine wichtige Rolle und wird intensiv beforscht, da Rapsölmethylester („Biodiesel") bisher die beste Alternative zu Kraftstoff mineralischen Ursprungs, Diesel und Kerosin zu sein scheint. Begründet wird dies mit biologischer Abbaubarkeit, Erzeugung aus nachwachsenden Rohstoffen, geringeren Abgasemissionen (mit Ausnahme der Stickoxide, bei Betrachtung des Anbauprozesses), Schwefelfreiheit, Schmiereigenschaften, höherem Zündpunkt und nicht zuletzt lokalen Produktionsmöglichkeiten.[140] Da Rapsölmethylester durch Umesterung von Pflanzenölen gewonnen wird, besteht großes Interesse an effizienten Veresterungskatalysatoren, wobei heterogenisierte Lewis- oder Brønsted-saure Materialien dieses Feld dominieren.[141] Effizientere Methoden würden deutlich zu einer Senkung der Gesamtkosten solcher biogenen Treibstoffe beitragen.[142] In diesem Kontext stellten Ramos *et al.* eine heterogenkatalytische Methode zur Synthese von Ölsäuremethylester vor, die Mikrowellenstrahlung statt thermischer Energiezufuhr nutzt.[143] Da mit Katalysatorbeladungen von nur 10 Gew.-% bereits Ausbeuten von mehr als 65 % erreicht werden, kann die Verwendung neuer

2.5 Aktuelle Entwicklungen in der Fettsäurechemie

Technologien, wie der Mikrowelle, als vielversprechend für die Verwertung von Oleochemikalien angesehen werden.

Problematisch bei der Verwendung der bisherigen Biodieseltreibstoffe sind Oxidationsstabilität, unzureichende Tieftemperatureigenschaften und zu flache Siedekurvenverläufe. Letztere sind entscheidend für optimale Zündung und vollständige Verbrennung des Dieseltreibstoffs im Motor. Konventioneller Diesel aus Erdöl weist eine stetig ansteigende Siedekurve auf, die bei ca. 160 °C beginnt und bis ca. 400 °C reicht. Dagegen findet man für den zur Zeit als Biodiesel eingesetzten Rapsölmethylester eine sehr flache Kurve mit nahezu konstantem Siedepunkt von ca. 330 °C. Meier et al. nutzten die Kreuzmetathese von Ölsäure- und Linolsäuremethylestern, die den Hauptbestandteil der Acylreste im Rapsöl ausmachen, in Anwesenheit des Hoveyda-Grubbs-II-abgeleiteten Katalysators **Ru-13** mit 1-Hexen, um chemisch modifizierte Biodiesel-Analoga mit verbesserten Eigenschaften zu erhalten (Schema 32).[197]

Diese können als Hybridtreibstoff-Komponenten bezeichnet werden, da sie auf einer Kombination biogener und fossiler Ressourcen basieren. Dabei gelang es, die Selektivität der Reaktion zugunsten der Kreuzmetathese so zu steuern, dass sich im Produktgemisch keine Diester aus Selbstmetathesereaktionen mehr nachweisen ließen. Als bester Katalysator stellte sich ein modifizierter Rutheniumkomplex der zweiten Hoveyda-Grubbs-Generation heraus. Die Eignung der so erhaltenen Gemische als Dieseltreibstoffe wird anhand ihrer Produkteigenschaften demonstriert: Die Siedekurve zeigt den gewünschten, deutlich ansteigenden Verlauf, der je nach zugesetzter Menge an Kreuzmetathesepartner 1-Hexen eingestellt werden kann.

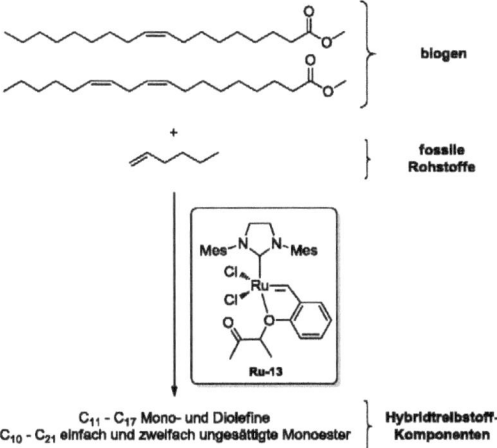

Schema 32. Kreuzmetathese ungesättigter natürlicher Fettsäureester mit 1-Hexen zur Erzeugung Biodiesel-ähnlicher Gemische.

3 Ziele der Arbeit

Der Nutzung pflanzlicher Öle als nachwachsende Rohstoffe kommt eine wachsende Bedeutung für die zukünftige Rohstoffversorgung der chemischen Industrie zu. Das innovative Konzept der isomerisierenden Funktionalisierung birgt das Potential, neue Wege zu Wertstoffen aus preiswerten ungesättigten Fettsäuren zu erschließen. In dieser Arbeit sollen auf Basis eines effektiven Prozesses zur Doppelbindungsmigration neue katalytische Transformationen ausgehend von Fettsäuren und ihren Derivaten entwickelt werden. Der Schlüsselschritt hierbei ist die Identifizierung aktiver Übergangsmetallkatalysatoren zur schnellen Isomerisierung der Doppelbindung ungesättigter Fettsäuren in eine thermodynamische Gleichgewichtsmischung. Aus dieser heraus werden bestimmte Isomere durch eine irreversible und regioselektive Abfangreaktion entzogen. Eine solche isomerisierende Tandemreaktion ermöglicht die Funktionalisierung bisher nicht zugänglicher Kettenpositionen und eröffnet damit den Zugang zu neuen Produkten mit potentiell vorteilhaften Eigenschaften.

Die effiziente Entwicklung neuer Isomerisierung-Funktionalisierungs-Tandemreaktionen soll schrittweise geschehen, sodass sich folgende Hauptprojektziele formulieren lassen:

I. Identifizierung aktiver Katalysatoren für die Doppelbindungsmigration in ungesättigten Fettsäuren und ihren Derivaten: Untersuchung der Gleichgewichtseinstellung mit GC und NMR-Spektroskopie, Synthese von Referenzverbindungen

IIa. Entwicklung homogenkatalytischer, intramolekularer isomerisierender Cycli-sierungsreaktionen ausgehend von ungesättigten freien Fettsäuren oder Fettsäureamiden: Katalysatoroptimierung und separate Untersuchung der Einzelschritte

IIb. Entwicklung einer homogenkatalytischen Methode zur isomerisierenden Michael-Addition von Nucleophilen an ungesättigte Fettsäureester: Identifizierung bifunktioneller Katalysatoren, Optimierung der Additionsreaktion unter Gleichgewichtsbedingungen, Untersuchung der Anwendungsbreite für Aryl- und Stickstoffnucleophile

IIc. Entwicklung einer isomerisierenden Selbst- und Kreuzmetathese von ungesättigten Fettsäuren und Fettsäureestern mit funktionalisierten Olefinen: Identifizierung eines bimetallischen Katalysatorsystems, Erzeugung definierter Produktgemische und Beeinflussung der Zusammensetzung

III. Entwicklung neuer Methoden zur Kettenalkylierung ungesättigter Fettsäureester: Aktivierung der Doppelbindung oder der α-Position für Gerüstverzweigungen durch katalytische C-C-Knüpfungen

Die Bereitstellung dieser neuen katalytischen Methoden zur nachhaltigen Nutzbarmachung pflanzlicher Fettsäuren trägt zu einem tieferen Verständnis der gezielten Doppelbindungsisomerisierung bei. Diese dient als Schlüsselschritt zur besseren Erschließung erneuerbarer Rohstoffe als Substitute für fossile Ressourcen durch isomerisierende Funktionalisierungen, die zu neuen bio-basierten Wertstoffen führen.

4 Ergebnisse und Diskussion

4.1 Das Konzept der isomerisierenden Funktionalisierungen

Die gezielte Verschiebung einer Doppelbindung aus ihrer ursprünglichen, natürlichen Position ist dann vorteilhaft, wenn sich in der neuen Position neue Reaktionswege eröffnen. Die Verknüpfung von Isomerisierung und Folgereaktion in einer Eintopfreaktion kann sequentiell oder kombiniert erfolgen (Schema 33): Im sequentiellen Fall werden alle Moleküle des ungesättigten Edukts irreversibel in das gewünschte Zielisomer umgewandelt, dann wird durch eine irreversible Abfangreaktion das Endprodukt erzeugt. Ein Beispiel hierfür ist die schrittweise Synthese des α,β-ungesättigten Octadecensäuremethylesters aus Methyloleat. Dieses wird mit einer stöchiometrischen Menge an Eisencarbonyl zum 1,3-Oxadienkomplex umgesetzt, aus dem durch Zugabe von Pyridin oder Kohlenmonoxid das Zielprodukt erzeugt wird (Schema 13, S. 35).

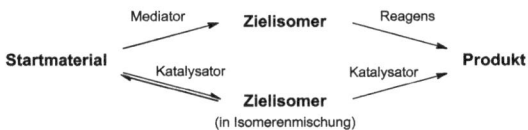

Schema 33. Sequentielle und gekoppelte Isomerisierung-Funktionalisierung.

Im zweiten Fall, der gekoppelten isomerisierenden Funktionalisierung, erzeugt der Katalysator aus dem einheitlichen Startmaterial zunächst eine Mischung von Doppelbindungsisomeren, deren Zusammensetzung der thermodynamischen Gleichgewichtsverteilung entspricht. Aus diesem dynamischen Gleichgewicht heraus erfolgt die irreversible, idealerweise katalytische Funktionalisierung eines bestimmten Isomers, das selektiv aus der Mischung entfernt und durch den Isomerisierungskatalysator nachgeliefert wird. Letzterer muss also unter den Bedingungen der Abfangreaktion aktiv bleiben und mit dem eventuell vorhandenen zweiten Katalysator kompatibel sein, um eine vollständige Umsetzung des Startmaterials in das Zielprodukt zu gewährleisten. In diese zweite Kategorie fallen die bereits erwähnten ω-Funktionalisierungen von Methyloleat (siehe Kapitel 2.4.2) durch Methoxycarbonylierung, Hydroborierung oder Hydroformylierung.

4.1 DAS KONZEPT DER ISOMERISIERENDEN FUNKTIONALISIERUNGEN

Möchte man eine neue isomerisierende Transformation entwickeln, so muss man zunächst solche Kettenpositionen identifizieren, an denen eine selektive, irreversible Reaktion durch Manipulation der *in situ* in diese Position verschobenen Doppelbindung möglich ist (Schema 34).

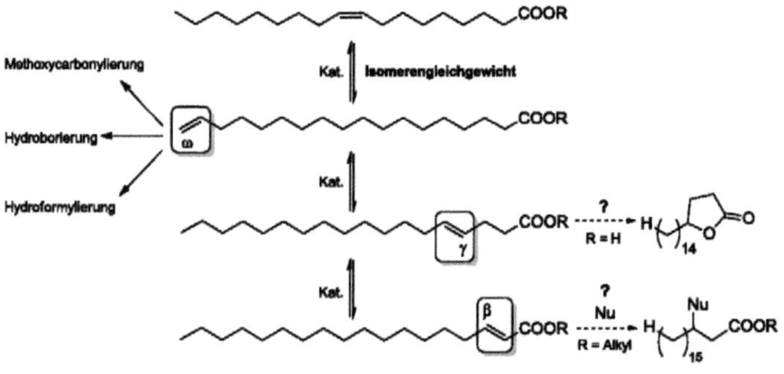

Schema 34. Erschließung einzelner Kettenpositionen durch isomerisierende Transformationen.

Durch einen intramolekularen Ringschluss der Carboxylgruppe mit dem γ-Kohlenstoff würden gesättigte Lactone zugänglich (siehe Kapitel 4.2); durch eine isomerisierende Michael-Addition von Nucleophilen könnten β-substituierte, aliphatische Ester gewonnen werden (siehe Kapitel 4.3). Die Doppelbindung kann ebenfalls das Ziel einer isomerisierenden Tandemreaktion werden: Kombiniert man die kontinuierliche Verschiebung der Doppelbindung mit einer Metathesereaktion, so würden sich ausgehend von Fettsäuren Produktgemische mit einstellbarer Zusammensetzung erzeugen lassen (siehe Kapitel 4.5).

Die Anforderungen an Katalysatoren für neue isomerisierende Funktionalisierungen ungesättigter Fettsäurederivate sind besonders hoch, da die Startmaterialien in uneinheitlicher Qualität vorliegen und zudem potentielle Katalysatorgifte (z. B. mehrfach ungesättigte Fettsäuren) enthalten können. Die neuen Katalysatoren sollten

- robust gegenüber Verunreinigungen sein,
- eine Anzahl polarer (koordinierender) funktioneller Gruppen tolerieren, z. B. Diene, COOR, COOH, OR, OH, NR_2,
- hohe TONs erreichen, um das angestrebte Verfahren möglichst wirtschaftlich zu machen,

- das Potential zur Immobilisierung haben, sodass eine heterogenkatalytische, kontinuierliche Prozessführung möglich wird.

Idealerweise lässt sich ein *monometallischer Katalysator* identifizieren, der sowohl die Isomerisierung von Doppelbindungen, als auch die Abfang- bzw. Funktionalisierungsreaktion vermittelt. Die Herausforderung besteht in diesem Fall in der Vereinbarkeit der Reaktionsbedingungen für beide Teilschritte: Denkbar sind Hürden, wie eine thermische Aktivierungsschwelle für den Katalysator, Lösemittellimitierung eines Teilschrittes (z. B. durch Löslichkeitseffekte) und die potenzielle Inhibierung des bifunktionellen Katalysators durch Reaktanden, Reagentien oder Additive. Ist man zur Verwirklichung der Tandemreaktion auf ein bimetallisches System angewiesen, so muss die Kompatibilität der beiden Übergangsmetallkatalysatoren gewährleistet sein. Diese dürfen sich nicht gegenseitig inhibieren und müssen unter den Reaktionsbedingungen aktiv sein, z. B. in Gegenwart von Liganden, Nucleophilen, Wasser oder Basen.

Die Vorgehensweise bei der Entwicklung isomerisierender Funktionalisierungen basiert auf der separaten Untersuchung der beiden Teilreaktionen, gefolgt von der Optimierung der Tandemreaktion (Abbildung 16).

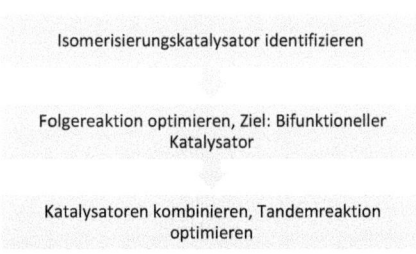

Abbildung 16. Schrittweise Entwicklung isomerisierender Transformationen.

Zunächst wird in detaillierten Studien mit Hilfe von GC, NMR-Spektroskopie und authentischen Vergleichsproben die Isomerisierungsaktivität potenzieller Katalysatoren an Fettsäuren und Fettsäureestern getestet. Ziel ist hierbei die schnellstmögliche Einstellung des thermodynamischen Gleichgewichts, die anhand charakteristischer Isomerenverteilungen nachgewiesen werden kann. Hat man einen aktiven Isomerisierungskatalysator gefunden, wird die Folgereaktion an geeigneten Modellsubstraten optimiert; eventuell existiert sogar ein bifunktioneller Katalysator. Die Funktionalisierung muss bereits unter nicht-isomerisierenden Bedingungen mit möglichst hoher Selektivität und Ausbeute

4.1 DAS KONZEPT DER ISOMERISIERENDEN FUNKTIONALISIERUNGEN

ablaufen, damit in der angestrebten Tandemreaktion das *in situ* gebildete, nur in geringer Konzentration vorliegende Zielisomer effektiv umgesetzt werden kann. Im finalen Schritt werden für den bimetallischen Fall die Katalysatoren kombiniert und die besten Bedingungen für die Tandemreaktion identifiziert. Alle Optimierungsexperimente werden mit Hochdurchsatztechniken durchgeführt, um schnell und effizient zu den idealen Parametern für die katalytische isomerisierende Reaktion zu kommen.

4.2 Silber-katalysierte isomerisierende Lactonisierung

4.2.1 Zielsetzung

Die direkte Synthese gesättigter Lactone aus ungesättigten, freien Fettsäuren *via* Isomerisierung ist bisher nur mit nicht-katalytischen Methoden möglich und zudem auf die Substrate Ölsäure (**4.2-1a**) und 10-Undecensäure (**4.2-1b**) beschränkt (siehe Kapitel 2.4.2). In Vorarbeiten wurde gezeigt, dass diese Reaktion auch unter katalytischen Bedingungen durchgeführt werden kann, allerdings wurde das Potential der Methode noch nicht in vollem Umfang erschlossen (Schema 35).[74]

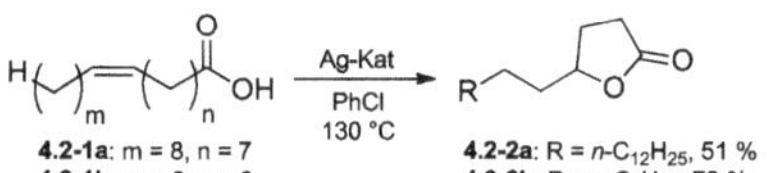

4.2-1a: m = 8, n = 7
4.2-1b: m = 0, n = 8

4.2-2a: R = n-$C_{12}H_{25}$, 51 %
4.2-2b: R = n-C_5H_{11}, 72 %

Schema 35. Katalytische isomerisierende Lactonisierung ungesättigter Fettsäuren.

Ein Ziel dieses Teilprojektes ist demnach ein erweitertes Katalysator- und Lösemittelscreening zur Optimierung der homogenkatalytischen Methode; wünschenswert wäre z. B. die Identifizierung eines nicht-chlorierten Lösemittels, in dem sich die Reaktion umweltfreundlicher durchführen ließe (siehe Kapitel 4.2.2). Die Anwendungsbreite der Reaktion soll an zusätzlichen Fettsäuresubstraten mit unterschiedlichen Kettenlängen und Doppelbindungspositionen untersucht werden. Hierbei wird eine hohe Selektivität für die γ-Lactone angestrebt (siehe Kapitel 4.2.3).

Das aus Ölsäure (**4.2-1a**) resultierende γ-Stearolacton (**4.2-2a**) ist für sich genommen bereits ein Wertstoff mit potentiell vorteilhaften Eigenschaften für Kosmetika und Pflegeprodukte. Das Lacton könnte darüber hinaus durch Ringöffnungsreaktionen zu aliphatischen Derivaten mit einer definierten Struktur aus unpolarer Kette und polarer Kopfgruppe umgesetzt werden. Die Erschließung der Folgechemie von **4.2-2a** ist daher ein weiteres Projektziel (siehe Kapitel 4.2.4).

Um die neue katalytische Methode zur isomerisierenden Lactonisierung mittelfristig auch technisch nutzbar zu machen, wird ein heterogenkatalytisches Verfahren im kontinuierlichen Betrieb angestrebt. Ein aktiver Katalysator müsste hierzu in geeigneter Weise auf einem Träger immobilisiert werden, um dann einen Prototypen für einen Festbettreaktor zu entwerfen und in ersten Stichversuchen zu testen (siehe Kapitel 4.2.6).

4.2.2 Optimierung der Methode

Untersuchung der Lactonisierung von 10-Undecensäure (4.2-1b)

Die bisherigen Untersuchungen der isomerisierenden Lactonisierung ungesättigter Fettsäuren deuten darauf hin, dass ein katalytisches Verfahren nur mit Lewissauren Katalysatoren realisierbar ist, nicht jedoch mit Brønsted-Säuren. Letztere führen lediglich bei überstöchiometrischer Zugabe zu den gewünschten Produkten. Am Modellsubstrat 10-Undecensäure (**4.2-1b**) wurde eine breite Untersuchung potentieller Katalysatoren für die Synthese des gewünschten γ-Undecalacton (**4.2-2b**) durchgeführt (Tabelle 7). Dabei zeigte sich, dass katalytische Mengen einfacher Brønsted-Säuren wie *p*-Toluolsulfonsäure, Trifluoressigsäure oder Tetrafluorborsäure inaktiv für die isomerisierende Lactonisierung sind (Einträge 1 bis 3). Präformierte oder *in situ* erzeugte Ruthenium-Hydridkomplexe, die bekanntermaßen Olefinisomerisierungen vermitteln,[113] lieferten ebenfalls nicht das gewünschte γ-Lacton (Einträge 4 und 5). Eine Reihe üblicher Lewis-Säuren auf Basis von Gold, Eisen oder Kupfer sowie Palladium(0)- oder Palladium(II)-Quellen brachte ebenfalls keine Verbesserung (Einträge 6 bis 13).

Tabelle 7. Optimierung der isomerisierenden Lactonisierungsreaktion.

Eintr.	Katalysator	Mol%	Solvens	T (°C)	Ausb. (%)[b]
1	TsOH	5	–	160	0
2	TFA	"	–	"	0
3[c]	HBF$_4$	"	–	"	0
4	(PPh$_3$)$_3$H$_2$(CO)Ru	"	–	"	0
5	(PPh$_3$)$_3$(H)(Cl)Ru	"	Toluol	110	0
6	AuCl$_3$	"	–	160	0
7	AuI	"	–	"	0
8	CuF$_2$	"	–	"	0
9	FeCl$_2$	"	–	"	0
10	FeCl$_3$	"	–	"	0
11	AgBF$_4$	"	–	"	0
12	PdCl$_2$	"	–	"	0
13	Pd(dba)$_2$	"	–	"	0

4 ERGEBNISSE UND DISKUSSION

$$\text{4.2-1b} \quad \xrightarrow[\text{Temp.}]{\text{Kat.}} \quad \text{4.2-2b}$$

Eintr.	Katalysator	Mol%	Solvens	T (°C)	Ausb. (%)[b]
14	Bi(OTf)$_3$	"	–	"	4
15	Cu(OTf)$_2$	"	–	"	11
16	LiOTf	"	–	"	0
17	In(OTf)$_2$	"	–	"	21
18	Cu$_2$(OTf)$_2$·C$_6$H$_6$	2.5	–	"	34
19	AgOTs	20	–	160	0
20	AgOTf	5	–	"	50
21	"	"	NMP	"	0
22	"	"	DMSO	"	0
23	"	"	Tetraglyme	"	0
24	"	"	DCE	85	0
25	"	"	Dowtherm A	160	50
26	"	"	PhCl	130	50
27	"	10	"	"	80 (72)[d]

[a] *Reaktionsbedingungen*: Fettsäure **4.2-1b** (1.0 mmol), Katalysator, Ligand, Solvens sofern vorhanden (2 mL), 24 h; [b] Mittels GC und internem Standard *n*–Tetradecan bestimmt; [c] Katalysator *in situ* generiert aus (PPh$_3$)$_3$RuCl$_2$ und einem Überschuss NaBH$_4$; [d] Isolierte Ausbeute.

Im Gegensatz dazu zeigten mehrere Metalltriflate katalytische Aktivität und lieferten bereits eine Ausbeute von bis zu 50 % an **4.2-2b**, darunter das relativ weiche Silbertriflat als aktivster Katalysator (Einträge 14 bis 20). Obwohl nahezu vollständige Umsätze erreicht wurden, trat bei lösemittelfreier Reaktionsführung das Problem der Oligomerisierung auf. Um diese zu unterbinden, wurden Lösemittel unterschiedlicher Polarität untersucht (Einträge 21 bis 26). Eine vielversprechende Ausbeute ergab sich bereits für das unchlorierte Dowtherm A®, einer eutektischen Mischung aus Diphenylether und Biphenyl (Eintrag 23). Als bestes System stellte sich die Kombination von Silbertriflat und Chlorbenzol bei einer Temperatur von 130 °C heraus: Bei einer Katalysatorbeladung von 10 mol% wurden 80 % an Lacton **4.2-2b** detektiert und nach säulenchromatographischer Reinigung eine isolierte Ausbeute von 72 % erhalten (Eintrag 27).

Unter diesen optimierten Bedingungen lieferte Ölsäure (**4.2-1a**) mit ihren mehr als 30 möglichen Doppelbindungsisomeren bereits eine Ausbeute von 33 % an γ-Stearolacton (**4.2-2a**). Im Folgenden wurden für dieses langkettige Substrat Studien zur Verfahrensverbesserung durchgeführt.

4.2 SILBER-KATALYSIERTE ISOMERISIERENDE LACTONISIERUNG

Katalysatoren für die Lactonisierung von Ölsäure (4.2-1a)

Eine Steigerung der Ausbeute für die Umsetzung von **4.2-1a** gelang zunächst durch eine geringfügige Abwandlung der Reaktionsbedingungen: Eine erhöhte Katalysatorbeladung von 15 mol% AgOTf lieferte bei 130 °C in Chlorbenzol eine isolierte Ausbeute von 51 % des γ-Lactons **4.2-2a** (Schema 36).

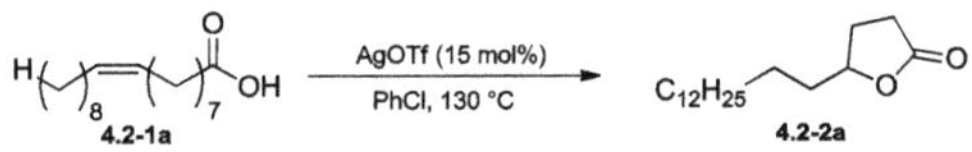

Schema 36. Isomerisierende Lactonisierung der freien Ölsäure (**4.2-1a**) zu γ-Stearolacton (**4.2-2a**).

Um eine Verbesserung dieses Protokolls, idealerweise durch bifunktionelle Katalysatoren, zu erreichen, wurden zunächst Palladiumsalze und *in situ* gebildete Palladium-Phosphin-Komplexe untersucht, deren Aktivität für die Isomerisierung einfacher Olefine beschrieben ist.[144] Interessant war hierbei die Frage, ob diese Katalysatoren überhaupt die Doppelbindung innerhalb einer Fettsäure verschieben können, zum Beispiel durch *in situ* gebildete Hydridspezies. Falls dies der Fall wäre, müsste dann ihre intrinsische Lewis-Acidität ausreichen, um aus der Mischung heraus den Ringschluss des geeigneten γ,δ-ungesättigten Isomers zum Lacton zu vermitteln. Als Modellsubstrat diente Ölsäure **4.2-1a** in technischer Qualität (90 %), welche unter verschiedenen Bedingungen zum γ-Stearolacton (**4.2-2a**) umgesetzt werden sollte. (Tabelle 8). Die unter repräsentativen Bedingungen durchgeführten Stichversuche zeigten, dass einfache Pd(II)-Quellen wie Palladium(II)-chlorid, Palladium(II)-acetat oder Palladium(II)-sulfat nicht in der Lage sind, die isomerisierende Lactonisierung zu katalysieren (Einträge 1 bis 9). In allen Fällen war Umsatz zu verzeichnen, jedoch nicht zum gewünschten Lacton. Das Startmaterial lag nach der Reaktionszeit als Mischung von Isomeren vor; zudem können durch intermolekulare Addition Oligomere entstanden sein, die nicht per GC detektierbar sind. Es handelt sich dabei wahrscheinlich um sogenannte Estolide, die normalerweise unter Einwirkung von Schwefelsäure auf ungesättigte Fettsäuren entstehen.[145] Der Zusatz von elektronenreichen aliphatischen oder elektronenärmeren aromatischen Phosphinen zeigte ebenso keinen Erfolg. Die Natur des Anions scheint keinen Einfluss auf die Ausbeute zu haben, ähnlich wie Temperatur oder Solvens. Die getestete Pd(0)-Vorstufe führte lediglich zu Isomerisierung bei geringen Umsätzen, allerdings nicht zur Lactonbildung (Einträge 10 und 11).

Tabelle 8. Untersuchung Palladium- oder Rhodium-basierter Katalysatoren für die isomerisierende Lactonisierung.[a]

Eintr.	Katalysator	Mol%	Solvens	T (°C)	Ausb. (%)[b]	Ums. (%)[b]
1	$PdCl_2$	5	–	160	0	73
2	$PdCl_2$ / PCy_3	5/10	PhCl	130	0	54
3	$PdCl_2$ / PPh_3	5/10	"	130	0	51
4	$Pd(OAc)_2$	5	–	160	0	52
5	$Pd(OAc)_2$ / PCy_3	5/10	PhCl	130	0	32
6	$Pd(OAc)_2$ / PPh_3	5/10	"	130	0	34
7	$PdSO_4$	5	–	160	0	55
8	$PdSO_4$ / PCy_3	5/10	PhCl	130	0	32
9	$PdSO_4$ / PPh_3	5/10	"	130	0	34
10	$Pd(dba)_2$	5	–	160	0	33
11	"	5	PhCl	130	0	25
12	$RhCl_3 \cdot H_2O$	2	EtOH	80	1	10
13	"	5	"	"	2	45
14	"	2	–	"	20	39

[a] *Reaktionsbedingungen*: Fettsäure **4.2-1a** (1.0 mmol), Katalysator, Ligand, Solvens sofern vorhanden (2.0 mL), 16 h; [b] Mittels GC und internem Standard *n*–Dodecan bestimmt.

In der Reihe der Edelmetalle ist auch Rhodium bekannt für seine Isomerisierungsaktivität. Insbesondere Rhodium(III)chlorid-Hydrat wurde zur isomerisierenden Aromatensynthese,[146] zur Doppelbindungsmigration in Gegenwart katalytischer Mengen eines Hydroborierungsreagens[147] und zur Konjugation von Doppelbindungen in Enonen eingesetzt.[148] Einige Stichversuche in Ethanol bei 80 °C lieferten tatsächliche Spuren des gewünschten Produktes **4.2-2a**, wobei die Umsätze maximal 45 % betrugen (Einträge 12 und 13). Das beste Ergebnis wurde unter lösemittelfreien Bedingungen erzielt: Eine katalytische Menge an $RhCl_3 \cdot H_2O$ reichte aus, um 20 % des γ-Lactons **4.2-2a** zu erzeugen (Eintrag 14).

Diese Ergebnisse lassen Palladium- und Rhodium-basierte Katalysatoren für die Lactonisierung der freien Ölsäure (**4.2-1a**) weniger geeignet erscheinen als das bisher beste System, bestehend aus Silbertrifluormethansulfonat in chlorierten Benzolen.

4.2 SILBER-KATALYSIERTE ISOMERISIERENDE LACTONISIERUNG

Die Untersuchung aromatischer Sulfonate als weitere Katalysatorklasse lag nahe, auch im Hinblick auf eine potentielle Heterogenisierung. Da die freie *p*-Toluolsulfonsäure keine Aktivität für die Lactonisierung ungesättigter Fettsäuren gezeigt hatte, wurde das entsprechende Silbersalz getestet (Tabelle 9). Eine vielversprechende Ausbeute von 22 % wurde bei einer Beladung von 20 mol% unter lösemittelfreien Bedingungen erzielt (Eintrag 1).

Tabelle 9. Untersuchung von Silbertosylat als Katalysator für die isomerisierende Lactonisierung.[a]

Eintrag	AgOTs (Äquiv.)	Solvens	T (°C)	Ausb. (%)[b]	Ums. (%)[b]
1	0.2	–	160	22	57
2	"	–	130	0	59
3	"	PhCl	"	0	<5
4	"	*o*-DCB	130	0	<5
5	"	"	160	0	<5
6	1.0	–	"	25	65
7	"	–	130	33	83

[a] *Reaktionsbedingungen*: Ölsäure (**4.2-1a**, 90 % Reinheit, 1.00 mmol), Silbertosylat wie angegeben, Solvens sofern vorhanden (2.0 mL), 24 h; [b] Mittels GC und internem Standard *n*–Dodecan bestimmt.

Durch Absenkung der Temperatur oder Zugabe eines chlorierten Lösemittels (Chlorbenzol oder *o*-Dichlorbenzol) konnte die Ausbeute nicht gesteigert werden, sondern brach wie die Umsätze gänzlich ein (Einträge 2 bis 5). Möglicherweise wirkt die Anwesenheit einer Aryl-Chlor-Einheit inhibierend auf die Reaktion, weil die Silberkationen durch die Chlorid-Substituenten komplexiert werden. Die Erhöhung der Beladung auf ein Äquivalent und Durchführung der Reaktion bei 130 °C brachte das beste Ergebnis mit einer Ausbeute von 33 % an Lacton **4.2-2a** (Einträge 6 und 7).

Silbertosylat also weist eine gewisse Aktivität für die isomerisierende Lactonisierung auf, allerdings nicht im katalytischen Bereich. Der Vergleich mit dem katalytisch aktiven Silbertri-fluormethansulfonat im Hinblick auf die Anionen lässt vermuten, dass Triflat als sog. nicht koordinierendes Anion ein „freies" Silberkation erzeugt, das ungehindert an die olefinische Doppelbindung der Fettsäure koordinieren kann. Im Gegensatz dazu kann Tosylat das Silberion besser komplexieren, sowohl über die nicht ganz so elektronenarme Sulfonatgruppe, als auch über aromatische π-Kationen Wechselwirkungen. Möglicherweise läuft diese Umsetzung darüber hinaus nur an der Oberfläche der AgOTs-Partikel ab, die im Reaktionsgemisch suspendiert vorliegen.

Die bisher untersuchten bifunktionellen Isomerisierung-Cyclisierungs-Katalysatoren weisen eine mäßige Lewis-Acidität auf. Möglicherweise ließe sich die Ausbeute an Lacton steigern, indem eine sehr starke, feste Lewis-Säure eingesetzt wird. Ein solcher Kandidat ist das wenig beschriebene Zirkonium(IV)triflat, das seine starke Lewis-Acidität dem kleinen, hochgeladenen Zr^{4+}-Kation und den nicht koordinierenden Trifluormethansulfonat-Anionen verdankt. Die Synthese erfolgte aus Zirkoniumtetrachlorid, das mit einem Überschuss Trifluormethansulfonsäure versetzt und bei 50 °C gerührt wurde, bis die Gasentwicklung beendet war (Schema 37).[149]

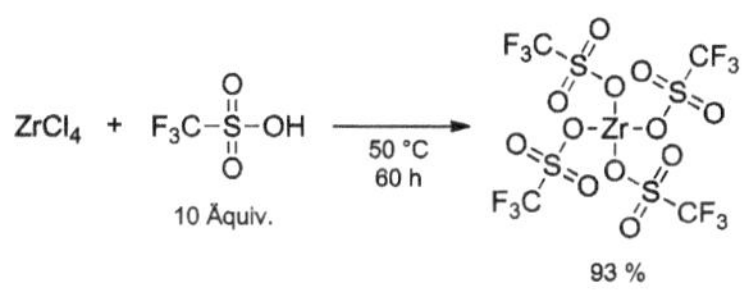

Schema 37. Synthese von Zirkonium(IV)triflat.

Nach destillativer Entfernung von nicht umgesetzter Säure und Trocknung im Vakuum lag das Produkt in einer Ausbeute von 93 % als sehr hygroskopischer, farbloser Feststoff vor. Die anschließende Untersuchung des $Zr(OTf)_4$ auf Aktivität für die isomerisierende Lactonisierung von **4.2-1a** bestätigte den stark Lewis-sauren Charakter der Verbindung: In Gegenwart von 20 mol% $Zr(OTf)_4$ wurde bei 130 °C in Chlorbenzol eine hohe Isomerisierungsaktivität beobachtet. Bei einem Umsatz von 90 % wurden allerdings nur Spuren des gewünschten γ-Lactons **4.2-2a** erhalten, das restliche Edukt wurde wahrscheinlich zu Estoliden umgesetzt. Zirkoniumtriflat ist in der Lage, effektiv die Doppelbindung ungesättigter Fettsäuren zu verschieben, jedoch vermittelt es nur ansatzweise die notwendige Cyclisierung zum γ-Lacton und dient daher nicht als bifunktioneller Katalysator.

Trotz vielversprechender Ansätze ließ sich die Ausbeute an γ-Stearolacton (**4.2-2a**) nicht weiter steigern; das Silbertriflat-basierte System lieferte unangefochten die besten Resultate. Eine effektive Methode zur isomerisierenden Lactonisierung ungesättigter Fettsäuren war nun optimiert: Die bisher nur mit stöchiometrischen Mengen an Säuren mögliche Reaktion kann erstmals katalytisch durch-

4.2 SILBER-KATALYSIERTE ISOMERISIERENDE LACTONISIERUNG

geführt werden. Das Protokoll kommt ohne korrosive Reagentien aus, liefert hochselektiv das γ-Lacton und produziert keine Koppelprodukte; es ist zudem nicht auf chlorierte Lösemittel beschränkt, sondern kann auch in „grüneren", nicht-flüchtigen Lösemitteln, wie Dowtherm A®, durchgeführt werden. Im Folgenden soll die Anwendbarkeit des Verfahrens auf weitere Fettsäuren untersucht werden.

4.2.3 Anwendungsbreite der isomerisierenden Lactonisierung

Die neue Silber-katalysierte Isomerisierungs-Cyclisierungs-Tandemreaktion sollte möglichst breit anwendbar sein, nämlich auf Fettsäuren unterschiedlicher Länge und mit verschiedenen Doppelbindungspositionen. Das Modellsubstrat 10-Undecensäure (**4.2-1b**) erfordert bereits eine Wanderung der Doppelbindung über fünf Positionen, bis sich durch Ringschluss des *in situ* gebildeten γ,δ-ungesättigten Isomers ein γ-Lacton bilden kann. Eine größere Herausforderung ist die Umsetzung von Ölsäure (**4.2-1a**) mit ihren 33 möglichen Positions- und Stereoisomeren. Unter den optimierten Bedingungen wurde aus **4.2-1a** bereits in 33 % Ausbeute das entsprechenden Lacton **4.2-2a** erhalten; nach geringfügiger Erhöhung der Katalysatorbeladung wurde **4.2-2a** nach säulenchromatographischer Reinigung in einer Ausbeute von 51 % isoliert (Tabelle 10).

Tabelle 10. Anwendungsbreite der katalytischen isomerisierenden Lactonisierung.[a]

Substrat	Produkt	Ausb. (%)[b]
4.2-1a	$C_{14}H_{29}$ — 4.2-2a	51
4.2-1b	C_7H_{15} — 4.2-2b	72[c]
4.2-1c	$C_{12}H_{25}$ — 4.2-2c	57
4.2-1d	C_8H_{17} — 4.2-2d	66

[a] *Reaktionsbedingungen*: Fettsäure **4.2-1** (1.0 mmol), AgOTf (15 mol%), PhCl (2.0 mL), 130 °C, 24 h; [b] Isolierte Ausbeuten. [c] AgOTf (10 mol%).

Auch bei diesen Experimenten trat das δ-Lacton nur in Spuren auf, allerdings wurden trotz der Reaktionsführung in Verdünnung Oligomere als Nebenprodukte gebildet. Zwei weitere Fettsäuren wurden unter diesen Bedingungen erfolgreich in die entsprechenden Lactone überführt: Die (Z)-9-ungesättigte Palmitoleinsäure (**4.2-1c**) und (Z)-5-Dodecensäure (**4.2-1d**) lieferten die Produkte **4.2-2c** und **4.2-2d** in isolierte Ausbeuten von 57 und 66 %. Diese liegen im erwarteten Bereich und bestätigen in der Gesamtschau aller Substrate den Trend, dass die Reaktion umso besser abläuft, je kürzer die Kette ist und je weniger Isomere damit existieren.

Die erfolgreiche Entwicklung einer homogenen, Silber-katalysierten Methode zur Lactonisierung von Fettsäuren und die Untersuchung ihrer Anwendungsbreite sind damit abgeschlossen. Der Mechanismus der Reaktion kann Aufschluss darüber geben, wie die Bildung der gewünschten Lactone erfolgt und auf welche Weise Nebenprodukte entstehen können.

4.2.4 Mechanistische Aspekte

Die direkte Synthese von γ-Lactonen aus ungesättigten Fettsäuren erfordert zum einen die schrittweise Verschiebung der Doppelbindung in Richtung der Carboxylgruppe und zum anderen die Addition dieser Gruppe an die Doppelbindung. Beide Schritte werden durch den Silberkatalysator vermittelt, sodass sich folgendes mechanistisches Bild ergibt (Schema 38):. Zunächst bildet sich durch die Anlagerung des Silberkations an die C=C-Einheit der ungesättigten Fettsäure **4.2-1** ein Carbokation **I**,[150] das sich durch 1,2-H-Wanderungen („Shifts") entlang der Kette bewegt.[151] Dabei werden die Intermediate **II** und **III** durchlaufen und schließlich die isomerisierte Fettsäure **IV** gebildet. Mehrere dieser Einzelschritte führen irgendwann zum γ,δ-ungesättigten Isomer **V**, das der Gleichgewichtsmischung durch irreversible Cyclisierung entzogen wird. Diese wird eingeleitet durch die erneute Koordination des Silberkations an die Doppelbindung (**VI**), deren Elektrophilie dadurch erhöht und der nucleophile Angriff der COOH-Gruppe begünstigt wird. In einer 5-*exo*-trig-Cyclisierung entsteht zunächst das γ-Lacton **VII** und nach Abspaltung des Metalls das gewünschte Produkt **4.2-2**. In einem idealen Prozess ohne Nebenreaktionen käme man so in hoher Selektivität und in einem Schritt von preiswerten ungesättigten Fettsäuren zu wertvollen aliphatischen γ-Lactonen.

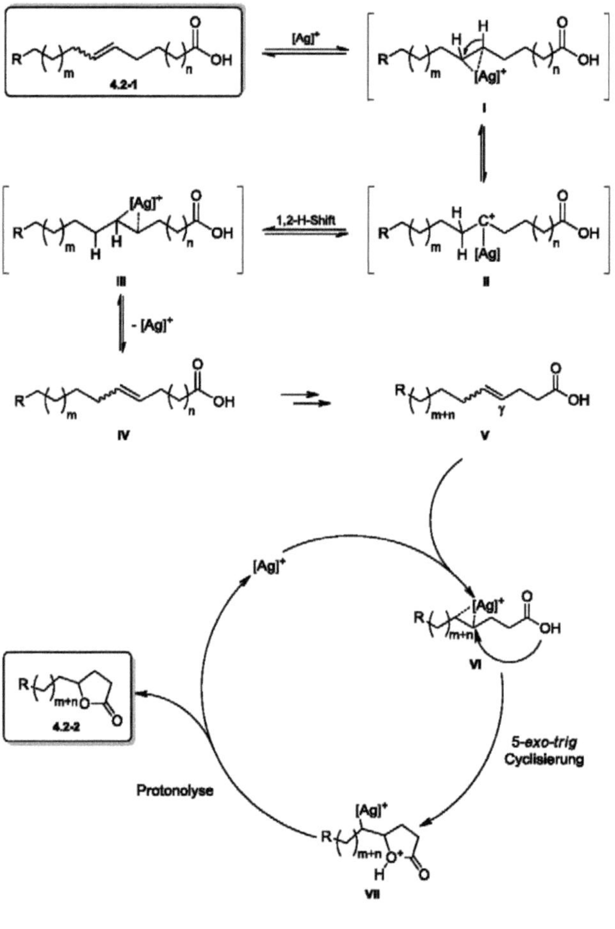

4.2 SILBER-KATALYSIERTE ISOMERISIERENDE LACTONISIERUNG

Schema 38. Postulierter Mechanismus der Silber-katalysierten isomerisierenden Lactonisierung.

Die Bildung homopolymerer Produkte, der sog. Estolide, erklärt sich durch den intermolekularen Angriff der Carboxylgruppe eines Fettsäuremoleküls an der aktivierten Doppelbindung eines weiteren Moleküls. Letztere kann sich dabei in ihrer ursprünglichen oder einer verschobenen Position befinden, d. h. wie in den Spezies **4.2-1**, **IV** und **V**, sodass gemischte Estolide mit unterschiedlichen Verknüpfungspositionen der Monomere entstehen (Schema 39). In der Literatur sind für diese Verknüpfungen Estolidzahlen zwischen $x = 1$ und $x = 10$ beschrieben.[145,152]

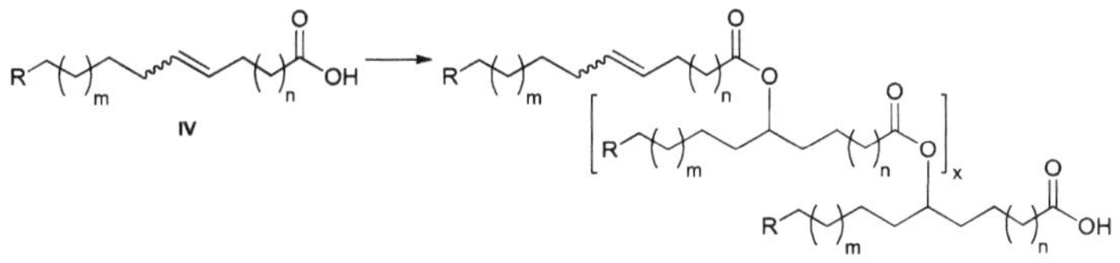

Schema 39. Bildung von Estoliden durch intermolekulare Addition der Carboxylgruppe an die C=C-Doppelbindung.

Nach eingehender Untersuchung der Lactonsynthese und ihrer mechanistischen Aspekte ist es von Interesse, Möglichkeiten zur Derivatisierung der γ-Lactone aufzuzeigen.

4.2.5 Folgechemie des γ-Stearolactons

Gesättigte γ-Lactone können durch Ringöffnungsreaktionen in funktionalisierte aliphatische Verbindungen überführt werden. Diese Derivatisierungen sind für kurzkettige Lactone gut beschrieben, jedoch ist nicht klar, ob bei längeren Ketten aufgrund veränderter Löslichkeitseigenschaften zusätzliche Probleme auftreten. Für den C_{18}-Körper des γ-Stearolactons (**4.2-2a**), das aus der natürlich vorkommenden Ölsäure (**4.2-1a**) direkt zugänglich ist, wurden vier verschiedene Folgereaktionen erarbeitet, die den Nutzen der Verbindung als Syntheseintermediat unterstreichen können (Schema 40).

In dieser Arbeit wurde analog zu einer Literaturvorschrift durch basische Hydrolyse im wässrigen Medium γ-Hydroxystearinsäure (**4.2-3**) in nahezu quantitativer Ausbeute erhalten.[153] Die Reaktion von **4.2-2a** mit *n*-Butanol unter Säurekatalyse lieferte den entsprechenden γ-Hydroxystearinsäurebutylester (**4.2-4**) in einer Ausbeute von 69 %.[154] Das langkettige 1,4-Diol **4.2-5** hat eine gewisse

4.2 SILBER-KATALYSIERTE ISOMERISIERENDE LACTONISIERUNG

Bedeutung als Tensid und wurde durch Reduktion mit Zink und Salzsäure in einer Ausbeute von 84 % isoliert. Durch Aminolyse unter lösemittelfeien Bedingungen wurde in 71 % Ausbeute das Hydroxylamid **4.2-6** erhalten, das als biologisch abbaubarer Weichmacher Anwendung findet.[155]

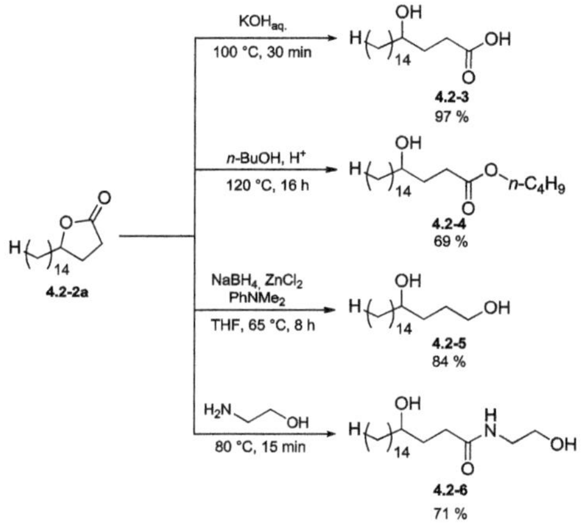

Schema 40. Im Rahmen dieser Arbeit durchgeführte Folgereaktionen des γ-Stearolactons (**4.2-2a**).

Die geplante ringöffnende Hydrobromierung von **4.2-2a** mit wässriger Bromwasserstoffsäure würde die für weitere Substitutionsreaktionen interessante γ-Bromstearinsäure (**4.2-7**) liefern. Unter Rückflussbedingungen entstand statt des gewünschten Produktes ein nicht weiter auftrennbares, polymeres Gemisch (Schema 41).

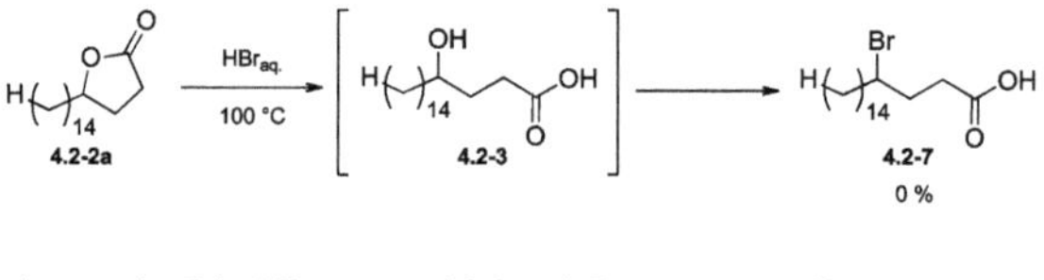

Schema 41. Angestrebte Ringöffnung von **4.2-2a** mit Bromwasserstoffsäure.

Um zum gewünschten Endprodukt **4.2-7** zu gelangen, müsste man eine separate Hydrolyse des Lactons zur γ-Hydroxycarbonsäure **4.2-3** vornehmen, diese isolieren und mit HBr umsetzen. Eine analoge Vorgehensweise ist für die nucleophile

Bromierung von 12-Hydroxystearinsäure zur 12-Bromstearinsäure beschrieben.[156]

Die Synthese langkettiger, gesättigter Derivate aus γ-Lactonen erfolgte exemplarisch an der C_{18}-Verbindung **4.2-2a**. Es wurde also ein Weg gefunden, um eine freie ungesättigte Fettsäure erst katalytisch in ein γ-Lacton umzuwandeln, das wiederum als Edukt für bio-basierte Folgeprodukte dient. Um den ersten Schritt zu diesen Wertstoffen effektiver zu gestalten und das neue Verfahren zur technischen Anwendungsreife zu bringen, ist eine kontinuierlich betriebene Reaktionsführung unumgänglich.

4.2.6 Prototyp eines kontinuierlichen Verfahrens

Um die Machbarkeit eines kontinuierlich betriebenen Verfahrens zu untersuchen, wurde mit einfachen Mitteln ein Reaktorprototyp konstruiert. Ausgehend vom Konzept des Festbett-Strömungsrohres musste zunächst eine geeignete, heizbare Apparatur entworfen werden, bei der die Fettsäure mit einem Lösemittel verdünnt, durch eine beheizte Katalysatorschüttung gepumpt und am Auslass des Reaktors analysiert wird. In ersten Experimenten wurde die Eduktlösung mittels Spritzenpumpe durch eine Kanüle kontinuierlich in die Bodenzone eines 20 mL-Bördelrand-Glasgefäßes eingebracht, welches sich in einem beheizten Aluminiumblock befand. Der Eduktstrom stieg durch die Katalysatorschicht nach oben, die Lactonisierungsreaktion fand statt und der Produktstrom gelangte zu einer Auslasskanüle. Dort wurden Fraktionen gesammelt und die Reaktionsmischung qualitativ analysiert.

Das Herzstück des Aufbaus ist in Abbildung 17 dargestellt: Am Boden des Gefäßes befand sich eine ca. 6 mm hohe Schicht aus Glaswolle, gefolgt von der Katalysatorschüttung (ca. 35 mm hoch). Diese bestand aus Silbertriflat (230 mg), das mit Methanol auf Flash-Kieselgel (6.7 g) aufgeschlämmt und durch Verdampfen des Lösemittels auf dem Träger adsorbiert wurde. Eine darüber liegende zweite Schicht aus Glaswolle (ca. 3 mm) sollte Verwirbelungen der Katalysatorschüttung verhindern. In der oberen Zone des Gefäßes ragte die Auslasskanüle durch eine Septumkappe etwa 3 mm senkrecht in den Reaktor hinein und führte zu einem weiteren Gefäß zur Probenahme und Produktuntersuchung. Der gesamte Reaktor war von Beginn an mit Lösemittel *o*-Dichlorbenzol gefüllt und wurde im Ultraschallbad behandelt, um Luftblasen aus der Feststoffschicht zu entfernen. Die Temperatur des umgebenden Heizblocks betrug 140 °C.

4.2 SILBER-KATALYSIERTE ISOMERISIERENDE LACTONISIERUNG

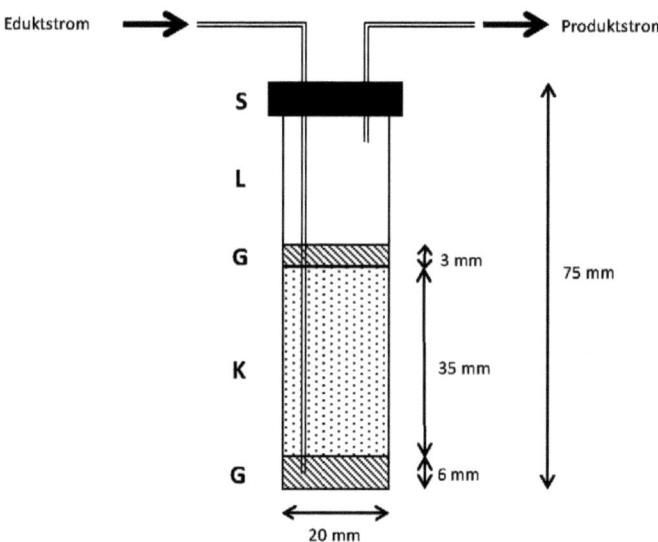

Abbildung 17. Schemazeichnung des Reaktorprototyps zur Lactonisierung (**G**: Glaswolle; **K**: Katalysatorschüttung; **L**: Lösemittel; **S**: Septumkappe).

Zur Versuchsdurchführung wurde 10-Undecensäure (**4.2-1b**) in o-Dichlorbenzol gelöst (c = 0.3 M), in eine Spritze gegeben, diese in eine Spritzenpumpe montiert und per Kanüle mit dem beheizten Reaktor verbunden. Die Lösung wurde mit einem Durchfluss von 6.5 mL pro Minute durch die Apparatur gepumpt und fraktionsweise am Auslass gesammelt. Per DC und GC konnte in den Fraktionen ab 3.5 h Laufzeit neben dem Startmaterial das gewünschte Produkt γ-Undecalacton (**4.2-2b**) nachgewiesen werden, das über die instrumentelle Analytik hinaus an seinem charakteristischen Geruch nach Kokos zu erkennen war.

Um über Umsatz, optimale Verweilzeit und eventuellen Katalysatoraustrag quantitative Aussagen machen zu können, sind weitere Experimente nötig. Dennoch konnte in diesem ersten Stichversuch bereits gezeigt werden, dass eine kontinuierlich betriebene Verfahrensweise prinzipiell machbar und die Verwendung von Silbertriflat in einer geträgerten Schüttung möglich ist. Durch gezielte Optimierungen der Prozessparameter und der Aktivmaterialien scheint ein effektives Verfahren zur industriellen Synthese von γ-Lactonen aus Fettsäuren bei hohen Umsätzen und einer Kreislaufführung des preiswerten Startmaterials greifbar.

4.2.7 Zusammenfassung

Eine neue katalytische Methode zur Synthese von γ-Lactonen aus ungesättigten Fettsäuren wurde entwickelt, optimiert und hinsichtlich ihrer Anwendungsbreite, der Folgechemie der Produkte sowie mechanistischer und verfahrenstechnischer Aspekte untersucht. Ein bifunktioneller Silbertriflatkatalysator vermittelt die Doppelbindungswanderung innerhalb der Fettsäure und erzeugt ein Isomerengleichgewicht. Aus diesem wird ein bestimmtes Isomer durch intramolekulare Cyclisierung zum γ-Lacton entfernt und in Gegenwart des Katalysators ständig nachgebildet. Die Synthesemethode eröffnet den Zugang zu einer Reihe langkettiger Lactone aus ungesättigten Fettsäuren mit verschiedenen Kettenlängen und Doppelbindungspositionen, die Anwendung in Kosmetika finden (Abbildung 18). Die Reaktion ist nicht limitiert auf chlorierte Lösemittel, sondern läuft auch in „grünerer" Weise lösemittelfrei oder in aromatischen Ethern ab.

Abbildung 18. Illustration der Silber-katalysierten isomerisierenden Lactonisierung.[157]

Diese Synthesestrategie der isomerisierenden Cyclisierung ist deshalb zum Aufbau von γ-Lactonen sinnvoller als intermolekulare Additionsreaktionen, weil die Kohlenstoffkette aus natürlichen Fettsäuren bereits das benötigte Skelett aufweist. Zudem liegt bereits der korrekte Oxidationszustand vor, sodass die Reaktion redoxneutral abläuft. Die optimierte Methode liefert im Gegensatz zu bekannten Protokollen die gesättigten γ-Lactone in hoher Regioselektivität; die entsprechenden δ-Isomere wurden höchstens in Spuren beobachtet.

Die Produkte weisen eine reichhaltige Folgechemie auf, was an vier Derivatisierungsbeispielen demonstriert wurde. Um die Reaktion technisch anwendbar zu machen, wurde erfolgreich ein erster Reaktorprototyp mit einer immobilisierten Katalysatorschüttung entwickelt, der in kontinuierlicher Verfahrensweise γ-Undecalacton (**4.2-2b**) produziert.

Die erzielten Ergebnisse geben den Anstoß für weitere Arbeiten auf diesem Gebiet, zum einen durch Weiterverwendung der erhalten Lactone als Polymerbausteine, zum anderen durch die Anwendung des Verfahrens auf mehrfach ungesättigte Substrate, um funktionalisierbare, olefinische Lactone zu erhalten. Die Reaktion stellt ein Beispiel für Wertschöpfung aus nachwachsenden Rohstoffen mittels neuer, katalytischer Methoden dar und könnte mittelfristig bis zur technischen Anwendungsreife verfeinert werden.

Das Konzept der Übergangsmetall-katalysierten Lactonisierung freier ungesättigter Fettsäuren ließe sich möglicherweise auch auf andere ungesättigte Fettstoffe ausweiten und könnte als Grundlage einer generellen isomerisierenden Cyclisierungsmethodik dienen, beispielsweise für die Umsetzung ungesättigter Fettsäureamide zu Lactamen.

4.2.8 Ausblick

Aufbauend auf den vorgestellten Ergebnissen ergeben sich mehrere Anknüpfungspunkte für Weiterentwicklungen, darunter sowohl die Anwendung der Methode auf weitere Substrate, als auch die Folgechemie der γ-Lactone und die Verfahrensentwicklung eines kontinuierlich betriebenen Prozesses. Die Übertragung der katalytischen Lactonisierungsmethode von einfach auf mehrfach ungesättigte Fettsäuren könnte ungesättigte γ-Lactone liefern, die entweder an der C=C-Einheit durch Polymerisation weiter manipuliert oder durch eine Ringöffnungs-Isomerisierungs-Sequenz in gesättigte 4-Oxofettsäuren überführt werden könnten.

Polymersynthese

Die Polymerisation der ungesättigten Lactone würde zu einer Struktur mit Polyethylenrückgrat führen, die sowohl unpolare Alkylseitenketten als auch polare und zudem funktionalisierbare Lactongruppen trägt (Schema 42).

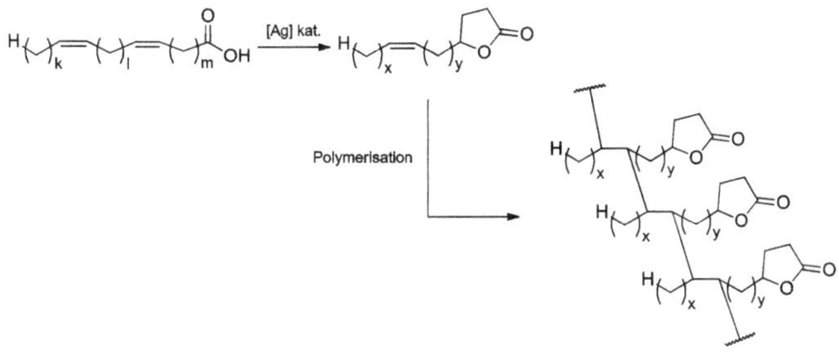

Schema 42. Mögliche Lactonisierung und Polymerisation mehrfach ungesättigter Fettsäuren.

Um bisher nicht beschriebene, langkettige 4-Oxofettsäuren ausgehend von ungesättigten γ-Lactonen zu synthetisieren, müssten diese zunächst basisch hydrolysiert werden, analog zur Ringöffnung gesättigter Lactone (siehe Kapitel 4.2.5). Die Doppelbindung der intermediär gebildeten, ungesättigten 4-Hydroxyfettsäure würde dann durch einen geeigneten Isomerisierungskatalysator in unmittelbare Nachbarschaft zur Hydroxygruppe verschoben, bis diese zu einer Ketofunktion tautomerisiert (Schema 43). Idealerweise könnte man die gesamte Reaktionsfolge von Lacton zu Oxofettsäure als einstufigen Prozess ohne Isolierung von Zwischenstufen durchführen.

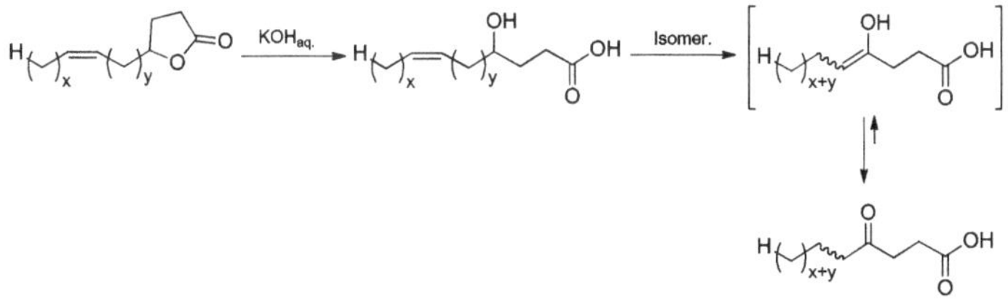

Schema 43. Hypothetischer Zugang zu 4-Oxofettsäuren aus ungesättigten γ-Lactonen.

Die Ringöffnungspolymerisation der durch isomerisierende Cyclisierung ungesättigter Fettsäuren erhaltenen γ-Lactone würde den Zugang zu einer neuen Klasse bio-basierter Polyester mit unpolaren Seitenketten und polarem Rückgrat eröffnen. Die Materialeigenschaften ließen sich wiederum durch Variation der Fettsäure-Kettenlänge einstellen, zudem ist die Verwendung funktionalisierter Substrate als Monomere denkbar, wie z. B. die Hydroxyfettsäure Ricinolsäure, wodurch sich weitere Vernetzungsmuster ergeben. Man würde das γ-Lacton mit einer katalytischen Menge an Alkohol und Säure versetzen und so die ringöffnende Polymerisation induzieren (Schema 44).

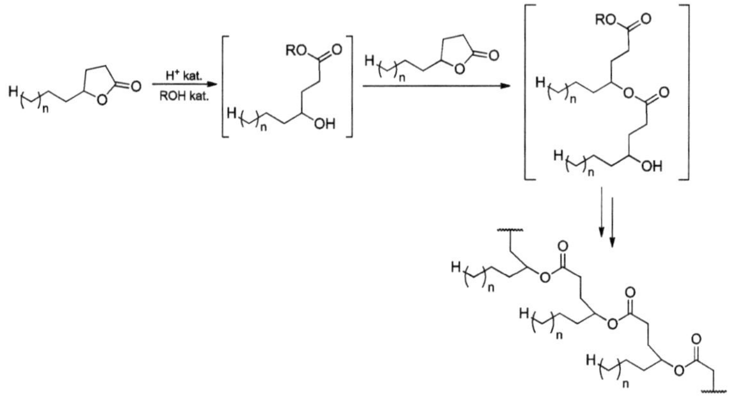

4.2 SILBER-KATALYSIERTE ISOMERISIERENDE LACTONISIERUNG

Schema 44. Säurekatalysierte Ringöffnungs-Polymerisation gesättigter Lactone.

Eine weitere Variante wäre die Verwendung äquimolarer Mengen an Polyalkoholen, die in das Rückgrat eingebaut werden können und durch zusätzliche Quervernetzung zu veränderten Produkteigenschaften führen.

Kontinuierlich betriebener Prozess zur Lactonisierung

Auf dem Weg zu einer technischen Realisierung der katalytischen Lactonisierung könnte man ausgehend von dem beschriebenen Reaktorprototyp (siehe Kapitel 4.2.6) ein kontinuierlich betriebenes Verfahren entwickeln. Dabei müssen sowohl chemische als auch prozesstechnische Parameter optimiert werden (Tabelle 11).

Tabelle 11. Parameter zur Optimierung eines technischen Lactonisierungsprozesses.

Parameter	Optimierungsmöglichkeiten
Substrate	Anwendbarkeit auf verschiedene Fettsäuren technischer Qualität
Katalysatormaterial	z. B. Metalltriflate, Nafion, mesoporöse Sulfonate
Katalysatorträger	• robust, keine Reaktionsinhibierung, z. B. Silica, Aluminiumoxid • geeignete Körnung • dauerhafte Adsorption der Aktivkomponente, kein Katalysator-Leaching
Reaktor	• Aufbau: z. B. Packung der Schüttung, Strömungsverlauf • Heizquelle und Temperaturprofil • Zuführung des Startmaterials • Dimensionierung und Material, z. B. Glas, Stahl
Reaktionsbedingungen	• Lösungsmittel, z. B. PhCl, o-Dichlorbenzol, Dowtherm A • Konzentration und Reinheit des Startmaterials • Katalysatorbeladung • Temperatur • Durchflussrate / Verweilzeit
Produktabtrennung	z. B. Destillation, kontinuierliche Chromatographie
Analytik	• online oder offline, z. B. GC, HPLC

Die erfolgreiche Implementierung eines derartigen Prozesses würde die bisher langwierige Produktion größerer Mengen an langkettigen γ-Lactonen ermöglichen, vorrangig zur Testung neuer Anwendungsmöglichkeiten, z. B. im Bereich Kosmetika und Pflegeprodukte.

4.3 Versuche zur isomerisierenden Lactamsynthese

4.3.1 Vorüberlegungen

Die Synthese langkettiger Lactame aus ungesättigten Fettsäureamiden durch isomerisierende Cyclisierung ist eine bisher nicht beschriebene Transformation, die zu einer neuen Verbindungsklasse mit potentiell interessanten und nützlichen Eigenschaften führt. Die Entwicklung der isomerisierenden Lactamsynthese sollte – wie bei der vorausgehend beschriebenen Lactonisierung – schrittweise stattfinden: Nach erfolgreicher Etablierung des Additions- / Cyclisierungsschrittes mit einem geeigneten Katalysator wird ein Isomerisierungskatalysator identifiziert, und schließlich werden beide Systeme kombiniert. Die Tandemreaktion würde auf dem Isomerengleichgewicht ungesättigter Fettsäureamide aufbauen, aus dem das γ,δ-ungesättigte Isomer durch Abreaktion entfernt und ständig nachgebildet wird. Da nach den Baldwin-Regeln fünfgliedrige Ringschlüsse bevorzugt als *exo*-trig-Prozesse und sechsgliedrige als *endo*-trig-Prozesse ablaufen,[158] kann die Cyclisierung zu γ- und zu δ-Lactamen führen, beides ist thermodynamisch günstig (Schema 45). Als Nebenreaktion ist fernerhin die Bildung von γ-Lactonen und δ-Lactonen denkbar, die aus einem Angriff des Amidsauerstoffs an die Doppelbindung mit anschließender Hydrolyse resultieren.[159]

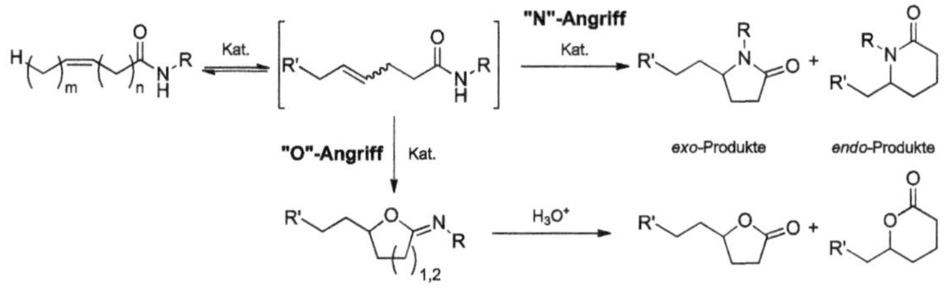

Schema 45. Konzept der isomerisierenden Lactamsynthese.

Mögliche Hürden bei der Entwicklung dieser Reaktion sind erstens der Isomerisierungsschritt, da nach heutigem Wissensstand kein Katalysator zur Doppelbindungsverschiebung in ungesättigten Carbonsäureamiden existiert; zweitens die (intramolekulare) Addition von Amiden an eine nicht aktivierte Doppelbindung zur Bildung von Lactamen, die bisher wenig erforscht ist; und drittens die Kombination beider Reaktionsschritte zur isomerisierenden Funktionalisierung, bei der analog zur Lactonisierung ein gesättigter Fünf- oder Sechsring gebildet wird. Bekannt sind einerseits die intramolekulare Addition von Sulfonamiden an terminale oder cyclische Olefine in Gegenwart starker Brønsted- oder Lewis-Säuren[160] und andererseits die Platin-katalysierte, intermolekulare Addition von Carbonsäureamiden an Styrole.[161] Angesichts dieser Strukturmotive bieten sich für die Untersuchung des Additionsschrittes unsubstituierte Fettsäureamide (**4.3-1**) und *N*-alkylierte Fettsäureamide (**4.3-2**) sowie *N*-Sulfonylfettsäureamide (**4.3-3**) als Modellsubstrate an, die bereits die Doppelbindung in der γ,δ-Position tragen. Im Folgenden wird zunächst die Synthese der Ausgangsverbindungen für die nachfolgenden Cyclisierungsversuche beschrieben.

4.3.2 Synthese der Ausgangsverbindungen

Um die primären, unsubstituierten Fettsäureamide **4.3-1a-d** zu synthetisieren, wurden die meist kommerziell erhältlichen Fettsäuren **4.3-4a-d** zunächst mit Thionylchlorid bei 40 °C in die Säurechloride überführt und im Anschluss in der Kälte mit wässrigem Ammoniak versetzt. Die Produkte **4.3-1a-d** wurden dabei in guten bis sehr guten Ausbeuten zwischen 60 und 90 % erhalten (Tabelle 12). Die Säure **4.3-4b** musste zunächst durch Verseifung des Ethylesters gewonnen werden, was quantitativ durch Aufkochen mit Natronlauge gelang.

Tabelle 12. Synthese primärer Fettsäureamide *via* Aminolyse der Säurechlorids.

Fettsäure	R	n	Produkt	Ausbeute (%)
4.3-4a	(*E*)-*n*-C$_5$H$_{11}$	1	**4.3-1a**	90
4.3-4b	H	1	**4.3-1b**	61
4.3-4c	H	7	**4.3-1c**	90
4.3-4d	(*Z*)-*n*-C$_8$H$_{17}$	6	**4.3-1d**	60

Durch die Einführung aliphatischer Reste am Amidstickstoffatom sollen dessen Elektronendichte und damit auch die Nucleophilie verstärkt und damit die Reaktivität für einen Ringschluss erhöht werden. Die Synthese der *N*-alkylierten Fettsäureamide **4.3-2a-d** wurde *via* Aminolyse des (*E*)-4-Decensäurechlorids im Zweiphasensystem Diethylether / Wasser durchgeführt: Mit den primären aliphatischen, alicyclischen und Alkoxy-funktionalisierten Aminen **4.3-5a-d** als Reaktionspartner wurden die Zielverbindungen **4.3-2a-d** in guten Ausbeuten von 71 bis 73 % erhalten (Tabelle 13).

4.3 Versuche zur isomerisierenden Lactamsynthese

Tabelle 13. Synthese N-alkylierter (E)-4-Decensäureamide.

Amin	R	Produkt	Ausbeute (%)
4.3-5a	i-Pr	4.3-2a	73
4.3-5b	CH_2CH_2OMe	4.3-2b	73
4.3-5c	Cy	4.3-2c	72
4.3-5d	Bn	4.3-2d	71

Die Darstellung N-sulfonierter Fettsäureamide **4.3-3a-c** gestaltete sich anspruchsvoll und gelang schließlich durch Umsetzung der Sulfonylchloride **4.3-6a** und **4.3-6b** mit den unsubstituierten Amiden **4.3-1b** und **4.3-1d**. Es wurden dabei sowohl N-Sulfonylfettsäureamide mit kleinen, elektronenreichen Methylsubstituenten als auch solche mit sterisch anspruchsvolleren, elektronenärmeren p-Tolylgruppen synthetisiert (Tabelle 14).

Tabelle 14. Synthese N-sulfonierter Fettsäureamide.

Amid	R	n	Sulfonylchlorid	R'	Produkt	Ausbeute (%)[a]
4.3-1a	(E)-n-C_5H_{11}	1	4.3-6a	p-Tol	4.3-3a	12
4.3-1a	(E)-n-C_5H_{11}	1	4.3-6b	Me	4.3-3b	24
4.3-1d	(Z)-n-C_8H_{17}	6	4.3-6a	p-Tol	4.3-3c	47

[a] Isolierte Ausbeute nach Kristallisation.

Dagegen lieferte die Verknüpfung der entsprechenden Sulfonamide mit den Carbonsäurechloriden unter verschiedenen Bedingungen nicht die gewünschten Produkte. Nach erfolgreicher Darstellung der Edukte folgten Versuche zur direkten und zur isomerisierenden Cyclisierung der ungesättigten Fettsäureamide.

4.3.3 Versuche zur Cyclisierung ungesättigter Fettsäureamide

Am γ,δ-ungesättigten Modellsubstrat (E)-4-Decensäureamid (**4.3-1a**) wurde ein umfangreiches Screening zur Identifizierung eines Cyclisierungskatalysators für ungesättigte Fettsäureamide mit Schwerpunkt auf Lewis- und Brønsted-Säuren durchgeführt. Ziel war dabei die Aktivierung der Doppelbindung durch das zugesetzte elektrophile Reagens für einen N-zentrierten Angriff der Amidgruppe zur Synthese von γ-Decalactam (**4.3-7a**). Dies geschah unter systematisch variierten Reaktionsbedingungen (Solvens, Temperatur, Liganden, Basen, Additive); Tabelle 15 gibt einen Überblick zu exemplarisch ausgewählten Stichversuchen.

Tabelle 15. Stichversuche zur direkten Cyclisierung von (E)-4-Decenamid (**4.3-1a**).

Eintr.	Katalysator (Mol%)	Additiv (Mol%)	Solvens	T (°C)	4.3-7a $(\%)^b$	4.3-8a/b $(\%)^b$	Ums. $(\%)^b$
1	AgOTf (10)	–	PhCl	130	0	0	25
2	AgOTf (20)	Et$_3$N (1)	Toluol	80	0	0	14
3	"	NaOH (1)	"	"	0	0	30
4	"	Cs$_2$CO$_3$ (1)	"	"	0	0	12
5	"	NaH (1.5)	"	100	0	0	17
6	Cu(OTf)$_2$ (10)	–	PhCl	130	0	0	37
7	"	dppe (10)	DCE	100	0	0	26
8	Cu(OTf)$_2$ (20)	DIEA (1)	Toluol	80	0	0	<3
9	In(OTf)$_3$ (20)	–	PhCl	90	0	0	30
10	Yb(OTf)$_3$ (20)	–	DCE	"	0	0	17
11	TfOH (5)	–	Dioxan	100	0	0	24
12^c	TfOH (300)	–	DCM	20	0	0	>95
13^c	TfOH (600)	–	"	20	0	41/0	>95
14^c	TsOH (300)	MS 3A	"	40	0	0	75
15^c	"	–	PhCl	130	0	22/33	78
16^c	"	MS 3A	Toluol	125	0	0	8
17	TsOH (100)	–	PhCl	130	0	16/8	76
18	H$_2$SO$_4$ (50)	–	DCM	40	0	0	46
19	PPA (140)	–	Toluol	80	0	0	16
20^d	AgOTs (10)	–	PhCl	130	0	0	27
21	FeCl$_3$ (10)	–	DCE	100	0	0	3
22	PtCl$_2$ (5)	–	Mesitylen	140	0	0	40
23	Pt(acac)$_2$ (5)	–	"	"	0	0	30
24	(PPh$_3$)PtCl$_2$ (5)	–	"	"	0	0	17
25	H$_2$PtCl$_6$ (5)	–	"	"	0	0	64

^{a} *Reaktionsbedingungen*: Ungesättigtes Amid **4.3-1a** (0.5 mmol), Katalysator, Additiv, Solvens (2 mL), 8-16 h; ^{b} Mittels GC und internem Standard *n*–Dodecan bestimmt; ^{c} Reaktionszeit 1 h; ^{d} Reaktion an Luft.

Das als bifunktioneller Isomerisierungs-Cyclisierungskatalysator für freie Fettsäuren sehr aktive Silbertriflat lieferte auch in Gegenwart von Basen zur zusätzlichen Aktivierung der Amidgruppe nur geringe Umsätze und keine Cyclisierungsprodukte (Einträge 1 bis 5). Die Triflate von Kupfer(II), Indium(III) und Ytterbium(III) waren ebenfalls inaktiv (Einträge 6 bis 10). Der Zusatz überstöch-

4.3 Versuche zur isomerisierenden Lactamsynthese

iometrischer Mengen an Trifluormethan- oder *p*-Toluolsulfonsäure führte zu hohen Umsätzen, allerdings wurde statt des gewünschten Lactams **4.3-7a** die Bildung der γ- und δ-Lactone **4.3-8a** und **4.3-8b** sowie der freien Fettsäure **4.3-4a** beobachtet (Einträge 11 bis 17). Geringe Umsätze zeigten Schwefelsäure, Polyphosphorsäure, die Lewis-Säuren AgOTs und $FeCl_3$ sowie mehrere Platin-Quellen (Einträge 18 bis 25). Analoge Versuche wurden mit den unsubstituierten Amiden **4.3-1b-d** durchgeführt, allerdings mit vergleichbaren Ergebnissen: Statt der Cyclisierungsprodukte wurden lediglich die entsprechenden, durch einen Sauerstoff-zentrierten Angriff der Amidgruppe entstandenen Lactone oder aus Hydrolyse der C-N-Bindung resultierende freie Fettsäuren erhalten.

Um den Einfluss der Elektronendichte am Amid-Stickstoffatom zu untersuchen, wurden die *N*-alkylsubstituierten Amide **4.3-2a-d** in Cyclisierungsreaktionen unter einer Reihe von Bedingungen analog zu Tabelle 15 eingesetzt. Die höchsten Umsätze von bis zu 90 % wurden in Gegenwart von 20 mol% Silber- oder Kupfer(II)triflat bei 80 °C in Toluol erreicht; allerdings wurden statt der gewünschten *N*-Alkyllactame **4.3-9a-d** die freie Fettsäure **4.3-4a** als Hauptprodukt in Ausbeuten von bis zu 60 % sowie die γ- und δ-Lactone **4.3-8a** und **4.3-8b** in Ausbeuten von bis zu 40 % erhalten (Schema 46).

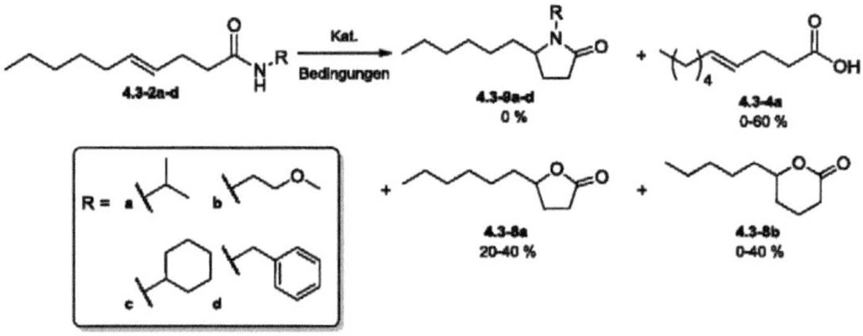

Schema 46. Versuche zur Cyclisierung *N*-alkylierter (*E*)-4-Decenamide.

Wie auch bei den unsubstituierten Amiden war also die zu Lactamen führende Cyclisierungsreaktion der *N*-alkylierten Analoga über einen Angriff des Amid-Sauerstoffatoms bevorzugt. Auffallend war zudem die Spaltung der Amide **4.3-2a** und **4.3-2d** in die freie Fettsäure und die entsprechenden Amine **4.3-5**, die in Ausbeuten von bis zu 70 % detektiert wurden. Ähnliche Ergebnisse wie für die freien und die *N*-alkylierten Fettsäureamide wurden für die *N*-sulfonierten Derivate **4.3-3a-c** erhalten. Unter analogen Bedingungen und mit den gleichen Reagentienkombinationen, z. B. AgOTf, Cu(OTf)$_2$ / dppe oder FeCl$_3$ in Chlorbenzol, Dioxan oder 1,2-Dichlorethan wurden Umsätze von maximal 40 % erreicht, allerdings bildeten sich statt der *N*-Sulfonyllactame erneut die entsprechenden Lactone als Hauptprodukte.

Die Cyclisierung ungesättigter Fettsäureamide erscheint angesichts dieser Ergebnisse schwieriger als zunächst angenommen und muss in umfangreicheren Studien weiter untersucht werden.

Im Hinblick auf die angestrebte Tandemreaktion, die isomerisierende Lactamsynthese, stellt sich die Frage, ob die katalytische Doppelbindungsverschiebung in ungesättigten Fettsäureamiden möglich ist. Die Resultate der beschriebenen Cyclisierungsexperimente deuten darauf hin, dass die bisher untersuchten Katalysatoren inaktiv für eine Isomerisierung dieser Substrate sind, denn es wurden keine Doppelbindungsisomere beobachtet. Vielversprechende Ergebnisse könnten allerdings mit einem eher ungewöhnlichen Palladium(I)-Katalysator erzielt werden.

4.3.4 Isomerisierung ungesättigter Fettsäureamide

Die Entwicklung einer isomerisierenden Lactamsynthese erfordert die Identifizierung aktiver Katalysatoren für die Doppelbindungsverschiebung in den ungesättigten Fettsäureamiden, allerdings gibt es für diese Anwendung bisher keine Katalysatoren. Die bereits untersuchten Lewis- und Brønsted-Säuren (siehe Tabelle 15, S. 89) waren allesamt inaktiv, da sie wahrscheinlich mit der Amidgruppe durch Koordination bzw. Protonierung wechselwirken, statt die Doppelbindung für eine Isomerisierung zu aktivieren. Die koordinierte bzw. protonierte Amidgruppe ist hochpolar und inhibiert möglicherweise zusätzlich den Katalysator / Mediator.

Im Rahmen einer erweiterten Isomerisierungsstudie speziell für ungesättigte Fettsäureamide wurde allerdings das hochaktive Palladium(I)-Dimer **4.3-10** als potentieller Katalysator für Doppelbindungsverschiebungen in dieser Substratklasse identifiziert. Der dunkelgrüne, luftempfindliche Komplex wurde bisher für C–C-,[162] C–N-, C–S-[163] und C–Si-Bindungsknüpfungen genutzt,[164] allerdings noch nicht für gezielte Doppelbindungsmigrationen. Aufgrund der ungewöhnlichen Oxidationsstufe +I des Palladiums in diesem Komplex und der bereits beschriebenen Hydridchemie dieser Verbindung durch Reaktion mit molekularem Wasserstoff könnten sich vorteilhafte Effekte für die Isomerisierung desaktivierter Doppelbindungen ergeben. Die Synthese des Katalysators **4.3-10** gelang aus

4.3 Versuche zur isomerisierenden Lactamsynthese

Palladium(II)-bromid und einem Pd(0)-di-*tert*-Butylphosphin-Komplex in einer Ausbeute von 50 % nach Kristallisation (Schema 47).[165]

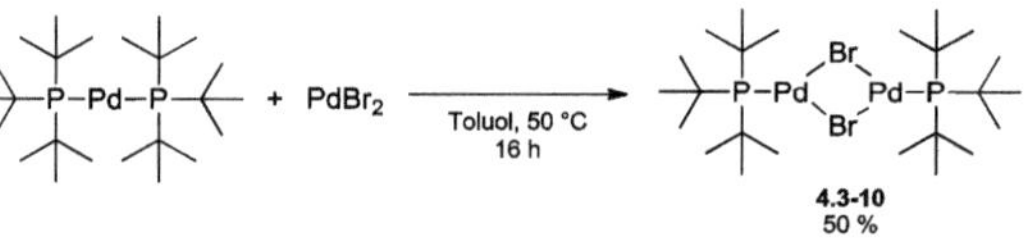

Schema 47. Synthese des Palladium-Dimers **4.3-10**.

In Gegenwart katalytischer Mengen dieser Verbindung konnten die ungesättigten Fettsäureamide **4.3-1a** (n = 1, R = (*E*)-*n*-C_5H_{11}) und **4.3-1c** (n = 7, R = H) unter milden Bedingungen in Gemische der jeweiligen Doppelbindungsisomere überführt werden (Schema 48).

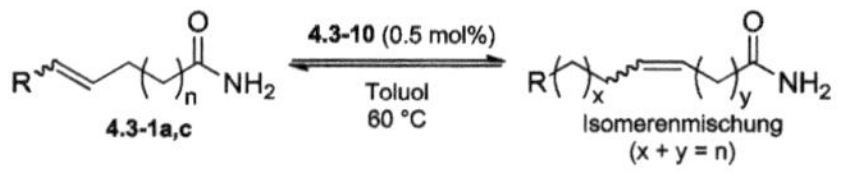

Schema 48. Palladium-katalysierte Isomerisierung ungesättigter Fettsäureamide.

Der Nachweis für die Entstehung eines Isomerengemisches gelang mittels ^{1}H- und ^{13}C-NMR der Reaktionsmischungen. Besonders deutlich wird dies an der nahezu vollständigen Umwandlung des terminal ungesättigten 10-Undecenamids (**4.3-1c**): Die ^{1}H-NMR-Signale der terminalen Olefinprotonen bei 4.97 und 5.80 ppm verschwanden, und es erschienen Signale für die neu entstandenen terminalen Methylgruppen bei 0.96 und 0.88 ppm (Abbildung 19).

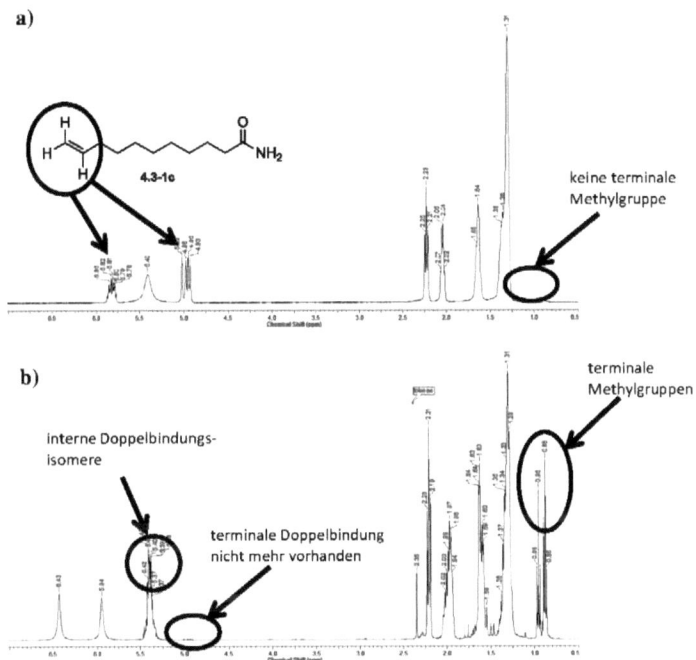

Abbildung 19. ^{1}H-NMR-Spektren (600 MHz, CDCl$_3$) der Isomerisierung des ungesättigten Fettsäureamids **4.3-1c** mit Palladiumkatalysator **4.3-10** (0.5 mol% Kat., Toluol, 16 h): a) Edukt **4.3-1c**; b) Reaktionsmischung nach Einwirkung des Katalysators.

Der Vergleich der ^{13}C-NMR-Spektren von Startmaterial und Reaktionsmischung nach Einwirkung des Katalysators zeigt analoge Befunde: Die Signale der terminalen Doppelbindung bei 114.1 und 139.2 ppm sind nicht mehr zu sehen, dafür aber eine Vielzahl olefinischer Kohlenstoffatome im Bereich zwischen 123 und 131 ppm, zusätzliche terminale Methylgruppen im Alkylbereich sowie mehrere Carbonylspezies um 176 ppm (Abbildung 20).

4.3 Versuche zur isomerisierenden Lactamsynthese

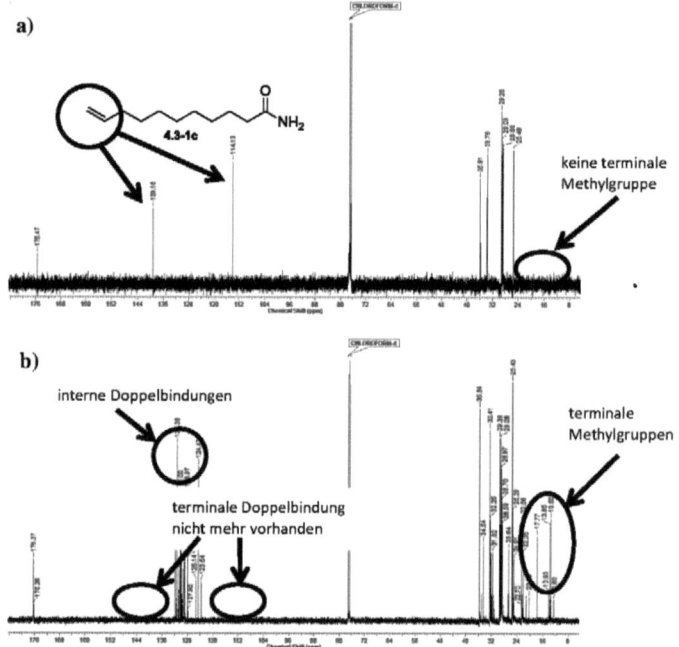

Abbildung 20. ^{13}C-NMR-Spektren (600 MHz, CDCl$_3$) der Isomerisierung des ungesättigten Fettsäureamids **4.3-1c** mit Palladiumkatalysator **4.3-10** (0.5 mol%, Toluol, 16 h). a) Edukt **4.3-1c**; b) Reaktionsmischung nach Einwirkung des Katalysators.

Aufbauend auf dieser erstmaligen erfolgreichen Isomerisierung ungesättigter Amide mit einem einzigartig aktiven Katalysator könnte in weiteren Arbeiten die Cyclisierung dieser Substrate gelingen. Hierzu muss vorrangig eine Methodik zur katalytischen inter- und intramolekularen Addition von Carbonsäureamiden an C=C-Doppelbindungen geschaffen werden. Die Synthese neuer langkettiger Lactame aus olefinischen Fettsäurederivaten ist ohne Zweifel ein weiterer Weg zur stofflichen Nutzung nachwachsender Rohstoffe, der mit katalytischen Methoden ermöglicht werden könnte.

4.3.5 Zusammenfassung und Ausblick

Es wurde eine Reihe γ,δ-ungesättigter Fettsäureamide als Substrate für eine neue, isomerisierende Cyclisierungsreaktion synthetisiert. In umfangreichen Studien wurden potentielle Katalysatoren für die intramolekulare Addition der Amidgruppe an die Doppelbindung untersucht, jedoch entstanden durch einen Sauerstoff-zentrierten Angriff der CONHR-Einheit bevorzugt γ- und δ-Lactone. Vergleichbare Befunde wurden sowohl für unsubstituierte Amide als auch für solche mit *N*-Alkyl- oder *N*-Sulfonylsubstituenten erhalten. Weitere Experimente zur Identifizierung aktiver Katalysatoren sind vonnöten, um diesen Elementarschritt der angestrebten Tandemreaktion zu ermöglichen.

In Isomerisierungsstudien wurde erstmals ein Katalysator zur effektiven Doppelbindungsverschiebung in ungesättigten Amiden gefunden. In Gegenwart geringer Mengen (0.5 mol%) des Palladium-Dimers [Pd(μ-Br)P^{t}Bu$_3$]$_2$ (**4.3-10**) lassen sich langkettige primäre Amide unter milden Bedingungen in ein Gemisch von Doppelbindungsisomeren umwandeln. Dieses vielversprechende Resultat kann die Grundlage für neue isomerisierende Transformationen ausgehend von einfach zugänglichen Fettsäureamiden darstellen.

4.4 Rhodium-katalysierte isomerisierende Michael-Addition

4.4.1 Zielsetzung

Die Erschließung ungesättigter Fettsäureester als bedeutende oleochemische Substratklasse neben den freien Fettsäuren ist von großem Interesse, da sie aufgrund der fehlenden Säureprotonen eine andere Reaktivität mit neuen Manipulationsmöglichkeiten aufweisen. Eine bisher nicht beschriebene Reaktion ist die isomerisierende intermolekulare 1,4-Addition (Michael-Addition) von Nucleophilen an ungesättigte Ester, die man ähnlich wie die isomerisierende Lactonisierung schrittweise entwickeln könnte. Da sich die Doppelbindung im katalytisch aufrechterhaltenen Isomerengleichgewicht mit einer bestimmten Wahrscheinlichkeit in α,β-Stellung aufhält, könnte man das resultierende Michael-System mit einem geeigneten Nucleophil abfangen und so das Edukt in ein gesättigtes, β-funktionalisiertes Fettsäurederivat umwandeln (Schema 49).

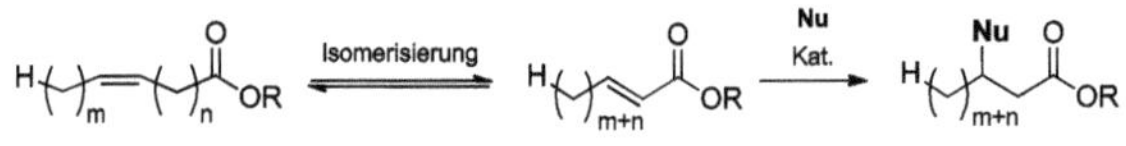

Schema 49. Angestrebte isomerisierende Michael-Addition von Nucleophilen an ungesättigte Ester.

Erwartete Herausforderungen sind hierbei einerseits die Entwicklung eines Katalysatorsystems zur Doppelbindungsisomerisierung in Gegenwart von Nucleophilen, andererseits die Identifizierung eines hochaktiven Katalysators für die Michael-Addition, um das nur in einer geringen Konzentration vorhandene, *in situ* erzeugte α,β-ungesättigte Isomer direkt abzufangen. Mögliche Nucleophile sind primäre und sekundäre Amine, Thiole und Alkohole, eventuell auch primäre oder sekundäre Carbonsäureamide. Die zu erwartenden Additionsprodukte sind höchstwahrscheinlich lipophil und können weiter funktionalisiert werden – beispielsweise wären aus den erhaltenen β-Aminoestern neue, langkettige β-Aminosäuren oder aliphatische β-Lactame zugänglich.

Die erfolgreiche Entwicklung einer solchen Methode erlaubt also die direkte Synthese β-substituierter Fettsäureester aus natürlichen Fettsäuren und eröffnet Wege zu einem breiten Spektrum neuer, bio-basierter und funktionalisierter Wertstoffe. Durch systematische Untersuchungen sollen aktive Katalysatoren für die Doppelbindungsmigration und die Michael-Addition identifiziert und schließlich zu einer neuen Tandemreaktion kombiniert werden.

4.4.2 Konzept und Vorüberlegungen

Die Entwicklung einer isomerisierenden Michael-Addition folgt idealerweise der bereits beschriebenen Vorgehensweise mit separater Untersuchung der Einzelschritte (siehe Kapitel 4.1). Zunächst werden in Isomerisierungsstudien Katalysatoren für die effektive Umwandlung ungesättigter Ester in die thermodynamische Gleichgewichtsverteilung identifiziert. Außer den bereits beschriebenen isomerisierenden ω-Funktionalisierungen (siehe Kapitel 2.4.2) sind die Berichte zur Isomerisierung von längerkettigen Systemen rar. Die Gleichgewichts-Isomerenverteilung von Methyloleat (**4.4-1a**) wird beispielsweise in einer frühen Studie von Laï et al. untersucht, allerdings unter hohem CO-Druck, in Gegenwart eines heterogenen Katalysators und bei Temperaturen von über 150 °C.[166] Es besteht also der Bedarf nach neuen homogenen Katalysatoren, die unter milden, drucklosen Bedingungen die Isomerisierung langkettiger, ungesättigter Ester in die Gleichgewichtsverteilung bewerkstelligen. Letztere soll mit modernen Methoden und durch Vergleich mit Referenzsubstanzen analysiert werden, wobei der Fokus auf dem Nachweis des α,β-ungesättigten Octadecensäureesters in der Gleichgewichtsmischung per GC und NMR liegt.

Im nächsten Schritt wird die Abfangreaktion für das im Gleichgewicht vorliegende, α,β-ungesättigte Isomer genauer untersucht. Bekanntermaßen wird die Reaktivität von Michael-Estern durch Substituenten in β-Position mitunter stark herabgesetzt, sodass für diesen Schritt besonders effektive Katalysatoren benötigt werden.[167] An präformierten Michael-Substraten (β-Alkylacrylsäureestern) werden geeignete Nucleophile, Katalysatorsysteme und Reaktionsbedingungen untersucht; im Anschluss wird die Reaktion am α,β-ungesättigten Modellsubstrat in Gegenwart des Isomerisierungskatalysators durchgeführt. Die Michael-Additionen von Aryl- oder Amin-Nucleophilen sollten sich als Abfangreaktionen eignen, da bereits Katalysatoren für deren Umsetzung mit (meist unsubstituierten) Acrylaten bekannt sind: An diese Substrate können Arylboronsäuren oder Aryltrifluorborate in Gegenwart von Rhodiumkatalysatoren addiert werden;[168] jedoch ist lediglich ein Beispiel für derartige 1,4-Additionen an α,β-ungesättigte Butenoate bekannt.[169] Aza-Michael-Additionen von primären und sekundären Aminen sind bisher nur für kurzkettige oder unsubstituierte Acrylate beschrie-

4.4 RHODIUM-KATALYSIERTE ISOMERISIERENDE MICHAEL-ADDITION

ben, wobei überwiegend Lewis-saure Katalysatoren zum Einsatz kommen, darunter Yb(OTf)$_3$, InCl$_3$, RuCl$_3$, Sc(OTf)$_3$ und Bi(OTf)$_3$.[170]

Die Anwendung dieser Abfangreaktionen auf *in situ* gebildete α,β-ungesättigte Ester mit längeren Alkylketten erscheint nach Optimierung der Katalysatoren und Reaktionsbedingungen machbar, entsprechend der Anforderungen für derartige Tandemreaktionen (siehe Kapitel 4.1). Eine Herausforderung hierbei ist die Identifizierung bifunktioneller Katalysatoren, die gleichzeitig die Isomerisierung und die Michael-Addition vermitteln: Diese müssen einerseits in Gegenwart der zu kuppelnden Nucleophilen aktiv sein und zum anderen deren Addition unter Isomerisierungsbedingungen effektiv katalysieren.

4.4.3 Synthesewege zu (*E*)-2-Octadecensäureethylester (4.4-1b)

Die geplante Untersuchung der Isomerengleichgewichte von Ölsäureestern beinhaltet die Identifizierung und Quantifizierung des α,β-ungesättigten Isomers. Um eine direkte Zuordnung der gaschromatographischen Retentionszeiten und der charakteristischen NMR-Signale vornehmen zu können, ist die Synthese einer Referenzprobe dieser Substanz unerlässlich. Die zweistufige Synthese des (*E*)-2-Octadecensäureethylesters (**4.4-1b**) ausgehend von Hexadecanol (**4.4-2**) *via* Oxidation mit DMSO / P$_2$O$_5$ und stereoselektiver Horner-Wadsworth-Emmons-Reaktion ist literaturbekannt,[171] gestaltete sich jedoch aufgrund der besonderen chemisch-physikalischen Eigenschaften der langkettigen Verbindungen aufwändig. Im ersten Schritt wurde **4.4-2** mit P$_2$O$_5$ und DMSO in Dichlormethan umgesetzt und anschließend in der Kälte Triethylamin zugegeben, um den Aldehyd **4.4-3** freizusetzen (Schema 50).

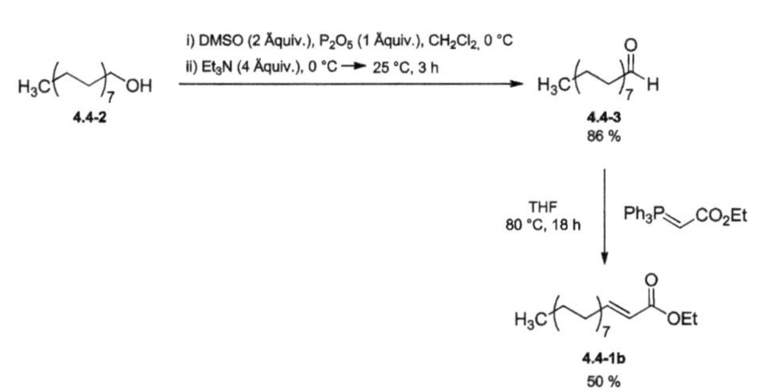

Schema 50. Synthese von (*E*)-2-Octadecensäureethylester (**4.4-1b**) *via* Oxidation und Olefinierung.

Nach mehrmaliger Extraktion wurde **4.4-3** in einer Ausbeute von 86 % als besonders luftempfindlicher Feststoff erhalten, der unmittelbar weiterverwendet wurde. Die folgende Horner-Wadsworth-Emmons-Reaktion des C_{16}-Aldehyds **4.4-3** mit (Carbethoxymethylen)-triphenylphosphoran in THF unter Rückfluss lieferte nach chromatographischer Reinigung die gewünschte Referenzverbindung **4.4-1b** in einer Ausbeute von 50 % und in einer Stereoselektivität von >20:1 für das (*E*)-Isomer.

Eine alternative Syntheseroute wurde erarbeitet, um eventuell auf das kostspielige Phosphoran verzichten zu können und den präparativen Aufwand zu minimieren. Ausgehend von **4.4-3** wurde eine Knoevenagel-Doebner-Kondensation[172] mit der preiswerten Malonsäure in Pyridin bei 50 °C und unter Lichtausschluss durchgeführt (Schema 51). Es wurden 71 % der 2-Octadecensäure **4.4-1c** als Gemisch von Stereoisomeren im Verhältnis *E*:*Z* von 3:1 erhalten. Dieser Befund steht im Einklang mit der Tendenz der Knoevenagel-Kondensation, mit steigender Kettenlänge des Aldehyds schlechtere Selektivitäten für die α,β-ungesättigten Produkte zu liefern. Die Säure **4.4-1c** wurde anschließend in Ethanol säurekatalysiert in einer Ausbeute von 63 % zum 2-Octadecensäureethylester (**4.4-1b**) umgesetzt.

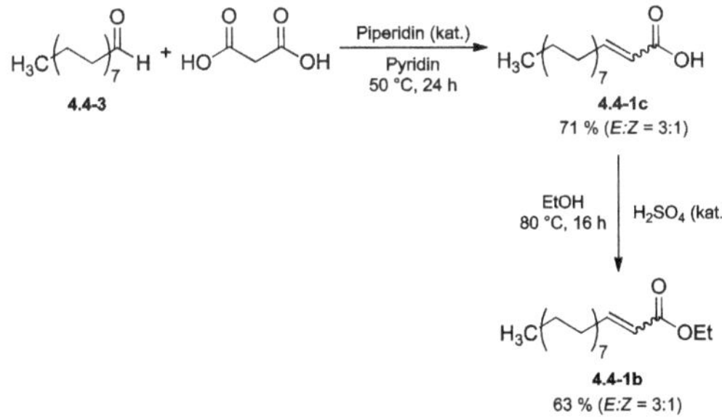

Schema 51. Synthese von (*E*)-2-Octadecensäureethylester (**4.4-1b**) *via* Malonsäure-Kondensation und Veresterung.[172]

Der Vergleich der beiden Routen zeigt, dass nur über die Horner-Wadsworth-Emmons-Reaktion stereoselektiv das gewünschte Produkt erhalten wird und diese Route zudem mit einem Schritt weniger auskommt als der Weg über eine Knoevenagel-Kondensation. Spielt die stereochemische Konfiguration des Produktes keine Rolle, so kann auf die preiswertere und präparativ einfachere Route *via* Kondensation zurückgegriffen werden. Um nun Katalysatoren für die Isome-

4.4 RHODIUM-KATALYSIERTE ISOMERISIERENDE MICHAEL-ADDITION

risierung ungesättigter Ester zu untersuchen, mussten zunächst geeignete Liganden für potentiell aktive Rhodiumkomplexe dargestellt werden.

4.4.4 Synthese sterisch aufwändiger Bisphosphitliganden

Rhodium-Bisphosphit-Komplexe spielen in den Studien von Behr *et al.* als Katalysatoren zur isomerisierenden Hydroformylierung ungesättigter Fettsäureester eine zentrale Rolle.[44b] Vertreter dieser vielversprechenden Ligandenklasse – der bidentaten, sterisch aufwändigen Phosphite – sollten zwecks späterer Untersuchung auf Isomerisierungsaktivität auf einfachen Wegen dargestellt werden. Es bietet sich hierfür eine konvergente Syntheseroute zum modularen Aufbau der Liganden ausgehend von einfachen Bisphenol- und Phenolbausteinen an (Schema 52): Zunächst wurde das symmetrische Bisphenol **4.4-4** mit Phosphortrichlorid in einer Ausbeute von 47 % nach Destillation zum Chlordioxaphosphepin **4.4-5** umgesetzt.[173]

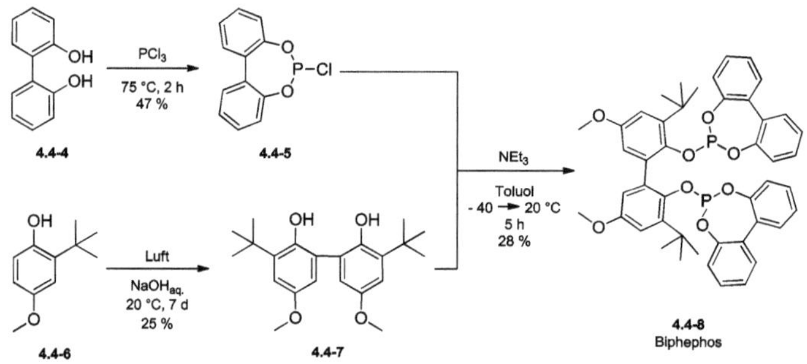

Schema 52. Konvergente Synthese des Bisphosphitliganden Biphephos (**4.4-8**).

Parallel dazu wurde durch Autoxidation des Phenols **4.4-6** mit Luftsauerstoff im basischen Medium das tetrasubstituierte Bisphenol **4.4-7** in einer Ausbeute von 25 % erhalten.[174] Die nachfolgende Kupplung der beiden Bausteine **4.4-5** und **4.4-7** zum gewünschten Biphephos-Liganden (**4.4-8**) bei tiefen Temperaturen in Gegenwart von Triethylamin verlief mit einer Ausbeute von lediglich 28 %.

In analoger Weise wurde der unsubstituierte Bisphosphitligand **4.4-9** durch Kupplung von 2,2'-Bisphenol (**4.4-4**) und **4.4-5** erhalten (Schema 53); in diesem Falle war die Ausbeute quantitativ. Das Bisphosphit **4.4-9** gab bis zu seiner kristallographischen Charakterisierung durch Schmutzler *et al.* aufgrund seiner in sich verdrehten Siebenringe strukturelle Rätsel auf.[175] Der Ligand scheint prädestiniert für eine bidentate Koordination an Übergangsmetalle, wurde bisher allerdings nicht zur Isomerisierung von Olefinen eingesetzt.

Nach erfolgreicher Synthese der beiden sterisch aufwändigen Bisphosphite **4.4-8** und **4.4-9** als potentielle Liganden für Rhodium-katalysierte Doppelbindungsmigrationen sollen diese und weitere Katalysatoren auf Aktivität für die effektive Isomerisierung ungesättigter Fettsäureester untersucht werden.

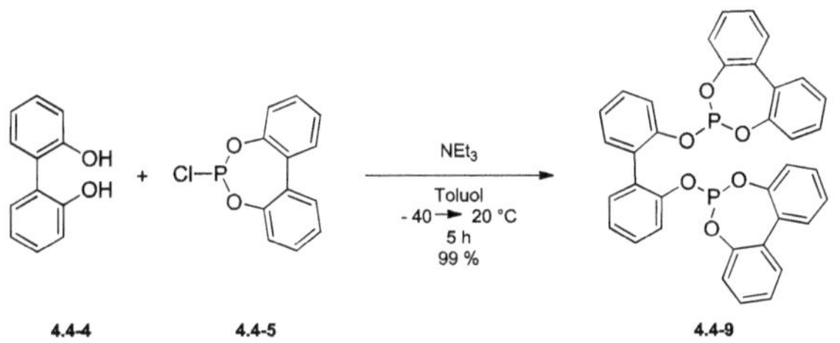

Schema 53. Synthese des unsubstituierten Bisphosphitliganden **4.4-9**.

4.4.5 Katalysatoren für die Isomerisierung ungesättigter Ester

Zur effizienten Identifizierung homogener Katalysatorsysteme für die Isomerisierung olefinischer Doppelbindungen in Gegenwart von Estergruppen wurden Aktivitätsstudien am Modellsubstrat Ethyloleat (**4.4-1d**) durchgeführt. Ziel war die Erzeugung einer Gleichgewichtsmischung aller 33 möglichen C_{18}-Positions- und Stereoisomeren, die durch den Katalysator ständig ineinander umgewandelt werden (Schema 54).

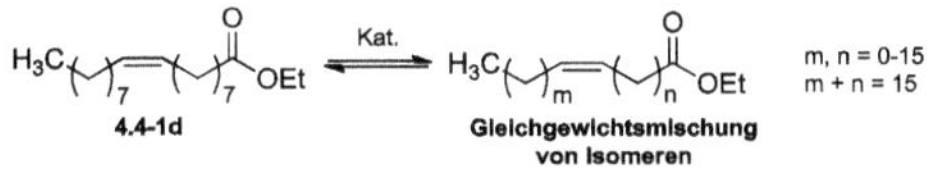

Schema 54. Katalytische Isomerisierung von **4.4-1d** in das thermodynamische Gleichgewicht.

Die Zusammensetzung dieser Gemische wurde mittels GC und NMR-Spektroskopie untersucht und mit der bereits beschriebenen charakteristischen Isomerenverteilung für Ölsäureester verglichen.[166,176] Dabei lässt sich im Gaschromatogramm und in den ^{1}H- und ^{13}C-NMR-Spektren der Reaktionsmischungen das α,β-ungesättigte Isomer **4.4-1b** nachweisen, das für die angestrebte

4.4 RHODIUM-KATALYSIERTE ISOMERISIERENDE MICHAEL-ADDITION

Tandem-Isomerisierung-Michael-Addition eine zentrale Rolle spielt. Diese Befunde werden an späterer Stelle im Detail diskutiert.

Die Untersuchung der Katalysatoren, darunter Triflate, H_2PtCl_6, $Ru(CO)(PPh_3)_3HCl$, $Fe(CO)_5$, $RhCl_3 \cdot 3\ H_2O$ und mehrere Rhodium(I)-Komplexe ergab drei verschiedene Aktivitätsabstufungen (Tabelle 16): Das Fehlen jeglicher Isomerisierungsaktivität, die Migration der Doppelbindung um wenige Positionen (bis zu fünf) in der gegebenen Reaktionszeit und als optimale Aktivität das Erreichen der Gleichgewichtseinstellung mit charakteristischer Isomerenverteilung.

Tabelle 16. Vergleich von Katalysatoren und Reaktionsbedingungen für die Isomerisierung von Ethyloleat (**4.4-1d**).

#	Katalysatorsystem (Mol%)	Solvens	T (°C)	Isom. 4.4-1d
1	AgOTf (10)	–	130	–
2	Cu(OTf)$_2$ (10)	–	"	–
3	H$_2$PtCl$_6$ (1) / HSiMe$_2$Cl (4)	–	70	–
4	Ru(CO)(PPh$_3$)$_3$HCl (5)	CHCl$_3$	"	+
5	PdCl$_2$ (5)	EtOH	80	+
6	Fe(CO)$_5$ (20)	Octan	125	++
7	RhCl$_3 \cdot$3 H$_2$O (2)	EtOH	80	++
8	Rh(cod)(acac) (1.5) / Biphephos (1.5)	Toluol	90	++
9	Rh(acac)(CO)$_2$ (1.5) / Biphephos (1.5)	"	"	++
10	[Rh(µ-OH)(cod)]$_2$ (0.75) / Biphephos (1.5)	"	"	++
11	[Rh(µ-Cl)(cod)]$_2$ (0.75) / Biphephos (1.5)	"	"	++
12	Rh(cod)(acac) (1.5) / Ligand **4.4-9** (1.5)	"	"	+
13	[Pd(µ-Br)^{t}Bu$_3$P]$_2$ (0.5)	"	70	++

Aktivitätsabstufungen: – keine Isomerisierung detektiert; + Doppelbindungsmigration um bis zu fünf Positionen; ++ Isomerisierung in die Gleichgewichtsverteilung.

In die Gruppe der inaktiven Katalysatoren fallen Silber- und Kupfertriflat, die hingegen für die bereits beschriebene isomerisierende Cyclisierung freier Fettsäuren (siehe Kapitel 4.2) aktiv sind (Einträge 1 und 2). Auch Speiers Katalysator (H_2PtCl_6)[14,177] in Gegenwart einer katalytischen Menge an Hydrosilylierungsreagens brachte nicht den gewünschten Erfolg und lieferte lediglich nicht umgesetztes Edukt zurück (Eintrag 3).

Moderate Isomerisierungsaktivität zeigten der präformierte Hydridkomplex $Ru(CO)(PPh_3)_3HCl$[178] und Palladium(II)-chlorid in Ethanol, wobei *in situ* gebildete Hydridspezies als aktive Katalysatoren postuliert werden.[179] Beide Systeme bewirkten eine Wanderung der Doppelbindung um maximal fünf Positionen, jedoch nicht die Einstellung des Isomerengleichgewichtes (Einträge 4 und 5). Versuche zur Aktivitätssteigerung dieser beiden Komplexe durch Zusatz von Phosphinliganden führten nicht zu einer Verbesserung der Katalysatorleistung.

Eisenpentacarbonyl ist bekannt für seine Fähigkeit zur thermischen oder photochemischen Olefinisomerisierung, z. B. von ungesättigten Ethern oder Estern.[63,180] Im Gegensatz zu den bisher getesteten Systemen war Fe(CO)$_5$ in der Lage, in katalytischen Mengen die Einstellung des thermodynamischen Isomerengleichgewichtes von Ethyloleat (**4.4-1d**) nach 20 h Reaktionszeit bei 125 °C zu vermitteln (Eintrag 6). Hierbei fiel die lange Induktionsperiode von ca. 8 h auf, bis eine deutliche Isomerisierungsaktivität zu erkennen war.

Abbildung 21 zeigt einen typischen Reaktionsverlauf am Beispiel der Isomerisierung von Ethyl-4-pentenoat (**4.4-1h**) in Gegenwart von 20 mol% Fe(CO)$_5$.

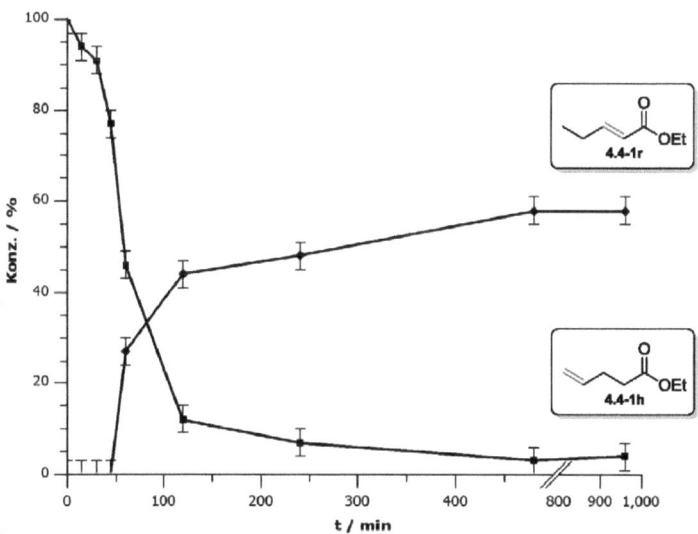

Abbildung 21. Konzentrationsverlauf der Fe(CO)$_5$-katalysierten Isomerisierung von Ethyl-4-pentenoat (**4.4-1h**). *Reaktionsbedingungen*: 1.0 mmol Ester, 20 mol% Fe(CO)$_5$, Octan, 120 °C, Argonatmosphäre. Die Konzentrationen der Verbindungen wurden mittels GC und internem Standard *n*-Tetradecan bestimmt. Die Massenbilanz wird durch die anderen Isomere (*E*)- und (*Z*)-3-Pentenoat vervollständigt.

Nach 60 Minuten wurde erstmals das α,β-ungesättigte Isomer **4.4-1r** detektiert, dessen Konzentration nach etwa 8 h konstant blieb, sodass von der Einstellung des Gleichgewichtszustandes ausgegangen werden kann. Potentielle Nachteile dieses Katalysators sind seine Giftigkeit und der dementsprechend hohe Handhabungsaufwand; darüber hinaus inhibieren ihn funktionelle Gruppen, z. B. die im späteren Verlauf der Methodenentwicklung wichtigen Aminogruppen (siehe Kapitel 4.4.10).

Als aktivster Katalysator stellte sich Rhodiumtrichlorid heraus, das bereits bei der Isomerisierung freier Fettsäuren vielversprechende Ergebnisse geliefert hatte (siehe Kapitel 4.2.2). In seiner Gegenwart wurde schon innerhalb einer Stunde bei 80 °C in Ethanol eine sehr schnelle Gleichgewichtseinstellung erreicht (Eintrag 7). Senkte man die Katalysatorbeladung auf 0.5 mol% ab, so konnte immer noch nach bereits fünf Minuten Isomerisierungsaktivität nachgewiesen werden. Bei Raumtemperatur wurden zur vollständigen Einstellung des Gleichgewichtes entweder eine verlängerte Reaktionszeit von 14 h (bei 0.5 mol% Beladung) oder eine erhöhte Beladung benötigt. Eine genauere Untersuchung des Systems ergab, dass Ethanol und in bedingtem Maße auch THF als Lösemittel geeignet sind, die Reaktion dagegen in Dimethylformamid, Chlorbenzol, Toluol, o-Dichlorbenzol und 1,2-Dichlorethan vollständig inhibiert wird. Zusätzlich zu seiner überragenden Aktivität toleriert der $RhCl_3$-Katalysator einige funktionelle Gruppen, z. B. Hydroxy-, Aldehyd- und Nitrogruppen sowie Carbonsäureamide. Wasserspuren stören die Reaktion nicht, dagegen wird in Anwesenheit von Luftsauerstoff, Aminen oder Nitrilen keine Isomerisierung mehr beobachtet.

Am Beispiel des $RhCl_3$-Systems lassen sich die Charakteristika der bei erfolgreicher Gleichgewichtseinstellung erhaltenen Isomerenmischung demonstrieren. Die Analyse per Gaschromatographie war anspruchsvoll, da die Verbindungen nahezu identische Polaritäten und Siedepunkte aufweisen. Mit einer speziellen *EliteWax* Kapillarsäule und nach Entwicklung einer Messmethode mit angepasstem Temperaturprogramm gelang die Identifizierung und Quantifizierung des α,β-ungesättigten Isomers **4.4-1b** im Gemisch. Die Zuordnung erfolgte durch direkten Vergleich mit einer Referenzprobe, die auf dem zuvor beschriebenen Wege synthetisiert wurde. Der Ester **4.4-1b** weist aufgrund seiner gegenüber den anderen Isomeren leicht erhöhten thermodynamischen Stabilität eine längere GC-Retentionszeit und aufgrund seiner Oxadien-(Enon)-Struktur exponierte ^{1}H- und ^{13}C-NMR-Signale auf.

Das Gaschromatogramm der Gleichgewichtsmischung zeigt die überlappenden Peaks der Isomeren, von denen das Michael-System **4.4-1b** deutlich getrennt und somit relativ zur Summe der anderen Isomere quantifizierbar ist (Abbildung

22). Im Gleichgewichtszustand macht das α,β-ungesättigte Isomer **4.4-1b** laut GC-Analyse etwa 3.5 % der Gesamtmischung aus – im Einklang mit den Befunden von Angelici *et al.*[62] Zusammen mit dem charakteristischen Aussehen des Chromatogramms wurde dieser Wert bei der Katalysatortestung (siehe Tabelle 16, S. 102) als Kriterium verwendet, um eine Aussage über das Erreichen des Gleichgewichts treffen zu können.

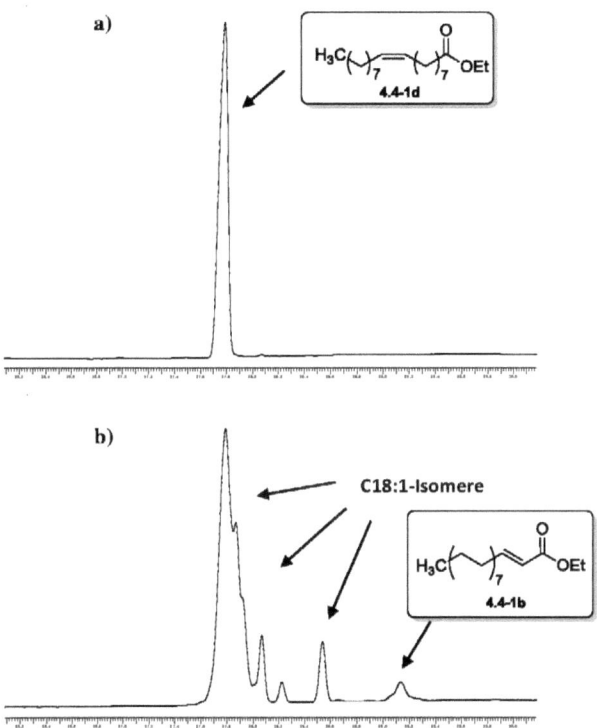

Abbildung 22. Gaschromatogramme der katalytischen Isomerisierung von Ethyloleat (**4.4-1d**): a) Reines Edukt **4.4-1d** vor der Reaktion; b) Isomerenmischung nach Gleichgewichtseinstellung durch RhCl$_3 \cdot$ 3 H$_2$O (5 mol% in Ethanol) nach 5 min bei 80 °C. Für Details zur GC-Methode siehe Experimenteller Teil, Kapitel 6.1.2.

Mit der NMR-Spektroskopie wurde eine zweite, unabhängige Analytikmethode zur Untersuchung der Isomerisierungsreaktionen eingesetzt. Im ^{1}H-NMR-Spektrum einer solchen Reaktionsmischung überlappen viele Signale, aber einige können anhand ihrer charakteristische Verschiebung und Aufspaltung eindeutig dem α,β-ungesättigten Isomer **4.4-1b** zugeordnet werden (Abbildung 23):

4.4 RHODIUM-KATALYSIERTE ISOMERISIERENDE MICHAEL-ADDITION

Das β-Proton bedingt ein tieffeldverschobenes Multiplett bei 6.93 ppm und das α-Proton ein Dublett bei 5.77 ppm mit einer Kopplungskonstante von $^2J = 18$ Hz. Reines Ethyloleat (**4.4-1d**) hingegen weist für die (Z)-ständigen, olefinischen Protonen an C_9 und C_{10} ein Multiplett bei 5.28 ppm auf. Die ^{13}C-NMR-Verschiebungen der -C^βH=C^αH-COO-Einheit für das α,β-ungesättigte Isomer **4.4-1b** finden sich in der Reaktionsmischung bei 166.7, 149.4 und 121.1 ppm, gegenüber Verschiebungen für das reine Edukt **4.4-1d** bei 173.8, 129.8 und 129.6 ppm. Diese Daten stimmen gut mit Literaturdaten überein.[63]

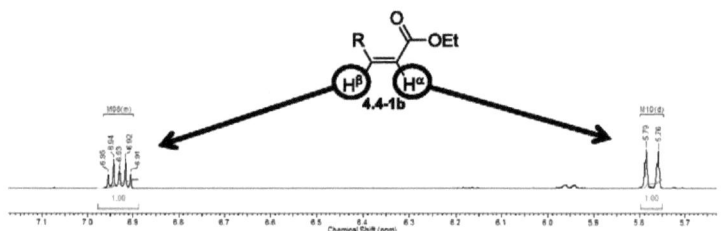

Abbildung 23. ^{1}H-NMR-Signale (600 MHz, CDCl$_3$) des α,β-ungesättigten Isomers **4.4-1b** in der Gleichgewichtsmischung nach Reaktion von Ethyloleat (**4.4-1d**) mit RhCl$_3$·3 H$_2$O (5 mol% in Ethanol) nach 5 min bei 80 °C. R = n-C$_{15}$H$_{31}$.

Um die Hypothese eines vorliegenden Isomerengleichgewichtes weiter zu untermauern, wurde ein Kontrollexperiment mit zwei verschiedenen C18:1-Isomeren durchgeführt: Unter gleichen Bedingungen wurden in separaten Ansätzen einerseits der (Z)-9-Octadecen-säureethylester (**4.4-1d**) und andererseits der (E)-2-Octadecensäureethylester (**4.4-1b**) mit RhCl$_3$·3 H$_2$O (2 mol%) in Ethanol versetzt und für 30 Minuten bei 80 °C gerührt. Die resultierenden Mischungen wurden per GC und NMR analysiert und wiesen identische Zusammensetzungen auf. Sowohl die Gaschromatogramme, als auch die ^{1}H- und ^{13}C-NMR-Daten sprechen dafür, dass die erhaltene Isomerenverteilung der thermodynamischen Gleichgewichtsmischung entspricht. Damit spielt also die Position der Doppelbindung keine Rolle für die Zusammensetzung der Mischung, wenn ein aktiver Katalysator für die permanente Gleichgewichtseinstellung sorgt. Dieses Ergebnis ist die Grundlage für die Entwicklung einer isomerisierenden Michael-Addition verschiedener Nucleophile an ungesättigte Fettsäureester (siehe Kapitel 4.4.6).

In der Reihe der evaluierten Isomerisierungskatalysatoren (siehe Tabelle 16, S. 102) waren neben RhCl$_3$ auch weitere Rhodium-Komplexe für die Gleichgewichtseinstellung von Ethyloleat (**4.4-1d**) aktiv. Katalytische Mengen der Rhodium(I)-Vorstufen Rh(cod)(acac) und Rh(acac)(CO)$_2$ in Kombination mit dem sterisch aufwändigen Liganden Biphephos (**4.4-8**) zeigten eine sehr hohe Aktivität bei 90 °C in Toluol (Einträge 8 und 9). Im Vergleich dazu benötigten die *in situ* aus diesem Liganden und den verbrückten Dimeren [Rh(μ-OH)(cod)]$_2$ und [Rh(μ-Cl)(cod)]$_2$ gebildeten Komplexe längere Induktionszeiten bis zur vollständigen Einstellung des Isomerengleichgewichtes (Einträge 10 und 11). Der strukturell abgewandelte bidentate Ligand **4.4-9** zeigte unter den gleichen Bedingungen nur moderate Aktivität (Eintrag 12). Die Vorteile dieser Rhodium-Bisphosphit-Komplexe gegenüber dem RhCl$_3$ / Ethanol-System sind zum einen ihre Löslichkeit und Aktivität in unpolaren Lösemitteln, zum anderen die Toleranz gegenüber Aminogruppen – eine wichtige Voraussetzung für die Entwicklung der isomerisierenden Aza-Michael-Addition (siehe Kapitel 4.4.10).

Der Palladium-Dimerkomplex [Pd(μ-Br)^{t}Bu$_3$P]$_2$, mit dem bereits die erstmalige Isomerisierung ungesättigter Carbonsäureamide gelungen war (siehe Kapitel 4.3.4), zeigte auch für ungesättigte Ester eine hohe Aktivität bei einer geringen Beladung von nur 0.5 mol% (Eintrag 13). Als Ergebnis der Katalysatorevaluierung stehen also mehrere hochaktive Systeme zur Auswahl, um die Entwicklung bifunktioneller Katalysatoren für die isomerisierende Michael-Addition von Arylnucleophilen zu beginnen.

4.4.6 Entwicklung bifunktioneller Katalysatoren

Ein bifunktioneller Isomerisierungs-Additions-Katalysator muss gleichzeitig die Doppelbindungsmigration ungesättigter Ester und die 1,4-Addition von Arylnucleophilen an die *in situ* gebildeten Michael-Systeme vermitteln. Letztere liegen in der Gleichgewichtsmischung nur in einer geringen Konzentration vor und müssen daher effektiv durch β-Arylierung abgefangen werden. Zur Identifizierung derartiger Katalysatoren wurden die bereits für isomerisierungsaktiv befundenen Systeme (siehe Tabelle 16, S. 102) am α,β-ungesättigten, β-Propyl-substituierten Modellsubstrat **4.4-1e** getestet. Auf diese Weise sollten geeignete Arylborverbindungen gefunden und optimale Reaktionsbedingungen für die Rhodium-katalysierte Michael-Addition entwickelt werden, um diese auf die Tandemreaktion zu übertragen. Im Zuge dieser Evaluierung wurden Phenylboronsäure (**4.4-10**), Kaliumphenyltrifluorborat (**4.4-11**), Phenylboronsäure-MIDA-Ester (**4.4-12**), *p*-Tolylboroxin (**4.4-13**) und Natriumtetraphenylborat (**4.4-14a**) als Aryl-Quellen unter verschiedenen Bedingungen untersucht; insbe-

4.4 RHODIUM-KATALYSIERTE ISOMERISIERENDE MICHAEL-ADDITION

sondere wurden Lösemittel, Temperatur und zugesetzte Basen variiert (Tabelle 17).

Tabelle 17. Evaluierung von Arylborverbindungen als Nucleophile für Rhodium-katalysierte Michael-Additionen an das C_6-Modellsubstrat **4.4-1e**.

4.4-1e + Ar-BX$_n$ (2) → Rh-Quelle, Ligand 4.4-8, Bedingungen → **3a**: Ar = Ph; **3l**: Ar = p-Tol

#	Ar–BX	Äquiv.	Katalysator	Bed.	Ausb. (%)[a]
1	PhB(OH)$_2$ (**4.4-10**)	1.2	RhCl$_3$·3 H$_2$O	A	<3
2	**4.4-10**	1.5	RhCl$_3$·3 H$_2$O	B	0
3	PhBF$_3$K (**4.4-11**)	2.4	Rh(cod)(acac)	C	8
4	**4.4-11**	2.4	[Rh(μ-OH)(cod)]$_2$	C	0
5	**4.4-11**	1.2	[Rh(μ-Cl)(cod)]$_2$	C	53
6	**4.4-12**	1.2	Rh(acac)(CO)$_2$	D	1
7	**4.4-12**	1.2	[Rh(μ-Cl)(cod)]$_2$	D	79[b]
8	**4.4-13** (p-Tol)	0.7	[Rh(μ-Cl)(cod)]$_2$	E	76
9	**4.4-14a**	1.0	Rh(cod)(acac)	F	73
10	**4.4-14a**	1.5	Rh(cod)(acac)	F	95
11	**4.4-14a**	1.5	Rh(cod)(acac) / [Pd(μ-Br)^{t}Bu$_3$P]$_2$	A	0[c]

Reaktionsbedingungen: 2-Enoat **4.4-1e** (0.5 mmol), Rhodium-Quelle (3 mol% Rh), Biphephos-Ligand **4.4-8** (3 mol%), Argonatmosphäre, 16 h; **A**: Toluol / Wasser (1.5 / 0.5 mL), 80 °C; **B**: 0.5 Äquiv. KOH, Methanol / Wasser (1.8 / 0.2 mL), 60 °C; **C**: Toluol / Wasser (1.9 / 0.1 mL), 110 °C; **D**: 5.0 Äquiv. K$_3$PO$_4$, 1,4-Dioxan / Wasser (1.7 / 0.3 mL), 60 °C; **E**: 3.0 Äquiv. KF, Toluol / Wasser (1.5 / 0.5 mL), 60 °C; **F**: Toluol / Wasser (3.0 / 0.15 mL), 100 °C. [a] GC-Ausbeuten mittels internem Standard *n*-Dodecan bestimmt; [b] Rhodium-Quelle (4 mol%), Ligand (4 mol%); [c] Palladium-Komplex (0.5 mol%).

Phenylboronsäure (**4.4-10**)[168c,169] lieferte in Gegenwart von RhCl$_3$ / Biphephos (**4.4-8**) als Katalysator selbst unter Zusatz einer Hydroxidbase lediglich Spuren des gewünschten β-Phenylhexansäureesters **4.4-15a** (Einträge 1 und 2). Mit dem Trifluorboratsalz **4.4-10**[181] wurden moderate Ausbeuten von bis zu 53 % erhalten, wenn [Rh(Cl)(cod)]$_2$ / Biphephos (**4.4-8**) in einer Toluol / Wasser-Mischung bei 110 °C zugeben war (Einträge 3 bis 5). Die Aktivierung des als MIDA-Ester geschützten Boronsäure-Äquivalents **4.4-12**[182] gelang nicht mit Rh(acac)(CO)$_2$ / Biphephos (**4.4-8**) in Gegenwart einer Phosphatbase; jedoch verlief die Reaktion nach Austauschen der Rhodium-Quelle gegen [Rh(Cl)(cod)]$_2$ erfolgreich mit einer Ausbeute von 79 % (Einträge 6 und 7). Ein ähnlich gutes Resultat wurde unter Einsatz des gleichen Katalysators mit dem Boroxin **4.4-13**[183] erreicht (Eintrag 8).

Die besten Resultate für die β-Arylierung von **4.4-1e** wurden mit Natriumtetraphenylborat (**4.4-14a**)[184] erreicht: Der Katalysator Rh(cod)(acac) / Biphephos (**4.4-8**) lieferte in einer Toluol / Wasser-Mischung (20:1) das gewünschte Produkt **4.4-15a** zunächst in einer Ausbeute von 73 %; dieses Ergebnis konnte durch die Erhöhung der eingesetzten Äquivalente an **4.4-14a** bis auf eine nahezu quantitative Ausbeute gesteigert werden (Einträge 9 und 10). Die analoge Reaktion mit der Katalysatorkombination Rh(cod)(acac) / [Pd(µ-Br)^{t}Bu$_3$P]$_2$ ergab statt des Arylierungsproduktes nur das unveränderte Edukt ohne Anzeichen von Isomerisierung (Eintrag 11). Scheinbar inhibiert das Palladium-Dimer die Additionsreaktion, möglicherweise durch Koordination an den Bisphosphit-Liganden, wodurch dieser nicht mehr für das Rhodium zur Verfügung steht. Der Palladiumkatalysator hingegen ist unter den Reaktionsbedingungen im Zweiphasensystem Toluol / Wasser für die Michael-Addition nicht mehr isomerisierungsaktiv – dies liegt wahrscheinlich in seiner Wasserempfindlichkeit begründet.

Theoretisch sollte die Additionsreaktion aus den prochiralen Michael-Systemen zu einem Produktgemisch aus Enantiomeren führen. Um dies ohne stereodifferenzierende Analysemethoden (z. B. chirale HPLC oder GC) zu überprüfen, musste ein bereits optisch aktives Substrat mit der Möglichkeit zu Diastereomerenbildung bei der 1,4-Addition eingesetzt werden. Hierzu wurde der optisch aktive, α,β-ungesättigte Menthylester **4.4-1f** synthetisiert. Die gängige Veresterungsmethode unter Schwefelsäurekatalyse führte hierbei nicht zum Erfolg, sodass auf die DCC-vermittelte Kupplung von (*E*)-2-Hexensäure und (*L*)-Menthol zurückgegriffen wurde. Diese lieferte den Ester **4.4-1f** nach Säulenchromatographie in einer Ausbeute von 50 %. Die Michael-Addition von Natriumtetraphenylborat (**4.4-14a**) an dieses Substrat gelang in Gegenwart katalytischer Mengen des zuvor identifizierten Rh(cod)(acac) / Biphephos (**4.4-8**)-Systems in einer Toluol / Wasser-Mischung bei 100 °C (Schema 55). Das gewünschte Produkt **4.4-15b** wurde in einer Gesamtausbeute von 91 % isoliert und lag, wie erwartet,

4.4 RHODIUM-KATALYSIERTE ISOMERISIERENDE MICHAEL-ADDITION

als Mischung zweier Diastereomeren im Verhältnis von ca. 1:1 vor. Die Analyse des Produktgemisches wurde per GC und NMR vorgenommen; beide Analysemethoden lieferten isolierte Signale für jede der beiden Verbindungen. Die Entwicklung einer enantio- oder diastereoselektiven Modifikation der Michael-Addition könnte langfristig mit Hilfe chiraler Liganden auf Basis der Biphephos-Struktur (**4.4-8**) gelingen (siehe Kapitel 4.4.13).

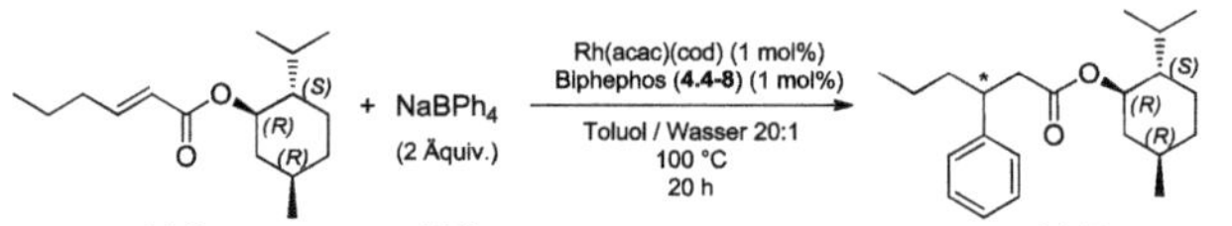

Schema 55. Diastereomerenbildung bei der Michael-Addition von **4.4-14a** an den chiralen Ester **4.4-1f**.

Die erfolgreich abgeschlossene Identifizierung einer geeigneten Kombination aus Aryl-Quelle, bifunktionellem Rhodiumkatalysator und optimalen Reaktionsbedingungen für die Michael-Addition an präformierte α,β-ungesättigte Ester legt den Grundstein für den finalen Schritt der angestrebten Methodenentwicklung: Die Übertragung der Reaktion auf ungesättigte Substrate mit anderen Doppelbindungspositionen, wobei nur die Kombination von Isomerisierung und 1,4-Addition zur Produktbildung führt.

4.4.7 Optimierung der isomerisierenden Michael-Addition von Arylnucleophilen

Ausgehend von einem effektiven bifunktionellen Katalysator für die Michael-Addition von Arylnucleophilen rückte die geplante isomerisierende β-Funktionalisierung ungesättigter Fettsäureester in greifbare Nähe. Da sich das Konzept des dynamischen Isomerisierungsgleichgewichtes bereits als belastbar erwiesen hatte (siehe Kapitel 4.4.5), sollte die Position der Doppelbindung im Edukt keine Rolle spielen. Tatsächlich ergab die Umsetzung des terminal ungesättigten Hexensäureesters **4.4-1g** anstelle des 2-Enoats **4.4-1e** mit Natriumtetraphenylborat (**4.4-14a**) bereits das gewünschte Arylierungsprodukt **4.4-15a** in einer vielversprechenden Ausbeute von 65 % (Tabelle 18, Eintrag 1). Das verbleibende Edukt lag dabei nach der Reaktion als Isomerengemisch vor, was für das Vorliegen des Gleichgewichtszustandes spricht, aus dem das α,β-ungesättigte Isomer durch Michael-Addition der Arylborverbindung entzogen und ständig nachgeliefert wird. Systematische Studien ergaben, dass Rh(cod)(acac) am besten als Rhodium-Quelle geeignet ist und in Verbindung mit dem Biphephos-Liganden (**4.4-8**) die höchsten Ausbeuten liefert. Andere Rhodium-Vorstufen waren weniger effektiv, darunter verbrückte Rh(I)- und Rh(II)-Komplexe (Einträge 2, 3, 6 bis 8, 23 bis 26). Ein ähnliches Bild boten weitere Phosphit- und Phosphinliganden, wie Triallylphosphit, Trisneopentylphosphit, Monophos und Binap, die nur moderate Ausbeuten an **4.4-15a** lieferten (Einträge 4, 5, 10 bis 12). Die Reaktionen ohne Liganden, ohne Rhodium oder unter Luftsauerstoff brachten keinen Umsatz und unterstreichen die einzigartige Reaktivität des Rhodium-Bisphosphit-Komplexes unter Inertbedingungen (Einträge 9, 13 und 14). Die Zugabe organischer oder anorganischer Basen führte zu deutlich geringeren bzw. nur leicht höheren Ausbeuten (Einträge 15 bis 17); zugesetzte Fluorid-Quellen führten allerdings zu deutlich verringerten Ausbeuten (Einträge 18 und 19). Hieraus lässt sich schließen, dass die Übertragung des Arylrestes bereits ohne zusätzliche Aktivierung der Arylborverbindung durch F⁻-Ionen abläuft (für mechanistische Betrachtungen siehe Kapitel 4.4.9).

Tabelle 18. Optimierung der isomerisierenden Michael-Addition von Arylnucleophilen an ungesättigte Ester.

#	Rh-Quelle (mol%)	4.4-14a (Äquiv.)	Addit. (Äquiv.)	Ausb. (%)[a]
1	Rh(cod)(acac) (1.5)	1.5	–	65
2	Rh(cod)(acac) (1.0)	"	–	57
3	[Rh(μ-Cl)(cod)]$_2$ (0.5)	"	–	40
4	"	"	–	40[b]
5	"	"	–	0[c]
6	[Rh(μ-Cl)(1,5-Hex)]$_2$ (0.5)	"	–	18
7	Rh(acac)(CO)$_2$ (1.0)	"	–	23
8	[Rh(μ-OH)cod)]$_2$ (0.5)	"	–	38
9	–	"	–	0
10	Rh(cod)(acac) (1.5)	"	–	0[b]
11	"	"	–	42[d]
12	"	"	–	37[e]
13	"	"	–	0[f]
14	"	"	–	0[g]
15	"	"	K$_2$CO$_3$ (1.5)	7

4.4 RHODIUM-KATALYSIERTE ISOMERISIERENDE MICHAEL-ADDITION

#	Rh-Quelle (mol%)	4.4-14a (Äquiv.)	Addit. (Äquiv.)	Ausb. (%)[a]
16	"	"	NEt$_3$ (1.5)	69
17	"	"	LiOH (1.5)	75
18	"	"	KF (1.5)	39
19	"	"	KHF$_2$ (1.5)	48
20	"	"	TBAB (0.2)	34
21	"	"	BTEAB (0.2)	49
22	Rh(cod)(acac) (1.5)	2.0	–	95 (89)[h]
23	[Rh(OAc)$_2$]$_2$ (2.0)	"	–	39[i]
24	[Rh(OCCF$_3$)$_2$]$_2$ (2.0)	"	–	56[i]
25	Rh(cod)$_2$OTf (4.0)	"	–	31[i]
26	Rh(Nor)$_2$OTf (4.0)	"	–	48[i]

Reaktionsbedingungen: 5-Enoat **4.4-1f** (0.5 mmol), Biphephos-Ligand (**4.4-8**, 1.5 mol%) wenn nicht anders angegeben, Toluol / Wasser (3.0 / 0.15 mL), 100 °C, 20 h, Argonatmosphäre wenn nicht anders angegeben. [a] GC-Ausbeuten mittels internem Standard *n*-Dodecan bestimmt; [b] P(OAllyl)$_3$ (3 mol%) als Ligand; [c] P(OCH$_2$^{i}Bu)$_3$ (2 mol%) als Ligand; [d] Monophos (1.5 mol%) als Ligand; [e] Binap (1.5 mol%) als Ligand; [f] Reaktion ohne Ligand; [g] Reaktion an Luft; [h] Isolierte Ausbeute; [i] Reaktionszeit 36 h.

Ammonium-basierte Phasentransferkatalysatoren bewirkten keine Ausbeutesteigerung, da die Löslichkeit des Boratsalzes **4.4-14a** im zweiphasigen Reaktionsmedium wahrscheinlich ausreichend hoch ist (Einträge 20 und 21). Die Durchführung der Reaktion in Lösemittelgemischen mit anderen Polaritätseigenschaften, z. B. Chlorbenzol / Wasser oder Diphenylether / Wasser, brachte keine Verbesserung der Ausbeute. Diese hängt stark von der Menge an eingesetztem Kupplungspartner ab: Die besten Ergebnisse wurden mit zwei Äquivalenten an **4.4-14a** erreicht, unter diesen Bedingungen wurde das gewünschte Produkt **4.4-15a** nach Säulenchromatographie in einer Ausbeute von 89 % isoliert (Eintrag 22). Kontrollversuche mit Rh(II)-Quellen und kationischen Rh(I)-Komplexen, teils mit nicht-koordinierenden Anionen und sehr schwach koordinierenden Olefinen, brachten selbst bei hohen Katalysatorbeladungen keine Verbesserung (Einträge 23 bis 26).

Nach gelungener Entwicklung und Optimierung der Rhodium-katalysierten Tandemreaktion unter milden Bedingungen war es nun von Interesse, die Anwendungsbreite der neuen Transformation auf möglichst viele unterschiedliche Fettsäureester und Arylborate zu untersuchen.

4.4.8 Anwendungsbreite der isomerisierenden Michael-Addition von Arylnucleophilen

Die Abdeckung eines möglichst breiten Substratspektrums soll die generelle Anwendbarkeit der vorgestellten isomerisierenden Michael-Addition unterstreichen. Zum einen wurden ungesättigte Ester mit verschiedenen Doppelbindungspositionen, -geometrien und Kettenlängen sowie unterschiedlichen Alkoxygruppen evaluiert, zum anderen wurde die Variation des Arylrestes mit verschiedenen funktionellen Gruppen untersucht (Tabelle 19). Sehr gute Ausbeuten wurden bei der Reaktion der Penten- bzw. Hexensäureester **4.4-1h** und **4.4-1f** zu den entsprechenden β-Phenylpentansaäure- bzw. β-Phenylhexansäureestern **4.4-15c** und **4.4-15a** erreicht. Das vorgestellte Verfahren lässt sich zu präparativen Zwecken problemlos auch in größerem Maßstab durchführen: **4.4-15a** wurde in einer Ausbeute von 80 % im Multi-Gramm-Maßstab isoliert.

Die Leistungsfähigkeit der Methode wird darüber hinaus an der erfolgreichen Umsetzung des aus der Pyrolyse von Rizinusöl stammenden, terminal ungesättigten 10-Undecensäureesters **4.4-1i** deutlich, bei dem 17 Isomere möglich sind und die Doppelbindung über acht Positionen wandern muss: das Produkt **4.4-15d** wurde in einer Ausbeute von 63 % isoliert. Ein vergleichbares Ergebnis wurde erhalten, als das (*E*)-konfigurierte, intern ungesättigte Substrat **4.4-1j** mit Tetraphenylborat **4.4-14a** zum β-Phenyldecansäureester **4.4-15e** gekuppelt wurde.

Je länger die aliphatische Kette der Substrate, desto größer ist die Anzahl der möglichen Positions- und Stereoisomere – mehr als dreißig im Extremfall des Ölsäureethylesters (**4.4-1d**). Dieser ist aus dem nachwachsenden Rohstoff Sonnenblumenöl zugänglich und wurde mit der neuen Methode in einer Ausbeute von 30 % in das bisher unbekannte, bei Raumtemperatur feste β-Phenyloctadecanoat **4.4-15f** überführt. Dies ist insofern ein beachtliches Ergebnis, als das analoge Experiment, die reine Michael-Addition von Natriumtetraphenylborat (**4.4-14a**) an das α,β-ungesättigte Isomer **4.4-1b** unter identischen Bedingungen, das gleiche Produkt **4.4-15f** in einer Ausbeute von 60 % liefert. Der reine Additionsschritt ist also für solch langkettige Substrate erschwert und führt dementsprechend als Abfangreaktion aus dem Gleichgewichtszustand heraus zu verringerten Ausbeuten. Dennoch ist dieses Resultat ein wichtiger Schritt auf dem Weg zur Veredelung natürlicher Substrate in neue, bio-basierte Wertstoffe.

4.4 RHODIUM-KATALYSIERTE ISOMERISIERENDE MICHAEL-ADDITION

Tabelle 19. Anwendungsbreite der isomerisierenden Michael-Addition von Arylnucleophilen.

Ester	Arylborat	Produkt	Ausb. (%)[a]
4.4-1g	NaBPh$_4$ (4.4-14a)	4.4-15a	89 (91)
4.4-1h	4.4-14a	4.4-15c	81 (86)
4.4-1i	4.4-14a	4.4-15d	63 (68)
4.4-1j	4.4-14a	4.4-15e	60 (68)
4.4-1d	4.4-14a	4.4-15f	30 (31)[b]
4.4-1k	4.4-14a	4.4-15g	62 (65)
4.4-1l	4.4-14a	4.4-15h	45 (51)

Ester	Arylborat	Produkt	Ausb. (%)[a]
4.4-1g	KB(p-ClC$_6$H$_4$)$_4$ (4.4-14b)	4.4-15i	56 (59)[c]
4.4-1g	NaB(2-Nap)$_4$ (4.4-14c)	4.4-15j	44 (49)
4.4-1g	NaB(p-Tolyl)$_4$ (4.4-14d)	4.4-15k	92 (98)
4.4-1g	NaB(m-CF$_3$C$_6$H$_4$)$_4$ (4.4-14e)	4.4-15l	70 (94)[b]
4.4-1g	NaB(p-MeOC$_6$H$_4$)$_4$ (4.4-14f)	4.4-15m	50 (56)[b]
4.4-1g	KB(2-Thienyl)$_4$ (4.4-14g)	4.4-15n	(14)[b,c]
4.4-1m	4.4-14a	4.4-15o	0

4.4 RHODIUM-KATALYSIERTE ISOMERISIERENDE MICHAEL-ADDITION

Ester	Arylborat	Produkt	Ausb. (%)[a]
4.4-1n	4.4-14a	4.4-15p	0
4.4-1o	4.4-14a	4.4-15q	0

2-Nap = 2-Naphthyl. *Reaktionsbedingungen*: Ester **4.4-1** (1.0 mmol), Tetraarylborat **4.4-14** (2.0 mmol), Rh(cod)(acac) (1.5 mol%), Biphephos (**4.4-8**, 1.5 mol%), Toluol / Wasser (3.0 / 0.15 mL), 100 °C, 20 h, Argonatmosphäre. [a] isolierte Ausbeuten, GC-Ausbeute in Klammern angegeben; [b] Reaktion mit einer Katalysatorbeladung von 3.0 mol%; [c] Zusatz von 18-Krone-6 (2.0 Äquiv.).

Eine Herausforderung für Michael-Additionen sind Substrate mit sterisch aufwändigen Alkoxygruppen oder Substituenten in β-Position der Alkylkette. Unter den optimierten Bedingungen gelang die Umsetzung des Isopropylesters **4.4-1k** in das entsprechende β-arylierte Produkt **4.4-15g** in einer Ausbeute von 62 %. Die Reaktion des β-methylierten Pentensäureesters **4.4-1l**, der als Racemat eingesetzt wurde, lieferte den α,β-disubstituierten Ethylester **4.4-15h** als Diastereomerenmischung in einer Ausbeute von 45 %. In der Regel sind Natriumtetraarylborate besser wasserlöslich als die entsprechenden Kaliumsalze. Im Falle des chlor-substituierten Arylborats **4.4-14b** war lediglich das Kaliumsalz verfügbar und lieferte den β-Arylester **4.4-15i** in einer moderaten Ausbeute von 50 %. Durch Zugabe des Kalium-komplexierenden Ethers [18]-Krone-6 wurde dieser Wert auf 59 % gesteigert. Das Produkt **4.4-15i** ist interessant für weitere Funktionalisierungen durch Kreuzkupplungsreaktionen, deren Ansatzpunkt der *p*-chlorierte, elektronenreiche Aromat sein kann.

Weitere Variationen der Aryleinheit sind möglich, was anhand der Synthese der β-(2-Naphthyl)- und β-(*p*-Tolyl)-substituierten Produkte **4.4-15j** und **4.4-15k** demonstriert wurde – die isolierten Ausbeuten betrugen hierbei 44 und 92%. Die

Toleranz gegenüber funktionellen Gruppen ist ein weiteres wichtiges Kriterium für die breite Anwendbarkeit einer Methode: Die elektronenarme (Trifluormethyl)phenyl-Einheit konnte erfolgreich vom Boratsalz **4.4-14e** auf den Hexensäureester **4.4-1g** übertragen werden und lieferte das Produkt **4.4-15l** in einer Ausbeute von 70 %. Auch die Synthese des Methoxy-funktionalisierten Esters **4.4-15m** gelang ausgehend von **4.4-1g** und dem elektronenreichen Tetraarylborat **4.4-14f** in einer Ausbeute von 50 %, wodurch die Kompatibilität des neuen Protokolls mit Ethergruppen gezeigt wurde.

Die Untersuchung heterocyclischer Arylnucleophile, wie Tetrakis(2-thienyl)borat **4.4-14g**, ergab immerhin eine geringe Ausbeute des gewünschten 2-Thienylesters **4.4-15n**. In diesem Fall konnte durch höhere Katalysatorbeladungen oder Zusatz von Kronenether keine Verbesserung erreicht werden; diese momentane Limitierung könnte das Ziel zukünftiger Methodenoptimierungen sein. Eine weitere interessante Anwendung des Verfahrens ist die Synthese arylsubstituierter, alicyclischer Verbindungen, wie **4.4-15o** und **4.4-15p**. Bisher war es jedoch nicht möglich, unter den gegebenen Bedingungen das ungesättigte Lacton **4.4-1m** oder den Cyclohexencarbonsäureester **4.4-1n** mit **4.4-14a** umzusetzen; ein Grund hierfür könnte die für eine 1,4-Addition ungünstige Konformationsgeometrie der Ringsysteme sein. Vielversprechend ist hierbei der Befund, dass die Edukte nach der Reaktion als Isomerengemisch vorlagen, die Doppelbindung somit durch die eingesetzten Katalysatoren verschoben wurde und die Substrate damit prinzipiell in einer isomerisierenden Michael-Addition gekuppelt werden können. Eine Herausforderung für die vorgestellte Methode sind der (Perfluorethyl)hexensäureester **4.4-1o** und dessen Stabilität unter den Reaktionsbedingungen: Statt des gewünschten fluorierten Produktes **4.4-15q** wurde die Zersetzung des Eduktes beobachtet.

Ein interessanter Aspekt dieser isomerisierenden Reaktion ist der Zusammenhang zwischen der relativen Stabilität des eingesetzten Isomers und seiner Reaktivität. Je energetisch günstiger die Position der Doppelbindung im Edukt, desto schwieriger sollte die katalytische Tandemreaktion sein. Die Umsetzung von 5-Methyl-5-hexensäureethylester **4.4-1p**, dessen Doppelbindung durch den Methylsubstituenten stabilisiert und zudem sterisch abgeschirmt ist, mit Arylborat **4.4-14a** lieferte lediglich 11 % des entsprechenden β-Phenylesters **4.4-15r** (Schema 56). Wiederum lag das Edukt nach der Reaktion als Mischung von Doppelbindungsisomeren vor, sodass der Rhodium-Bisphosphit-Katalysator grundsätzlich in der Lage ist, die Doppelbindung aus ihrer thermodynamisch

4.4 RHODIUM-KATALYSIERTE ISOMERISIERENDE MICHAEL-ADDITION

bevorzugten 5-Position zu verschieben. Um auch solche Substrate effektiv in die gewünschten Kupplungsprodukte umzuwandeln, sind weitere Entwicklungsarbeiten notwendig; zudem kann bei dieser Substratklasse die Prochiralität der Doppelbindung zur Erzeugung neuer Stereozentren ausgenutzt werden.

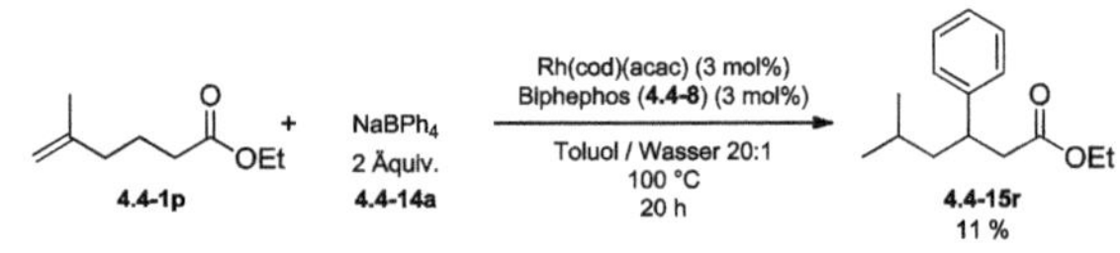

Schema 56. Isomerisierende Michael-Addition von **4.4-14a** an den terminal ungesättigten Ester **4.4-1p**.

Die Anwendung der vorgestellten Transformation zur Synthese kettenverzweigter Fettsäureester aus preiswerten Pflanzenölen wäre mit einer großen Wertschöpfung verbunden. Hierzu müsste die Übertragung einer Alkylgruppe von Bor auf Rhodium gelingen, um β-alkylierte, gesättigte Ester zugänglich zu machen. Der erste Schritt in diese Richtung ist die separate Untersuchung des Additionsschrittes anhand der Reaktion des α,β-ungesättigten Modellsubstrates **4.4-1q** mit einem Überschuss des Tetraalkylborats **4.4-14f** analog zur Michael-Addition von Arylnucleophilen (Schema 57).

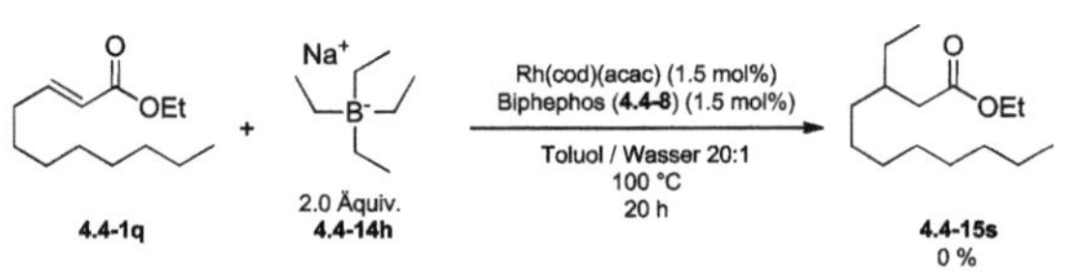

Schema 57. Angestrebte Rhodium-katalysierte Michael-Addition von Alkylnucleophilen.

Es wurden Experimente in reinem Toluol, im zweiphasigen Toluol / Wasser-Gemisch und unter Zusatz von organischen oder anorganischen Basen durchgeführt, allerdings wurde in allen Fällen statt des gewünschten Produktes **4.4-15s** lediglich das Edukt **4.4-1q** zurückgewonnen. Der Grund hierfür könnte die Reaktivität des sauerstoff- und wasserempfindlichen Tetraalkylborats **4.4-14h** sein, das zur β-Hydrideliminierung neigt und daher nicht für eine Transmetallierung auf den Rhodiumkatalysator zur Verfügung steht. Zur Anwendung der isomerisierenden Michael-Addition auf diese Substratklasse muss ein Verfahren zur Kupplung von Alkylborverbindungen an α,β-ungesättigte Ester *via* 1,4-Addition entwickelt und anschließend mit der katalytischen Doppelbindungsmigration kombiniert werden, für die eine Reihe von Katalysatoren bereitsteht. Zur weiteren Verbesserung der Methode und zur Erschließung neuer Anwendungsbereiche ist die Kenntnis mechanistischer Details der Tandemreaktion von Vorteil; dabei ist die effiziente Kombination zweier Katalysecyclen entscheidend.

4.4.9 Mechanistische Aspekte

Eine plausible Erklärung der Produktbildung vom ungesättigten Edukt **4.4-1** zum β-arylierten Produkt **4.4-15** schließt zwei miteinander kooperierende Katalysecyclen ein (Schema 58): Der erste für die Isomerisierung (**A**), der zweite für die Michael-Addition (**B**). Die katalytische Doppelbindungsmigration des Esters **4.4-1** wird durch die Koordination der C=C-Doppelbindung an den Rhodium-Komplex **I** initiiert, wodurch das Addukt **II** entsteht. Dieses durchläuft eine C-H-Insertion des Metallzentrums in die olefinische Doppelbindung, gefolgt von einer Umlagerung zur π-Allylspezies **III**. Durch β-Hydrideliminierung entsteht das Intermediat **IV**, bei dem die Doppelbindung bereits um eine Position verschoben ist. Der isomerisierte Ester **V** löst sich aus diesem Komplex, regeneriert die aktive Spezies **I** und schließt damit den Katalysecyclus **A**.

Die Reversibilität der Isomerisierung wird besonders deutlich an dem bereits beschriebenen Experiment, bei dem die beiden Octadecensäureester-Isomere **4.4-1b** und **4.4-1d** – mit einer Doppelbindung an C_2 bzw. C_9 – durch katalytische Isomerisierung in ein Gemisch mit jeweils identischer Zusammensetzung überführt werden (siehe Kapitel 4.4.5). Aufgrund der reversiblen Natur eines jeden Schrittes in diesem Isomerisierungsprozess kann die Doppelbindung ebensogut in die andere Richtung wandern – zielführend ist jedoch nur die gezeigte Migration in Richtung der Carboxylgruppe. Nur das Isomer mit der konjugierten Doppelbindung kann in den zweiten Katalysecyclus eintreten und wird dort irreversibel funktionalisiert.

Cyclus **B** beginnt mit der Aktivierung der Rhodiumvorstufe durch Ligandenaustausch von Acetylacetonat mit Wasser, wobei ein Rhodiumhydroxid **VIII** entsteht; ein ähnlicher Aktivierungsschritt ist für die Rhodium-katalysierte 1,4-Addition von Arylboronsäuren beschrieben.[185] Das Tetraarylborat **4.4-14** überträgt eine Arylgruppe auf das Metallzentrum, es bilden sich Komplex **IX** und als Nebenprodukte das entsprechende Metallhydroxid und Triarylboran. Im nächsten Schritt erfolgt die eigentliche Michael-Addition des Arylrestes von **X** auf das zuvor *in situ* gebildete α,β-ungesättigte System **VI**. Das resultierende, noch an

4.4 RHODIUM-KATALYSIERTE ISOMERISIERENDE MICHAEL-ADDITION

Rhodium gebundene Enolat **VII** wird durch Wasser in das gewünschte Produkt **4.4-15** umgewandelt und regeneriert im gleichen Schritt den aktiven Katalysator **VIII**.

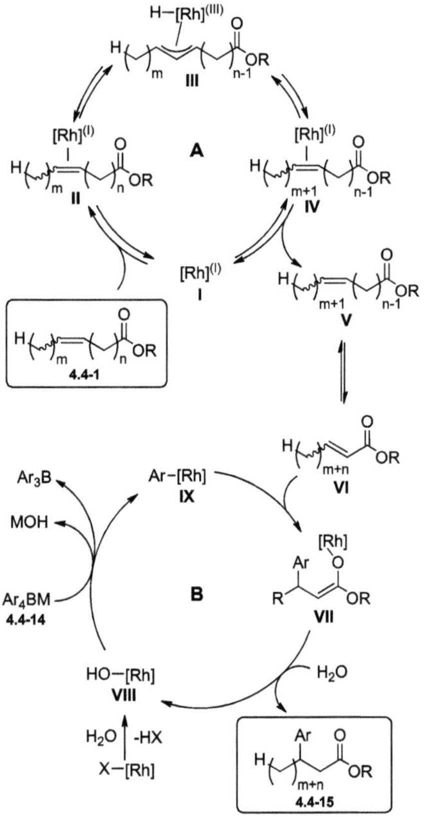

Schema 58. Postulierter Mechanismus der isomerisierenden Michael-Addition von Arylnucleophilen. [Rh] = L_nRh, X = acac.

Die einzigartige Reaktivität des Biphephos-Liganden ergibt sich aus seinem Elektronenreichtum und seiner sterischen Abschirmung, wodurch der Isomerisierungsprozess am Metallzentrum ungestört ablaufen kann. Am dreidimensionalen Modell des aktiven Katalysators sieht man deutlich die geschützte Bindungsstelle am Rhodiumatom, an die das Olefin koordinieren kann (Abbildung 24).

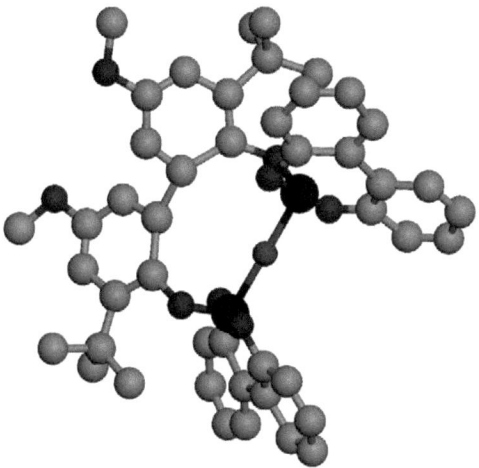

Abbildung 24. Dreidimensionales Modell des postulierten aktiven Rhodium-Bisphosphit-Komplexes für die Olefinisomerisierung. Weitere Liganden (cod, acac) sind nicht dargestellt.

Der dargelegte Mechanismus für die Reaktion von Arylnucleophilen lässt sich theoretisch auf andere Nucleophile übertragen; die Untersuchung der Umsetzbarkeit ähnlicher isomerisierender Michael-Additionen wird im Folgenden beschrieben.

4.4.10 Entwicklung einer isomerisierenden Aza-Michael-Addition

Auf der Grundlage der beschriebenen isomerisierenden 1,4-Addition von Arylnucleophilen scheint es möglich, eine analoge Methode zur Umsetzung anderer Nucleophile zu entwickeln. Gelänge dies mit Aminen, ließen sich in einem Schritt wertvolle β-Aminofettsäureester aus ungesättigten Alkylcarboxylaten gewinnen.[186] Für die Entwicklung dieser sogenannten Aza-Michael-Addition dient das Konzept der separaten Untersuchung der Einzelschritte, d. h. Isomerisierung und 1,4-Addition an präformierte α,β-ungesättigte Substrate, als Leitlinie (siehe Kapitel 4.1). Der Additionsschritt wird üblicherweise durch Lewis-Säuren katalysiert, die allerdings den Isomerisierungskatalysator stören könnten; einen ähnlichen Inhibierungseffekt könnten die in der Reaktionsmischung anwesenden Stickstoffnucleophile durch Koordination an das Übergangsmetallzentrum haben.

4.4 RHODIUM-KATALYSIERTE ISOMERISIERENDE MICHAEL-ADDITION

Zunächst wurde ein Protokoll zur direkten, nicht-isomerisierenden 1,4-Addition von Am-inen an Michael-Systeme entwickelt. Die Reaktion des α,β-ungesättigten Esters **4.4-1r** mit Pyrrolidin (**4.4-16a**) diente als Modell zur Untersuchung mehrerer Katalysatoren und verschiedener Reaktionsbedingungen (Tabelle 20). Bekanntermaßen laufen Aza-Michael-Additionen für bestimmte Substrate auch unkatalysiert ab: In Abwesenheit eines Katalysators wurde der β-Aminoester **4.4-17a** in einer Ausbeute von 72 % nach 20 h bei 100 °C erhalten (Eintrag 1). Die Zugabe katalytischer Mengen an Lewis-Säuren, z. B. Übergangsmetalltriflate oder Ruthenium(III)-chlorid, hatte nicht den gewünschten positiven Effekt (Einträge 2 bis 7); RuCl₃ lieferte dabei nur mit einer hohen Katalysatorbeladung eine verbesserte Ausbeute.

In keiner dieser Reaktionen wurde eine Doppelbindungsisomerisierung beobachtet, sodass das nicht umgesetzte Edukt unverändert und nicht als Isomerenmischung nachgewiesen wurde. Dies änderte sich, als Isomerisierungskatalysatoren zugesetzt wurden: Die Ausbeuten wurden in Gegenwart von RhCl₃·3 H₂O in Toluol oder Ethanol sowie Rh(cod)(acac) / Biphephos (**4.4-8**) mit 47, 27 und 24 % deutlich geringer, zudem wurden Doppelbindungsmigrationen detektiert (Einträge 8 bis 10). Eine mögliche Interpretation dieses Befundes ist die schnelle Isomerisierung des Eduktes in eine Gleichgewichtsmischung, in der das für die Produktbildung benötigte α,β-ungesättigte Isomer in einer geringeren Konzentration vorliegt. In Ermangelung eines effektiven Additionskatalysators wurden dementsprechend geringere Ausbeuten erhalten. RhCl₃·3 H₂O und die Kombination Rh(cod)(acac) / Biphephos (**4.4-8**) sind also nicht geeignet, ungesättigte Ester in Gegenwart von Aminen effektiv zu isomerisieren. Die geringe Toleranz des RhCl₃-Systems gegenüber funktionellen Gruppen hatte sich bereits bei der Isomerisierung von Ethyloleat (**4.4-1d**) angedeutet (siehe Kapitel 4.4.5).

Tabelle 20. Katalysatorevaluierung für die Aza-Michael-Addition an den α,β-ungesättigten Ester **4.4-1r**.

Eintr.	Katalysator	Mol%	Ausb. (%)[a]
1	–	–	72
2	Yb(OTf)₃	10	55
3	Sc(OTf)₃	10	48

Eintr.	Katalysator	Mol%	Ausb. (%)[a]
4	Bi(OTf)$_3$	10	51
5	Cu(OTf)$_2$	10	71
6	AgOTf	10	69
7	RuCl$_3$	7	78
8	RhCl$_3$·3 H$_2$O	4	47
9	"	5	24[b]
10	Rh(cod)(acac) / **4.4-8**	1.5 / 1.5	27
11	Rh(acac)(CO)$_2$ / **4.4-8**	1.5 / 1.5	65
12	"	1.5 / 1.5	99[c]

Reaktionsbedingungen: 2-Enoat **4.4-1r** (0.5 mmol), Amin **4.4-16a** (2.0 Äquiv., wenn nicht anders angegeben), Toluol (2.0 mL), 100 °C, 20 h, Argonatmosphäre. [a] GC-Ausbeuten mittels internem Standard *n*-Dodecan bestimmt; [b] Reaktion in Ethanol (1.0 mL) ohne Ligand; [c] Es wurden 10 Äquiv. an **4.4-16a** eingesetzt.

Eine deutliche Verbesserung brachte ein Wechsel der Rhodium-Quelle zu Rh(acac)(CO)$_2$ und eine Erhöhung der zugesetzten Menge an Pyrrolidin (**4.4-16a**), um den Additionsschritt zu erleichtern: Der *in situ* aus Rh(acac)(CO)$_2$ und dem Bisphosphit-Liganden **4.4-8** gebildete Komplex lieferte das Produkt **4.4-17a** in quantitativer Ausbeute (Einträge 11 und 12). In diesem Zusammenhang wurden weitere Isomerisierungskatalysatoren untersucht, wie Fe(CO)$_5$, PdCl$_2$ und [Ru(CO)(PPh$_3$)$_3$]HCl, allerdings wurden bestenfalls geringe Ausbeuten erhalten; auch der Zusatz organischer oder anorganischer Basen brachte keine Verbesserung. Dies bestätigt die einzigartige, überlegene Reaktivität des Rhodium / Biphephos (**4.4-8**)-Systems und seine optimale Eignung als Katalysator für diese isomerisierende Funktionalisierung.

Da die Aza-Michael-Addition des Nucleophils in Gegenwart dieses effektiven Systems aus dem Gleichgewichtszustand heraus erfolgt, sollte die Position der Doppelbindung im Edukt keine Rolle mehr für die Produktbildung spielen. Diese These wurde durch ein Experiment bestätigt, in dem der terminal ungesättigter Pentensäureester **4.4-1h** unter den optimierten Bedingungen mit Pyrrolidin (**4.4-16a**) in nahezu quantitativer Ausbeute zum gewünschten β-Aminoester **4.4-17a** umgesetzt wurde. Basierend auf der gelungenen Umsetzung des Modellsubstrates sollte die Kupplung eine Reihe ungesättigter Ester mit verschiedenen Stickstoffnucleophilen, wie Aminen oder sogar Carbonsäureamiden, möglich sein.

4.4.11 Anwendungsbreite der isomerisierenden Aza-Michael-Addition

Die Anwendbarkeit der neuen Methode auf ein breites Substratspektrum wurde analog zur Addition von Arylnucleophilen untersucht (siehe Kapitel 4.4.8): Verschiedene ungesättigte Ester wurden mit primären und sekundären Aminen gekuppelt, darunter auch solche mit zusätzlichen funktionellen Gruppen. Die resultierende strukturelle Vielfalt der neuen Produkte unterstreicht die Anwendungsbreite der isomerisierenden Aza-Michael-Addition (Tabelle 21).

Tabelle 21. Anwendungsbreite der isomerisierenden Michael-Addition von Aminen an ungesättigte Ester.

#	Ester	Amin	Produkt	Ausb. (%)^a
1	4.4-1h	4.4-16b	4.4-17b	44 (46)
2	4.4-1h	4.4-16c	4.4-17c	62 (70)
3	4.4-1h	4.4-16a	4.4-17a	89 (99)
4	4.4-1h	4.4-16d	4.4-17d	74 (82)
5	4.4-1h	4.4-16e	4.4-17e	71 (86)

4 ERGEBNISSE UND DISKUSSION

#	Ester	Amin	Produkt	Ausb. (%)[a]
6	**4.4-1h**	4.4-16f	4.4-17f	47 (74)
7	4.4-1i	**4.4-16a**	4.4-17g	25 (31)
8	4.4-1d	**4.4-16a**	4.4-17h	17 (19)
9	**4.4-1h**	4.4-16g	4.4-17i	(49)[b]
10	**4.4-1h**	4.4-16h	4.4-17j	(48)[b]
11	**4.4-1h**	4.4-16i	4.4-17k	(58)[b]
12	**4.4-1g**	**4.4-16a**	4.4-17l	(55)
13	**4.4-1h**	4.4-16j	4.4-17m	(50)[b]

4.4 RHODIUM-KATALYSIERTE ISOMERISIERENDE MICHAEL-ADDITION

#	Ester	Amin	Produkt	Ausb. (%)[a]
14	4.4-1h	4.4-16k	4.4-5n	0
15	4.4-1m	4.4-16a	4,4-5o	0[b]
16	4.4-1h	4.4-16l	4.4-5p	0[b]
17	4.4-1h	4.4-16m	4.4-5q	0[b,c]
18	4.4-1h	4.4-16n,o	4.4-5r	0[b]

Reaktionsbedingungen: Ester **4.4-1** (0.5-1.0 mmol), Amin **4.4-16** (10.0 Äquiv.) Rh(acac)(CO)$_2$ (1.5 mol%), Biphephos (**4.4-8**, 1.5 mol%), Toluol (2.0 mL / mmol), 100 °C, 20 h, Argonatmosphäre. [a] isolierte Ausbeuten in %, GC-Ausbeute in Klammern angegeben; [b] Reaktion mit 4 mol% Ligand; [c] Zusatz organischer oder anorganischer Basen (NEt$_3$, DBU, oder K$_2$CO$_3$, jeweils 1.1 Äquiv.).

Die Kupplung des Pentensäureesters **4.4-1h** mit aliphatischen primären Aminen, wie Cyclohexylamin (**4.4-16b**) und *n*-Butylamin (**4.4-16c**), lieferte die entsprechenden β-Aminoester **4.4-17b** und **4.4-17c** in moderaten bis guten Ausbeuten (Einträge 1 und 2). Die alicyclischen Amine **4.4-16a** und **4.4-16d-e** wurden in hohen Ausbeuten von 71 % bis 89 % mit **4.4-1h** umgesetzt, wobei Amine mit einer Ringgröße von fünf Kohlenstoffatomen etwas bessere Resultate lieferten (Einträge 3 bis 5). Die Einführung einer zweiten Carboxylgruppe gelang in der Reaktion des funktionalisierten Piperidinderivats **4.4-16f** mit **4.4-1h** zum recht komplexen Dicarbonsäurediester **4.4-17f** (Eintrag 6).

Der längerkettige, terminal ungesättigte Ester **4.4-1i** mit seinen 17 möglichen Doppelbindungsisomeren lieferte eine bemerkenswerte Ausbeute von 25 % des β-Pyrro-lidinylundecansäureesters **4.4-17g** (Eintrag 7). Ausgehend von Ethyloleat (**4.4-1d**) wurde der entsprechende C_{18}-Aminoester **4.4-17h** isoliert und damit die prinzipielle Anwendbarkeit der Reaktion auf natürliche, ungesättigte Fettsäureester unterstrichen (Eintrag 8). Durch Optimierung der Reaktionsbedingungen könnte die Methode speziell für diese schwierigen Substrate angepasst werden.

Moderate Ausbeuten wurden für Morpholin (**4.4-16g**), Benzylamin (**4.4-16h**) und das langkettige Dodecylamin (**4.4-16i**) erhalten (Einträge 9 bis 11), ebenso bei der Kombination des C_6-Esters **4.4-1g** und Pyrrolidin (**4.4-16a**) (Eintrag 12). Bei der Reaktion des Diamins **4.4-16j** mit Ester **4.4-1h** entstand das Produkt **4.4-17m**, das eine interessante Struktur mit einem tertiären und einem sekundären Amin zusätzlich zur Carboxylgruppe aufweist (Eintrag 13).

Im Gegensatz zu basischen Aminogruppen, die für die Reaktion essentiell sind und damit zwingend toleriert werden, führt die Anwesenheit freier Hydroxygruppen mit aktiven Protonen zur vollständigen Inhibierung des Katalysators. In Gegenwart von Ethanolamin (**4.4-16k**) wurde keine Isomerisierung des Eduktes und dementsprechend keine Produktbildung beobachtet (Eintrag 14). Weitere Limitierungen der Methode sind das ungesättigte Lacton **4.4-1m**, bei dem die nucleophile Ringöffnung durch das Amin zur Amidbildung führen kann, und das sterisch äußerst anspruchsvolle Dicyclohexylamin **4.4-16l**, bei dessen Umsetzung mit **4.4-1h** lediglich die Edukte zurückerhalten wurden (Einträge 15 und 16). Auch im Falle des optisch aktiven (L)-Valinmethylesters **4.4-16m**, der bei erfolgreicher Kupplung interessante Aminodicarbonsäureester liefern würde, und für die Anilinderivate **4.4-16n,o** wurde kein Umsatz beobachtet (Einträge 17 und 18).

Ein interessanter Selektivitätsaspekt trat bei der Untersuchung langkettiger Ester mit langkettigen Aminen auf. Im Gegensatz zur Reaktion des C_5-Esters **4.4-1h** mit Dodecylamin (**4.4-16i**), die laut GC-Analyse eine Ausbeute von 58 % des Isomerisierungs-Michael-Additionsproduktes **4.4-17k** ergeben hatte, ließ sich bei der Umsetzung des C_{18}-Esters **4.4-1a** mit **4.4-16i** keine Doppelbindungsmigration feststellen. Statt des aus der angestrebten 1,4-Addition erwarteten Aminoesters **4.4-17t** wurde das aus der 1,2-Addition des langkettigen Amins resultierende Amid **4.4-18** in einer Ausbeute von 60 % erhalten (Schema 59).

4.4 RHODIUM-KATALYSIERTE ISOMERISIERENDE MICHAEL-ADDITION

Diese Bevorzugung der 1,2-Addition gegenüber dem Angriff am β-Kohlenstoffatom unter lösemittelfreien Bedingungen bestätigte sich in der analogen Kontrollreaktion mit dem präformierten α,β-ungesättigten C_{18}-Ester **4.4-1c**, die ebenfalls ausschließlich das entsprechende (*E*)-2-Octadecensäuredodecylamid (**4.4-19**) lieferte. Die entstehenden Amide inhibieren zusätzlich die Isomerisierungsaktivität des Rhodiumkatalysators.

Versuche, durch Erhöhung der Katalysatorbeladung und Zusatz organischer Basen (Amine, Alkoxide) oder anorganischer Basen (Carbonate, Hydroxide) die 1,4-Addition ggü. der Amidbildung auch bei tieferen Temperaturen zu begünstigen, führten nicht zum gewünschten Erfolg. Die Abspaltung des Alkohols scheint für langkettige Substrate durch das hydrophobe Reaktionsmedium stark begünstigt zu sein; Abhilfe könnte hier durch einen zusätzlichen Katalysator für die 1,4-Addition geschaffen werden, der jedoch mit dem Isomerisierungskatalysator kompatibel sein muss.

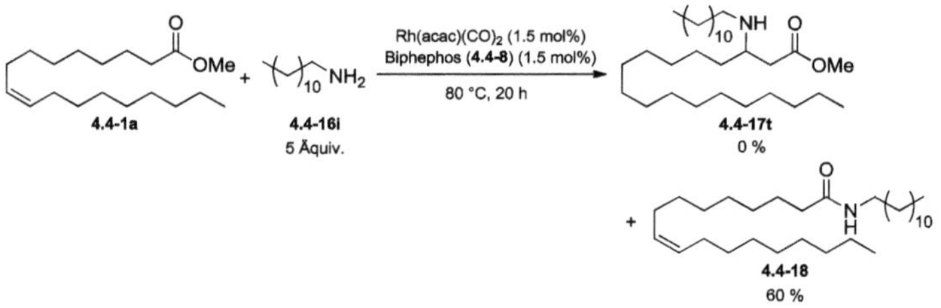

Schema 59. Amidbildung bei der Umsetzung des Esters **4.4-1a** mit dem langkettigen Amin **4.4-16i**.

Die Anwendung der isomerisierenden Aza-Michael-Addition auf aromatische Stickstoffnucleophile wurde ebenfalls untersucht. Aufbauend auf der erfolgreichen Aktivierung der Bor-Kohlenstoffbindung von Tetraarylboraten (siehe Kapitel 4.4.8) schien die Übertragung eines *N*-gebundenen Pyrazolsystems von Bor auf Rhodium zur anschließenden Michael-Addition möglich. An der Modellreaktion des ungesättigten Esters **4.4-1h** mit dem Tetrakis-Pyrazolylborat **4.4-14i** wurden mehrere Rhodiumkatalysatoren untersucht, die sich für die isomerisierende C-C- bzw. C-N-Bindungsknüpfung eignen: Rh(cod)(acac) und Rh(acac)(CO)$_2$ kamen jeweils in Verbindung mit Bisphophit **4.4-8** als Ligand zum Einsatz (Schema 60). Beide Katalysatoren waren in der Lage, das Edukt **4.4-1h** in Anwesenheit des Boratsalzes **4.4-14i** unter ähnlichen Bedingungen wie für die Michael-Addition von Arylnucleophilen zu isomerisieren. Das gewünschte Isomerisierungs-Additionsprodukt **4.4-17u** und damit die prinzipielle Machbarkeit dieser Transformation wurden bei Verwendung von Rh(acac)(CO)$_2$ nachgewiesen.

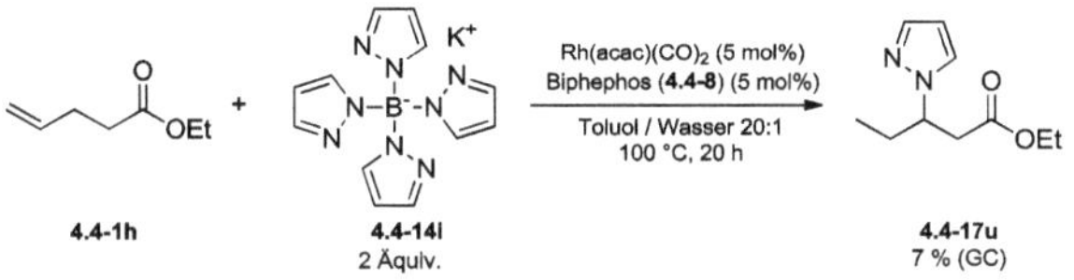

Schema 60. Rhodium-katalysierte isomerisierende C-N-Bindungsknüpfung mit aromatischem *N*-Nucleophil.

Um das Substratspektrum der Methode weiter auszuloten, wurde die Aktivierung von Carbonsäureamiden für die 1,4-Addition an ungesättigte Ester aus dem Isomerengleichgewicht heraus untersucht. Bisher ist lediglich die direkte Michael-Addition cyclischer und offenkettiger Amide an Acrylate beschrieben; als Katalysator dient Cäsiumfluorid in Gegenwart eines Tetraalkoxysilans als Mediator.[187] Die Kombination dieses Systems mit dem Katalysator für die isomerisierende Aza-Michael-Addition gelang bei 100 °C in Tol-uol: **4.4-1h** wurde mit 2-Piperidinon (**4.4-16p**) zum β-Amidocarbonsäureester **4.4-17v** umgesetzt, der in einer Ausbeute von 36 % isoliert wurde (Schema 61).

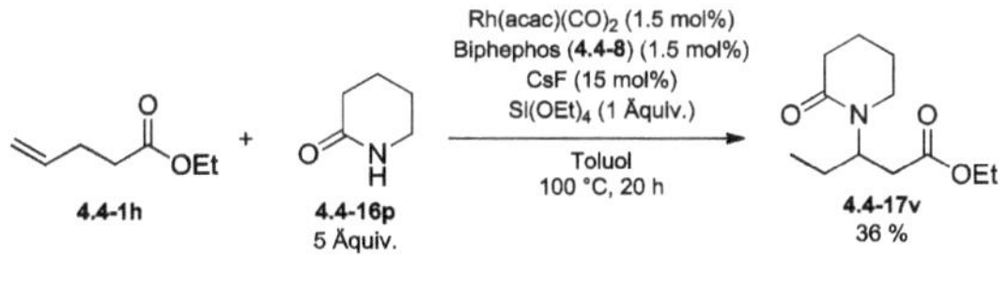

Schema 61. Aktivierung von 2-Piperidinon (**4.4-16p**) für die isomerisierende Michael-Addition an **4.4-1h**.

Weitere Derivate mit –CONHR-Einheit, wie Acetamid oder Benzamid, lieferten unter diesen Bedingungen bisher nur Spuren der entsprechenden Produkte, sodass noch Raum für Verfahrensoptimierungen bleibt.

4.4.12 Zusammenfassung

Mit dem Ziel, eine isomerisierende Michael-Addition von Nucleophilen an ungesättigte Fettsäureester zu entwickeln, wurden in systematischen Studien zunächst Übergangsmetallkatalysatoren für die effektive Isomerisierung von Olefinen in Gegenwart von Estergruppen identifiziert. Die besten Ergebnisse liefer-

4.4 RHODIUM-KATALYSIERTE ISOMERISIERENDE MICHAEL-ADDITION

ten RhCl$_3$, die Rhodiumkomplexe Rh(acac)(CO)$_2$ und Rh(cod)(acac) in Gegenwart des sterisch aufwändigen, bidentaten Biphephos-Liganden (**4.4-8**) sowie das Palladium-Dimer [Pd(μ-Br)P^{t}Bu$_3$]$_2$. Diese Katalysatoren ermöglichen die Überführung des ungesättigten Esters in eine thermodynamische Gleichgewichtsmischung aus Positions- und Stereoisomeren (durch GC und NMR-Spektroskopie bestätigt) unter milden Bedingungen und bei geringen Beladungen; zudem werden funktionelle Gruppen toleriert.

Um die Michael-Addition von Arylnucleophilen an das *in situ* erzeugte, im Gleichgewicht vorliegende α,β-ungesättigte Isomer zu ermöglichen, wurden bifunktionelle Katalysatoren entwickelt, die zugleich die Doppelbindungsmigration und den Additionsschritt vermitteln. Ausgehend von diesen Systemen wurde gezeigt, dass die Position der Doppelbindung im Edukt für die Effektivität der Reaktion keine Rolle spielt. Als optimale Quelle für die einzuführenden Arylgruppen erwiesen sich Tetraarylboratsalze. Durch Optimierung der Reaktionsbedingungen an Modellsubstraten gelang die effektive isomerisierende Michael-Addition von Arylnucleophilen an ungesättigte Ester. Das Substratspektrum der neuen Methode erstreckt sich über aliphatische Ester verschiedener Kettenlängen, Doppelbindungspositionen und -geometrien, sowie mit Substituenten in α-Position oder mit sterisch aufwändigen Alkoxygruppen. Die aromatischen Kupplungspartner können elektronenziehende oder elektronenschiebende funktionelle Gruppen tragen oder sogar bicyclischer Natur sein. Obwohl die Zahl der Isomere mit steigender Kettenlänge zunimmt und damit die Konzentration der α,β-ungesättigten Spezies im Gleichgewicht sinkt, konnte sogar Ethyloleat (**4.4-1c**) mit seinen 33 möglichen Isomeren erfolgreich in den gesättigten β-arylierten Ester überführt werden. Das ist als wichtiger Schritt zur Nutzbarmachung dieser nachwachsenden Rohstoffe für die Synthese funktionalisierter Moleküle zu sehen.

Die Übertragung der Methode auf Stickstoffnucleophile wurde durch Anpassung der Reaktionsbedingungen erreicht. Aus dem Isomerengleichgewicht heraus gelang die Kupplung ungesättigter Ester mit zahlreichen primären und sekundären Aminen, darunter alicyclische, offenkettige und Carboxy-substituierte. Die entstehenden aliphatischen β-Aminoester sind aufgrund ihrer Tensideigenschaften wertvolle Zwischenprodukte und können zudem weiter funktionalisiert werden. Die prinzipielle Machbarkeit der Aktivierung von Lactamen für die isomerisierende Aza-Michael-Addition wurde ebenfalls gezeigt: Mit Hilfe des Co-

Katalysators Cäsiumfluorid eröffnet sich ein neuer, einstufiger Zugang zu den bisher wenig beschriebenen β-Amidocarbonsäureestern.[188]

4.4.13 Ausblick

Entwicklung einer enantioselektiven Methode

Die bisher in racemischer Weise durchgeführte isomerisierende Additionsreaktion kann prinzipiell auch enantioselektiv verlaufen. Die prochirale C=C-Doppelbindung des *in situ* erzeugten α,β-ungesättigten Systems kann durch das Nucleophil von der Re- oder Si-Seite angegriffen werden. Die Stereodifferenzierung zur Synthese enantiomerenreiner, optisch aktiver Additionsprodukte kann am ehesten durch den Einsatz chiraler Liganden gelingen. Der Ansatzpunkt ist hierbei die einzigartige Struktur des Biphephos-Liganden (**4.4-8**), die durch Einführung von Stereozentren abgewandelt werden muss. Dies kann zum einen durch Einbau eines axial chiralen Biarylrückgrats geschehen (R^1 und R^4), zum anderen durch Verwendung asymmetrischer Bisphenolbausteine (R^2 und R^3), was zur Entstehung neuer Stereozentren an den Phosphoratomen führt (Schema 62).

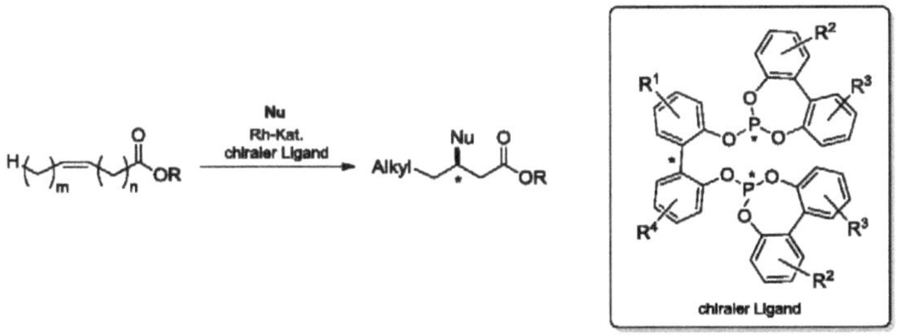

Schema 62. Mögliche enantioselektive isomerisierende Michael-Addition mit chiralem Liganden.

Diese zweite Strategie verspricht den größeren Erfolg für die Entwicklung einer stereoselektiven isomerisierenden Michael-Addition, da durch die räumliche Nähe der chiralen Donoratome eine effektivere Übertragung der stereochemischen Information vom katalytisch aktiven Rhodium-Bisphosphit-Komplex auf das intermediär koordinierte Substrat stattfinden kann. Auf diese Weise würde die bisher nicht beschriebene Produktklasse der optisch aktiven, β-funktionalisierten Fettsäureester erstmals auf direktem Wege zugänglich.

4.4 RHODIUM-KATALYSIERTE ISOMERISIERENDE MICHAEL-ADDITION

Erschließung weiterer Nucleophilklassen

Angesichts der verschiedenen Substrate, die bereits *via* isomerisierende 1,4-Addition mit ungesättigten Carbonsäureestern zu den entsprechenden β-funktionalisierten Produkten umgesetzt werden können, scheint die Erweiterung der Methodik auf weitere Nucleophilklassen möglich. Dabei kommen sowohl Schwefelnucleophile in Frage, wie Thiole oder Disulfide,[189] als auch Sauerstoffnucleophile, wie Carboxylate, Alkohole oder Oxime.[190] Teilweise sind die direkten Thia- oder Oxa-Michael-Additionen nur spärlich erforscht, sodass der Additionsschritt separat optimiert werden muss. Zudem könnte man Malonsäurederivate oder die cyclische Meldrumsche Säure als die „klassischen" Kohlenstoffnucleophile zur Reaktion bringen, um langkettige 1,5-Dicarbonylverbindungen zu erhalten (Schema 63). Die zu erwartenden lipophilen Additionsprodukte würden sich aufgrund ihrer polaren Kopfgruppe als oberflächenaktive Substanzen eignen und können zudem weiter funktionalisiert werden.

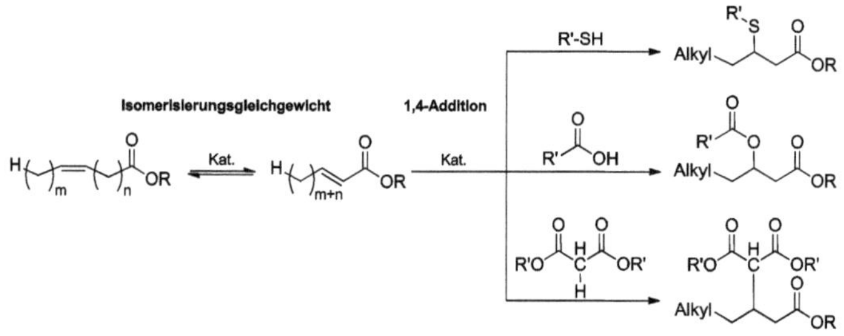

Schema 63. Mögliche Erweiterung der isomerisierenden Michael-Addition auf Schwefel-, Sauerstoff- und aliphatische Kohlenstoffnucleophile.

4.5 Palladium/Ruthenium-katalysierte isomerisierende Olefinmetathese

4.5.1 Zielsetzung

Olefingemische spielen eine wichtige Rolle für die Erzeugung maßgeschneiderter Polymere mit definierten Eigenschaften, die teilweise nur durch den Einsatz von Mischungen anstelle von einheitlichen Edukten erreicht werden können. Obwohl bereits zahlreiche Anwendungen für derartige Olefinschnitte als Polymerbausteine existieren, sind derzeit keine Alternativen zur Erzeugung dieser Einsatzstoffe aus fossilen Ressourcen zur Verfügung. Bisher werden ausschließlich kürzerkettige, lineare und unfunktionalisierte Olefine eingesetzt, wie sie aus der petrochemischen Wertschöpfungskette erhalten werden (etwa Buten-Schnitte aus dem Steamcracker).

Ein neues Verfahren auf Basis nachwachsender Rohstoffe könnte von preiswerten ungesättigten Fettsäuren ausgehen und sie mit Hilfe von Katalysatoren in Olefinschnitte umwandeln. Aufgrund ihrer Struktur würden Fettsäurederivate auf diese Weise Produktgemische liefern, die den bisher zugänglichen sehr ähnlich sind oder sie sogar in Bezug auf die Anwendungsmöglichkeiten übertreffen, da zusätzliche funktionelle Gruppen (v. a. Carboxylatgruppen) vorhanden sind. Eine solche Transformation könnte mittels einer isomerisierenden Olefinmetathese verwirklicht werden, bei der ein Katalysator für die schnelle Migration der Doppelbindung sorgt. In einer verschobenen Position erfolgt dann der metathetische Austausch von Alkylideneinheiten, entweder in Form einer Selbstmetathese oder – in Gegenwart eines zweiten, mitunter funktionalisierten Olefins – in Form einer Kreuzmetathese. Die von Natur aus vorgegebenen Kettenlängen und Doppelbindungspositionen der Fettsäuren spielen für diese Reaktion keine Rolle, da ein Katalysator beständig die Isomerisierung entlang der Kette vermittelt.

Es sollte also ein Verfahren zur Synthese definierter Produktgemische bereitgestellt werden, das von ungesättigten Fettsäuren und Fettsäureestern ausgeht und möglichst breit anwendbar ist. Die Ausgangsstoffe sollten in technischer Qualität einsetzbar und die Produktverteilungen in ihrer Zusammensetzung beeinflussbar sein. Darüber hinaus ist es wünschenswert, bei geringen Katalysatorbeladungen unter milden Bedingungen möglichst hohe Umsatzzahlen zu erreichen, um mittelfristig einen wirtschaftlichen Prozess entwickeln zu können.

4.5.2 Hintergrund: Verwendungsmöglichkeiten für Olefingemische

Das prominenteste Beispiel für die Verwendung einer Mischfraktion aus Olefinen als Einsatzstoff ist der Shell Higher Olefin Process (SHOP), bei dem im 100 000 Tonnen-Maßstab C_4-C_8-Olefinschnitte in Mischungen aus C_{10}-C_{18}-Olefinen umgewandelt werden.[191] Stellt man Polymere aus Olefingemischen her,[192,193] lassen sich die physikalischen und prozesstechnischen Eigenschaften der Materialien unter anderem durch die Zusammensetzung der Einsatzstoffe beeinflussen, was an folgenden Beispielen deutlich wird:

- Aus einer Mischung linearer Monoolefine können unter CO-Druck *Polyketone* hergestellt werden, die man bei deutlich niedrigeren Temperaturen verarbeiten kann als ihrer Analoga aus Edukten mit einheitlichen Kettenlängen. Diese Polymere weisen derartige Viskositäten, thermische Stabilitäten und Schmelzpunkte auf, dass sie in geschmolzenem Zustand extrudiert oder spritzgegossen werden können. Durch Variation der Kettenlänge ist es sogar möglich, den Schmelzpunkt des Materials in einem Bereich zwischen 150 und 250 °C einzustellen.[194]

- Die Beeinflussung der chemisch-physikalischen Eigenschaften der Produkte spielt eine große Rolle bei *Detergentien*. Ausgehend von 2-Penten, das isomerisiert und oligomerisiert wird, erhält man einen Olefinschnitt mit unterschiedlichen Kettenlängen. Diese Mischung wird arylsulfoniert und man erhält ein Material, das seine verbesserten Eigenschaften, wie etwa Viskosität, Bioabbaubarkeit, Löslichkeit, Oberflächenaktivität und Waschleistung, durch die maßgeschneiderte Zusammensetzung des Olefingemisches erhält.[195]

Ein weiterer Vorteil der Verwendung von Gemischen als Einsatzstoffe ist wirtschaftlicher Natur: Für Polymerisationsverfahren mit mittelgroßen bis sehr großen Produktionsvolumina ist es profitabler, wenn die gewünschten Produkteigenschaften aus einer einfach zugänglichen und mitunter bio-basierten Mischung von Monomeren erhalten werden können, statt einheitliche Edukte einzusetzen, die aufwändig gereinigt werden müssen. Ein solcher Fall ist die Umwandlung von C_3-C_5-Olefingemischen in Polyolefine, die dann zu gesättigten Aldehyden hydroformyliert werden. Ein nachfolgender Hydrierungsschritt liefert Alkohole für den Einsatz in Weichmachern.[196]

Olefingemische sind also zentrale Intermediate für mehrere Wertschöpfungsketten, die allerdings bisher auf fossilen Ressourcen basieren. Abbildung 25 zeigt, dass sich durch den Wechsel zu Fettsäuren als erneuerbare Rohstoffquelle zwei Nutzungsmöglichkeiten ergeben: Man integriert sie entweder in die die bestehenden Prozessfolgen oder nutzt sie als Ausgangspunkte für die Produktion neuer Materialien. Letzteres trifft zu für die zuvor beschriebenen isomerisierenden Funktionalisierungen, die zu γ-Lactonen oder β-substituierten Estern führen (siehe Kapitel 4.2 und 4.4).

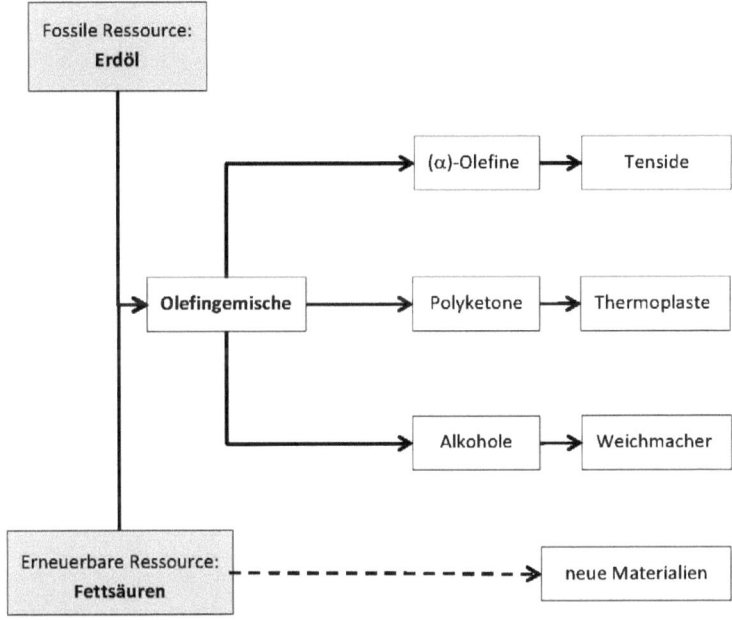

Abbildung 25. Wertschöpfung aus Olefingemischen als zentrale Intermediate.

Aus der Umsetzung einer Fettsäure in einer isomerisierenden Metathese würden drei Produktfraktionen resultieren, nämlich Olefine, Monocarboxylate und Dicarboxylate. Die Gesamtmischung kann als Biodieseltreibstoff verwendet werden[82b,197] oder man kann sie durch Selektivpolymerisation auftrennen.[198] Bei diesem Prozess sind nur bestimmte Verbindungsklassen an der Reaktion beteiligt, wodurch die restlichen, nicht-polymerisierten Fraktionen sehr einfach durch Fällung des Polymerproduktes von diesem abgetrennt werden können. Ein Beispiel hierfür wäre die Synthese von Polyestern direkt aus dem Gemisch heraus, wobei die einfachen Olefine zurückbleiben und ihrerseits unter veränderten Bedingungen weiter umgesetzt werden können. Darüber hinaus enthält die Produktmischung wertvolle Verbindungen, die nicht aus Erdöl zugänglich sind, beispielsweise ungesättigte Dicarboxylate, die als Plattform für neue bio-basierte Polyester, Polyamide und Polyurethane, sowie für Harze, Fasern und Beschichtungen dienen können.[199]

4.5.3 Konzept und Vorüberlegungen

Die Olefinmetathese ist ein bedeutendes Werkzeug für die Oleochemie geworden, um einheitliche Produkte zu erzeugen (siehe Kapitel 2.4.3). Hierbei ist die Migration von Doppelbindungen unerwünscht und wird nach Möglichkeit unterdrückt. Könnte man nun gezielt eine effektive Isomerisierung mit der Olefinmetathese kombinieren, würden sich neue Wege zu bio-basierten, definierten Produktmischungen eröffnen. Porri *et al.* berichteten bereits 1975 bei ROMP-Reaktionen einfacher Olefine über die Nebenreaktion der Doppelbindungsverschiebung.[200] Grubbs *et al.* erkannten das synthetische Potential dieses Konzeptes und entwickelten einen Prozess, bei dem Methyloleat (**4.5-1a**) in einer isomerisierenden Selbstmetathese in eine Mischung aus Olefinen, Monoestern und Diestern umgesetzt wurde.[115] Als Katalysator diente eine Mischung aus Iridium und Silber, die allerdings bei Beladungen von 8 % (Ir) und 20 % (Ag) nur einen maximalen Umsatz von 50 % lieferte. Das System war besser geeignet für unfunktionalisierte Olefine, wie 1--Octadecen (**4.5-2a**), das vollständig in ein Olefingemisch mit einer breiten Massen- und Kettenlängenverteilung umgewandelt wurde. Consorti und Dupont entwickelten das Konzept weiter, indem sie aus (*E*)-3-Hexen (**4.5-3**) langkettige Olefine bis zu C_{18} erzeugten.[114] Ein Rutheniumhydrid diente dabei als Isomerisierungskatalysator, während ein modifizierter Hoveyda-Grubbs-Katalysator der zweiten Generation die Metathese in einer ionischen Flüssigkeit vermittelte.

Die beschriebenen Systeme sind jedoch inkompatibel mit funktionalisierten Olefinen, wie Fettsäurederivaten, und die Umsetzungen sind zudem auf Selbstmetathesen beschränkt. Es besteht daher der Bedarf an einem Katalysatorsystem, das für Oleochemikalien maßgeschneidert ist und zudem erstmals eine Tandem-Isomerisierung-Kreuzmetathese ermöglicht. Eine effektive isomerisierende Metathese ungesättigter Fettsäuren würde idealerweise drei Produktfraktionen liefern, deren Massenbereiche und Kettenlängen einstellbar sind (Abbildung 26). Mit einem bimetallischen System wäre es möglich, durch Variation des Verhältnisses von Isomerierungs- zu Metathesekatalysator die jeweiligen Reaktionsgeschwindigkeiten und damit die Zusammensetzung der Produktgemische zu beeinflussen. Dies könnte zum einen durch Verschiebung der mittleren Kettenlängen geschehen, zum anderen durch Verbreiterung oder Verschmälerung der Fraktionen. Einflussfaktoren sind dabei die Wahl des Metathesekatalysators, die Katalysatorbeladungen, die Stöchiometrie der Reaktanden (im Falle der gekreuzten Metathese), sowie Reaktionstemperatur, - dauer und Lösemittel.

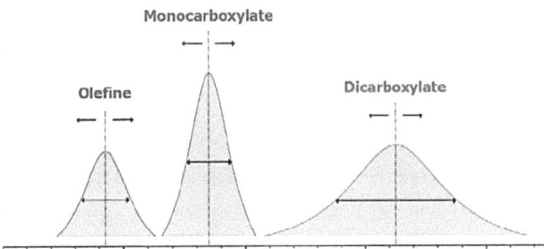

Abbildung 26. Schematische Darstellung möglicher Produktfraktionen durch isomerisierende Metathese von Fettsäuren. Als Abszisse wurde hierbei im Hinblick auf die spätere GC-Analytik der Siedepunkt der Verbindungen gewählt. Die Ordinate wurde aus Gründen der Übersichtlichkeit weggelassen; sie stellt die relativen Konzentrationen der Verbindungen dar.

Problematisch könnte die Entwicklung einer solchen Reaktion im Hinblick auf freie ungesättigte Fettsäuren werden, da der Isomerisierungskatalysator selektiv nur die Doppelbindung verschieben, nicht aber einen Ringschluss zum Lacton vermitteln soll. Die zuvor beschriebenen Katalysatoren für die isomerisierende Lactonisierung (siehe Kapitel 4.2.2) werden sich daher aufgrund ihrer Bifunktionalität weniger für eine isomerisierende Metathese eignen.

Der Schlüssel zur Entwicklung einer solchen Tandemreaktion liegt also in der Kombination von effektiver Isomerisierung und Olefinmetathese zu einem kooperativen katalytischen Prozess. Da die Metathese von Fettsäuren bereits gut beschrieben ist (siehe Kapitel 2.4.3), ist der kritische Punkt bei der Methodenentwicklung die Identifizierung eines geeigneten Isomerisierungskatalysators, der unter den Bedingungen der Metathese aktiv ist. Die meisten bekannten Katalysatoren zur Doppelbindungsmigration in ungesättigten Fettsäurederivaten, darunter Übergangsmetallkomplexe, Lewis- und Brønsted-Säuren, würden allerdings ihrerseits die gängigen Metathesekatalysatoren inhibieren, weil sie relativ drastische Reaktionsbedingungen erfordern.[44b,62,63,68,70,71,156,180c] Darüber hinaus müssen viele der Metallkatalysatoren zur Isomerisierung aktiviert werden, indem Hydride oder Säurechloride zugesetzt werden;[179b,201] für das anvisierte Verfahren muss diese Vorbehandlung ebenso wie die Freisetzung von Liganden oder anderen Substanzen vermieden werden, um die Kompatibilität von Isomerisierung und Metathese zu gewährleisten.

4.5.4 Bimetallische Katalysatorsysteme für die isomerisierende Olefinmetathese

Die Entwicklung eines Verfahrens zur isomerisierenden Metathese funktionalisierter Olefine wurde mit umfangreichen Untersuchungen literaturbekannter Isomerisierungskatalysatoren begonnen. Verschiedene Kombinationen dieser Katalysatoren mit gängigen, Ruthenium-basierten Metathesekatalysatoren wurden an den Modellsubstraten Methyloleat (**4.5-1a**) und Ölsäure (**4.5-1b**) getestet, die aufgrund der großen Zahl möglicher Isomere eine Herausforderung für isomerisierende Transformationen darstellen. Zum Einsatz kamen dabei Rhodium- und Palladiumkomplexe mit den Liganden **4.5-L1** und **4.5-L2** und das zuvor (siehe Kapitel 4.3.4, S. 91) als isomerisierungsaktiv beschriebene Pd-Dimer [Pd(μ-Br)^{t}Bu$_3$P]$_2$ (**4.5-C1**) (Abbildung 27).

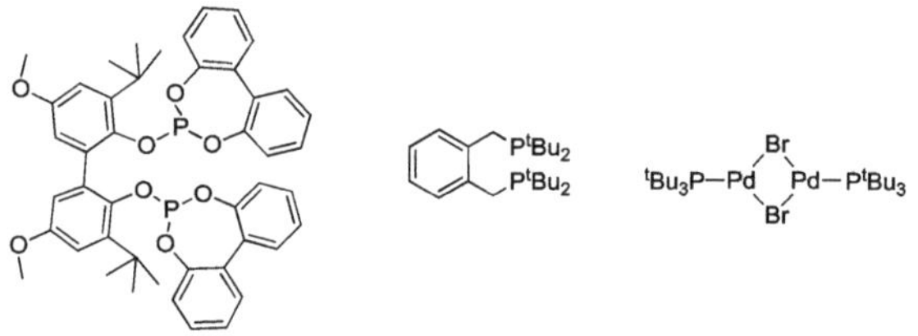

4.5-L1   4.5-L2   4.5-C1

Abbildung 27. Potentielle Katalysatoren und Liganden für die Isomerisierung funktionalisierter Olefine unter Metathese-Reaktionsbedingungen.

Das Ziel war hierbei die Identifizierung eines Isomerisierungskatalysators, der unter Metathese-Reaktionsbedingungen aktiv ist und im Zusammenspiel mit dem Metathesekatalysator für die vollständige Umsetzung der Edukte in breite, regelmäßige Verteilungen von Olefinen, ungesättigten Mono- und Dicarboxylaten sorgt. Unter den evaluierten Rutheniumkatalysatoren für die Metathese (Abbildung 28) finden sich der Hoveyda-Grubbs-Katalysator der ersten Generation (**Ru-5**), die Schiff-Base-Komplexe **Ru-8** und **Ru-10**, der Indenyl-substituierte NHC-Ruthenium-Komplex mit zusätzlichem Pyridyl-Liganden **Ru-9**, der Hoveyda-Grubbs-Katalysator der zweiten Generation (**Ru-6**) sowie die beiden Katalysatoren der ersten Grubbs-Generation **Ru-3** und **Ru-11**, wobei ersterer zwei Phobanliganden trägt.

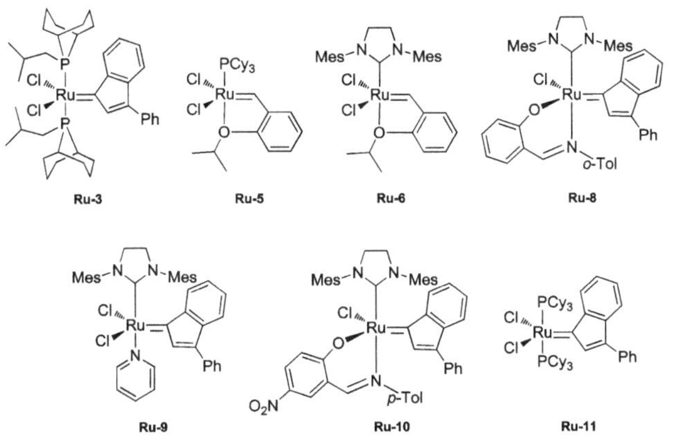

Abbildung 28. Potentielle Ruthenium-Metathesekatalysatoren für die isomerisierende Olefinmetathese.

Die nicht isomerisierende Selbstmetathese von **4.5-1b** mit Rutheniumkatalysatoren führt zu (*E*)-1,18-Octadec-9-endisäure (**4.5-4**) und (*E*)-Octadec-9-en (**4.5-2b**) mit typischen Umsätzen zwischen 50 und 70 %.[109] Bei einer derartigen Reaktion würde man also nur drei verschiedene Spezies im Reaktionsgemisch erwarten, die jeweils 18 Kohlenstoffatome aufweisen. Im Gegensatz dazu soll eine funktionierende Selbstmetathese unter Isomerisierung zu breiten Verteilungen der drei Spezies Olefine, ungesättigte Mono- und Dicarboxylate um bestimmte mittlere Kettenlängen führen.

Der Ausgangspunkt für die Optimierung dieser Tandemreaktion war das Iridium-Silber-System von Grubbs et al., mit dem für die isomerisierende Selbstmetathese von Methyloleat (**4.5-1a**) ein Umsatz von 50 % in ein Gemisch aus C_9-C_{26}-Olefinen, C_8-C_{28}-Monoestern sowie C_{11}-C_{26}-Diestern erreicht wurde (Tabelle 22, Eintrag 1).[115] *In situ* gebildete Rhodium-Komplexe aus den Rh(I)-Vorstufen Rh(acac)(cod) bzw. Rh(acac)(CO)$_2$ und dem Liganden Biphephos (**4.5-L1**), die zuvor Aktivität in der isomerisierenden Michael-Addition gezeigt hatten (siehe Kapitel 4.4, S. 96), lieferten in Kombination mit den Metathesekatalysatoren **Ru-3**, **Ru-5**, **Ru-8**, **Ru-9** und **Ru-11** unzureichende Umsätze von maximal 60 % (Einträge 2 bis 11). Ähnliche Ergebnisse wurden für *in situ* erzeugte Palladium(0)-Katalysatoren aus Pd(dba)$_2$ und dem bidentaten Phosphinliganden **4.5-L2** erhalten: Diese eignen sich für isomerisierende Alkoxycarbonylierungen,[59-61] führten allerdings statt zu den gewünschten breiten Produktvertei-

4.5 PALLADIUM/RUTHENIUM-KATALYSIERTE ISOMERISIERENDE OLEFINMETATHESE

lungen im Bestfall zu Ausbeuten von 30 % an Selbstmetatheseprodukten **4.5-4** und **4.5-2** (Einträge 12 bis 17).

Für alle diese Rhodium- und Palladium-basierten Katalysatoren wurde in Verbindung mit gängigen Metathesekatalysatoren die Inhibierung mindestens einer der beiden Teilreaktionen beobachtet. In einigen Fällen erfolgte sogar weder Isomerisierung noch Metathese, sodass diese Systeme ungeeignet für die Entwicklung einer Tandemreaktion erscheinen.

Im Gegensatz zu den bisher untersuchten Isomerisierungskatalysatoren zeigte das Palladium(I)-Dimer **4.5-C1** unter den Metathese-Reaktionsbedingungen eine überragende Aktivität (Einträge 18 bis 23). Der erstmals in einer isomerisierenden Transformation eingesetzte Komplex war in der Lage, mit einer Beladung von nur 0.5 % in Gegenwart des Metathesekatalysators **Ru-5** die freie Ölsäure (**4.5-1b**) in die thermodynamische Gleichgewichtsmischung mit ihrer charakteristischen Zusammensetzung zu überführen (Eintrag 18). Dies ist ein vielversprechendes Ergebnis, da der Katalysator **4.5-C1** bereits ohne vorherige Aktivierung und ohne Zusatz von Liganden oder Metallhydriden isomerisierungsaktiv ist. Des Weiteren werden durch seine Anwesenheit keine Verbindungen freigesetzt, die den Metathesekatalysator inhibieren könnten – der Isomerisierungskatalysator **4.5-C1** scheint ideal geeignet für die angestrebte isomerisierenden Olefinmetathese.

Tabelle 22. Evaluierung optimaler Katalysatorkombinationen für die isomerisierende Selbstmetathese der Ölsäurederivate **4.5-1a** und **4.5-1b**.

#	Isom.-Kat.	Metat.-Kat.	R	X 4.5-1 (%)	4.5-4 (%)	4.5-2 (%)
1[a]	[Ir(coe)$_2$Cl]$_2$ / AgO$_2$CCF$_3$	Ru-5	Me	50	k. A.	k. A.
2	Rh(acac)(cod)/**4.5-L1**	Ru-5	"	50	25	25
3	"	Ru-5	H	<5	0	0
4	Rh(acac)(CO)$_2$/**4.5-L1**	Ru-8	Me	10	5	5
5	"	Ru-8	H	55	20	20
6	"	Ru-9	Me	60	30	30
7	"	Ru-9	H	20	10	10
8	"	Ru-11	Me	<5	0	0
9	"	Ru-11	H	<5	0	0
10	"	Ru-3	Me	<5	0	0
11	"	Ru-3	H	<5	0	0
12[b]	Pd(dba)$_2$/**4.5-L2**	Ru-5	"	15	<5	<5

4 ERGEBNISSE UND DISKUSSION

4.5-1a: R = Me
4.5-1b: R = H
4.5-4: m+n = 18
4.5-2: q + r = 18

#	Isom.-Kat.	Metat.-Kat.	R	X 4.5-1 (%)	4.5-4 (%)	4.5-2 (%)
13[b]	"	Ru-5	Me	69	24	24
14	"	Ru-8	"	70	32	32
15	"	Ru-8	H	55	21	21
16	"	Ru-9	"	50	20	20
17	"	Ru-3	"	20	<5	<5
18[b]	4.5-C1	Ru-5	"	Gg.[c]	0	0
19[b]	"	Ru-5	Me	97	vollständige	
20[b]	"	Ru-8	Me	97	isomerisierende	
21[b]	"	Ru-8	H	97	Selbstmetathese,	
22[b]	"	Ru-9	Me	96	siehe Tabelle 23,	
23[b]	"	Ru-9	H	95	S. 144f.	
24[b]	"	Ru-3	Me	50	30	30
25[b]	"	Ru-11	"	50	35	35

Reaktionsbedingungen: Ölsäurederivat **4.5-1a** oder **4.5-1b** (3.0 mmol jeweils in einer Reinheit von 90 %,), Isomerisierungskatalysator (0.2 mol% für Rhodiumkatalysatoren, 0.5 mol% **4.5-L1**, 2.5 mol% **4.5-L2**; 0.5 mol% für Palladiumkatalysatoren), Metathesekatalysator (0.2 mol%), 45 °C für Rh-katalysierte Reaktionen, 70 °C für Pd-katalysierte Reaktionen, 20 h, Argonatmosphäre. Die Analyse der Reaktionsmischungen erfolgte mittels GC der Methylester. [a] Daten aus Ref. 115 (8.0 mol% Ir, 20 mol% Ag, Toluol, 85 °C, 22 h); [b] Reaktion mit 0.5 mol% Metathesekatalysator; [c] Gleichgewichtsverteilung der C_{18}-Isomere (siehe Kapitel 4.4.5, S. 101); X = Umsatz, k. A. = keine Angabe.

Bei diesem Verfahren stammen die Kohlenstoffatome der resultierenden Olefinschnitte statt aus fossilen Ressourcen zu 100 % aus nachwachsenden Rohstoffen, sodass eine wichtige, neue Querverbindung in der Wertschöpfungskette etabliert werden kann (siehe Abbildung 25, S. 135). Die ebenfalls entstehenden Carboxylatfraktionen sind wertvolle Produkte, die durch einfaches basisches Waschen isoliert und weiterverwendet werden können.

Bemerkenswert ist bei dieser Tandemreaktion die Selektivität des Palladiumkatalysators **4.5-C1** für die Doppelbindungsverschiebung in der ungesättigten Fettsäure, da man in Gegenwart eines Isomerisierungskatalysators mit einer gewissen Lewis-Acidität auch den Ringschluss zum γ- oder δ-Lacton erwarten würde. Im Gegensatz zu den zuvor beschriebenen bifunktionellen Lactonisierungskatalysatoren (siehe Kapitel 4.2) ist **4.5-C1** in der Lage, die Doppelbindung entlang der Alkylkette zu verschieben, ohne dass ein Ringschluss durch die elektrophile Addition der COOH-Gruppe erfolgt. Unter den vorliegenden Bedingungen wur-

4.5 PALLADIUM/RUTHENIUM-KATALYSIERTE ISOMERISIERENDE OLEFINMETATHESE

de statt der gesättigten Lactone ausschließlich ein Isomerengemisch von C18:1-Fettsäuren erhalten, das auf das Erreichen des Gleichgewichtszustandes schließen lässt (Schema 64). Mögliche Gründe für diese Selektivität könnten die im Vergleich zur Silber-katalysierten Lactonsynthese deutlich niedrigere Reaktionstemperatur (70 °C ggü. 130 °C) und die geringe Lewis-Acidität des Pd(I)-Komplexes **4.5-C1** sein, die für den Ringschluss benötigt würde.

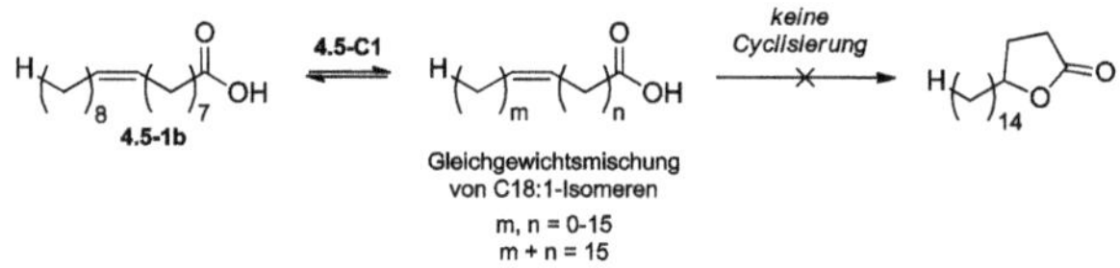

Schema 64. Selektive katalytische Isomerisierung von **4.5-1b** ohne Bildung von γ-Lactonen.

Da unter diesen Bedingungen, also der Kombination von **4.5-C1** und **Ru-5**, keine Metatheseprodukte beobachtet wurden, erscheint **Ru-5** ungeeignet für die Umsetzung der freien Säure **4.5-1b**. Dies bestätigte sich in Versuchen zur direkten Selbstmetathese von **4.5-1b** ohne Isomerisierungskatalysator, bei denen kein Umsatz zu den Produkten **4.5-4** oder **4.5-2** erfolgte.

Die Synthese der angestrebten Produktgemische aus Methyloleat (**4.5-1a**) gelang schließlich in Gegenwart einer Katalysatorkombination von **4.5-C1** und **Ru-5** mit vollständigem Umsatz zu Olefinen, ungesättigten Mono- und Dicarboxylaten (Eintrag 19). Die Zusammensetzung und Beeinflussungsmöglichkeiten dieses Gemisches werden später en detail diskutiert (siehe Kapitel 4.5.5). Die gleiche hohe Aktivität und gute Kompatibilität zeigte **4.5-C1** im Zusammenspiel mit den Metathesekatalysatoren **Ru-8** und **Ru-9**, in deren Gegenwart nicht nur der Methylester **4.5-1a**, sondern nun auch die freie Ölsäure **4.5-1b** gänzlich in die gewünschten Produktschnitte überführt wurde (Einträge 20 bis 23). Hingegen waren die Grubbs-Typ 1-Katalysatoren **Ru-3** und **Ru-11** weniger für diese Tandemreaktion geeignet, was sich in Umsätzen von maximal 50 % niederschlug (Einträge 24 und 25).

Nachdem das Ziel der vollständigen Umwandlung von Ölsäurederivaten technischer Qualität durch isomerisierende Selbstmetathese mit Hilfe eines bimetallischen Katalysatorsystems erreicht wurde, sollen im Folgenden die damit zugänglichen Produktgemische genauer analysiert werden.

4.5.5 Isomerisierende Selbstmetathese ungesättigter Fettsäuren

Durch kontinuierliche Doppelbindungsisomerisierung und Metathese der entstehenden ungesättigten Ester lassen sich aus einer einheitlichen Fettsäure Produktgemische aus Olefinen, Mono- und Dicarboxylaten erzeugen. Die Zusammensetzung der Fraktionen hängt von den Reaktionsbedingungen ab, insbesondere von Lösemittel, Temperatur, Katalysatorbeladung und dem Verhältnis von Isomerisierungs- zu Metathesekatalysator. Die analytische Auftrennung solcher Mehrkomponentenmischungen stellt eine Herausforderung dar – ähnlich wie die beschriebenen C_{18}-Isomerengemische (siehe Kapitel 4.4.5) - und gelang bisher nur ansatzweise über Gaschromatographie.[115] Dabei konnten Verbindungen zwar nach Kettenlängen unterschieden werden, allerdings nicht nach ihrer chemischen Natur (Olefine, ungesättigte Mono- und Dicarboxylate), sodass sich im Gaschromatogramm mehrere Signale von Produkten mit ähnlichen Polaritäten und Siedepunkten überlagern.

In dieser Arbeit wurde dieses Trennproblem mit Hilfe einer speziellen polaren „EliteWax crossbond" PEG-Kapillarsäule von 60 m Länge angegangen. Die erhaltenen Chromatogramme liefern diskrete Peaks für die meisten der entstehenden Verbindungen und lassen eine weitgehende Integration zur Auswertung der Produktgemische zu. Bei Reaktionen mit freien Carbonsäuren erfolgte die Analyse nach Veresterung mit Methanol / Schwefelsäure; wurden Fettsäuremethylester eingesetzt, entfiel dieser Schritt und die Mischung wurde unverändert analysiert. Durch Vergleich mit Referenzproben wurden die Signale den Komponenten zugeordnet, wobei lediglich die Art der Verbindung (Olefine, ungesättigtes Mono- und Dicarboxylat) und nicht die genaue Position der Doppelbindung berücksichtigt werden konnte. Die graphische Darstellung erfolgt in Form von Histogrammen der relativen Konzentration gegen die GC-Retentionszeit, die mit der Kettenlänge und damit der Molmasse der Produkte korreliert. Zur besseren Vergleichbarkeit wurden die Histogramme für jede Verbindungsklasse mit einem Fit versehen, der im Falle nicht eindeutiger Signale als Extrapolation gekennzeichnet wurde. Zudem erhielt die Fläche unter der Fit-Kurve eine charakteristische Farbfüllung: Blau für Olefine, rot für ungesättigte Monocarboxylate und grün für ungesättigte Dicarboxylate (Tabelle 23).

Die isomerisierende Selbstmetathese von **4.5-1b** bei 50 °C in Gegenwart der Katalysatoren **4.5-C1** und **Ru-9** lieferte Verteilungen der drei Verbindungsklassen über jeweils breite Kettenlängenbereiche. Es wurden Olefine mit Kohlen-

4.5 PALLADIUM/RUTHENIUM-KATALYSIERTE ISOMERISIERENDE OLEFINMETATHESE

stoffanzahlen von 11 bis 26, ungesättigte Monoester von C_9 bis C_{26} und ungesättigte Dicarboxylate von C_{13} bis C_{22} detektiert (Eintrag 1).

Tabelle 23. Durch isomerisierende Selbstmetathese von **4.5-1b** zugängliche Produktverteilungen.

Bed.	Produktverteilung[a]
A	
B	
C	

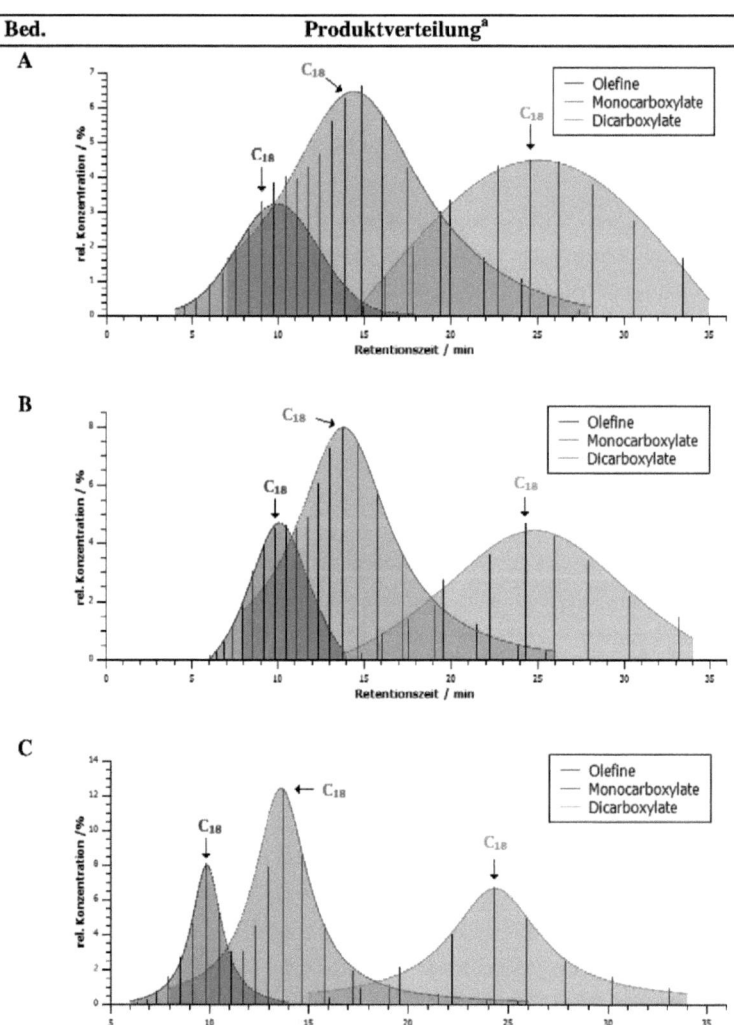

Bed.	Produktverteilung[a]
D	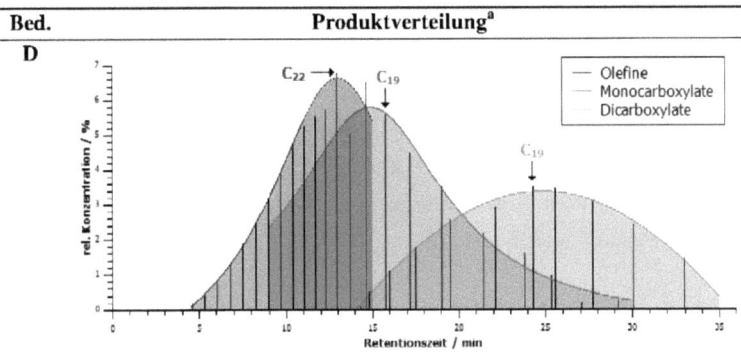

Reaktionsbedingungen: Fettsäure **4.5-1b** (90 % Reinheit, 1.00 mmol), Isomerisierungskatalysator **4.5-C1**, Metathesekatalysator (Art und Menge angegeben), Solvens (3 mL) wenn vorhanden, Argonatmosphäre.
A: **4.5-C1** (0.3 mol%), **Ru-9** (0.5 mol%), Hexan, 50 °C, 20 h;
B: **4.5-C1** (0.6 mol%), **Ru-8** (0.5 mol%), Hexan, 70 °C, 20 h.
C: **4.5-C1** (1.2 mol%), **Ru-8** (0.5 mol%), LM-frei, 60 °C, 8 h.
D: **4.5-C1** (0.6 mol%), **Ru-8** (5.5 mol%), Hexan, 70 °C, 20 h.
[a] Abbildung schließt Gauß- oder Lorentz-Fit der Histogramme ein (Extrapolationen gepunktet).

Bei höherer Temperatur und mit anderen Metathesekatalysatoren ändert sich die Form der Produktfraktionen hin zu engeren Verteilungen: Mit einer Kombination aus **4.5-C1** und **Ru-8** wurde bei 70 °C in Hexan eine Olefinmischung mit Kettenlängen von C_{14} bis C_{24}, eine Mischung ungesättigter Monocarboxylate von C_{13} bis C_{25} und ungesättigte Dicarboxylate von C_{13} bis C_{22} erhalten (Eintrag 2). Die analoge lösemittelfreie Reaktion führte nach 8 h zu Produktfraktionen mit ähnlichen Verteilungscharakteristiken, allerdings mit höheren Konzentrationen der Spezies mit der mittleren Kettenlänge, sodass sehr steile Fit-Kurven resultieren (Eintrag 3).

Die mittlere Kettenlänge der Produkte der oben angegebenen Reaktionen beträgt jeweils 18. Eine Verschiebung könnte man durch Erzeugung breiterer Verteilungen erzielen. Um die zu erreichen, muss die Metathese sehr viel schneller läuft als die Isomerisierung. Tatsächlich gelang die Umsetzung von **4.5-1b** in sehr breit verteilte Produktfraktionen mit einer hohen Beladung an Metathesekatalysator **Ru-8** (5.5 mol%) und einer deutlich geringeren Beladung an Isomerisierungskatalysator **4.5-C1** (0.6 mol%) (Eintrag 4). Die erzeugten Kettenlängen reichen bei den Olefinen von C_{11} bis C_{24}, bei den ungesättigten Monocarboxylaten von C_{11} bis C_{27}, und bei den Dicarboxylaten von C_{12} bis C_{22}.

4.5 PALLADIUM/RUTHENIUM-KATALYSIERTE ISOMERISIERENDE OLEFINMETATHESE

Um den Reaktionsfortschritt und die erwartete Verbreiterung der Produktfraktionen über die Zeit zu verfolgen, wurde stellvertretend für die Gesamtmischung die Kettenlängenverteilung der Olefinfraktion betrachtet. Diese wurde durch Behandeln des Reaktionsgemisches mit wässriger methanolischer NaOH und Extraktion mit Hexan gewonnen. Abbildung 29 zeigt die zeitliche Entwicklung der isomerisierenden Selbstmetathese von **4.5-1b** anhand der Kettenlängen-Histogramme der Olefinfraktionen.

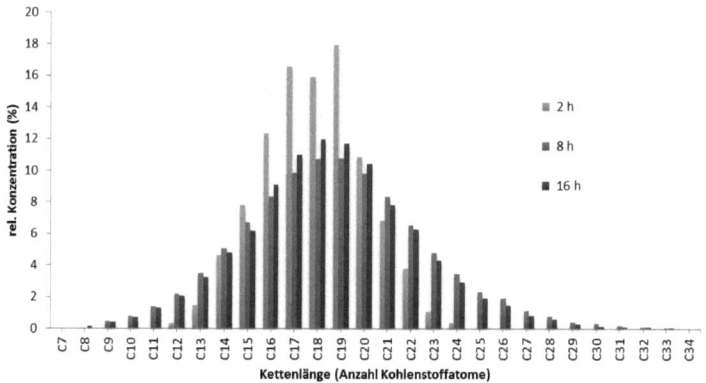

Abbildung 29. Zeitlicher Verlauf der isomerisierenden Selbstmetathese von Ölsäure (**4.5-1b**) anhand der Kettenlängenverteilungen der Olefinfraktionen. *Reaktionsbedingungen*: **4.5-1b** (0.5 mmol), **4.5-C1** (0.5 mol%), **Ru-8** (0.6 mol%), Hexan (2.0 mL), 60 °C, Argonatmosphäre.

Bereits nach 2 h erstreckt sich die Kettenlängenverteilung über einen Bereich von C_{12} bis C_{24}. Die Minima bzw. Maxima der Kettenlängen wurden nach 8 h bei C_9 bzw. C_{33} erhalten; nach 16 h ändert sich lediglich noch die Form der Kurve, die etwas abflacht. Man beobachtet eine Verschiebung der mittleren Kettenlänge hin zu höheren Kohlenstoffanzahlen: Nach 2 h liegt das Maximum um C_{18}, nach 4 h ca. bei C_{19} und nach 8 h ca. bei C_{21}.

Die Leistungsfähigkeit des neuen Katalysatorsystems, bestehend aus **4.5-C1** und **Ru-8** oder **Ru-9**, wurde anhand der isomerisierenden Selbstmetathese von **4.5-1b** untersucht. Bei einem konstanten Palladium-Ruthenium-Verhältnis von 2.5 zu 1 wurde die Katalysatorbeladung stetig bis auf 100 ppm reduziert und die resultierenden TONs bestimmt (Tabelle 24). Über den gesamten Beladungsbereich hinweg zeigten beide Katalysatoren eine sehr ähnliche Leistung: Vielversprechende Werte von bis zu 1800 wurden bei Umsätzen von 90 bis 95 % erreicht, ohne dass sich die erhaltenen Produktverteilungen änderten. Erst bei theoretischen TONs von 7500 brachen die Umsätze deutlich ein, verbunden mit unregelmäßigen Kettenlängenverteilungen der Gemische und deutlicher Anreicherung der Selbstmetatheseprodukte **4.5-4** und **4.5-2**. Unter diesen Bedingungen, d. h. bei Beladungen von weniger als 500 ppm Ruthenium, ist die Selbstmetathese gegenüber der Isomerisierung bevorzugt und es läuft keine ausgewogene Tandemreaktion mehr ab.

Tabelle 24. Vergleich der Metathesekatalysatoren für die isomerisierende Selbstmetathese von **4.5-1b**.

Metathese-Kat.	Mol%	Ums. / %	TON^a
Ru-8	0.20	95	475
Ru-8	0.10	93	930
Ru-8	0.05	90	1800
Ru-8	0.01	75^b	7500
Ru-9	0.20	95	475
Ru-9	0.10	92	920
Ru-9	0.05	85	1700
Ru-9	0.01	74^b	7400

Reaktionsbedingungen: Fettsäure **4.5-1b** (90 % Reinheit, 0.50 mmol), Palladium- und Rutheniumkatalysatoren im Verhältnis 2.5:1, Argonatmosphäre. ^{a} TON berechnet als Ums. % / mol% Beladung an Metathesekatalysator; ^{b} Selbstmetathese dominant.

Um die Anwendungsbreite der bimetallisch-katalysierten Methode zu untersuchen, wurden weitere ungesättigte Fettsäuren als Substrate eingesetzt. Linolsäure (**4.5-5**) mit ihrer zur Konjugation neigenden und potentiell durch Koordination störenden Dien-Einheit wurde unter analogen Bedingungen wie **4.5-1b** umgesetzt (Schema 65).

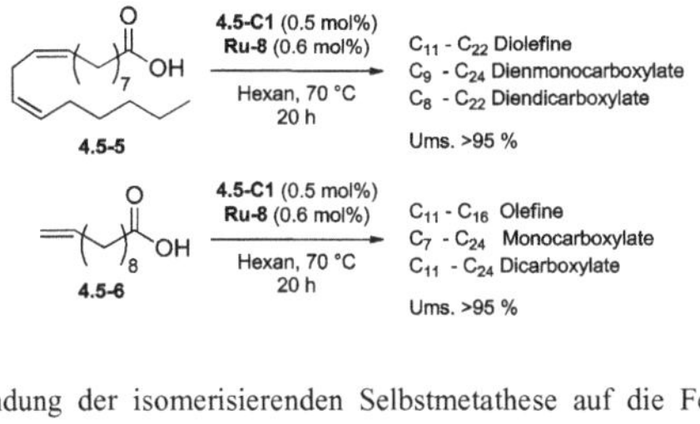

Schema 65. Anwendung der isomerisierenden Selbstmetathese auf die Fettsäuren **4.5-5** und **4.5-6**.

Trotz der technischen Qualität des Edukts (80 %) gelang die vollständige Umwandlung in breite Verteilungen aus C_{11}- bis C_{22}-Diolefinen, zweifach ungesättigten Monocarboxylaten mit Kettenlängen zwischen C_9 und C_{24}, sowie C_8- bis C_{22}-Dien-Dicarboxylaten. Ein ähnlich gutes Ergebnis lieferte das Katalyatorsystem aus **4.5-C1** und **Ru-8** bei Beladungen von nur 0.5 und 0.6 mol% für die Reaktion der terminal ungesättigten 10-Undecensäure (**4.5-6**). Mit einem Umsatz von über 95 % wurden Gemische aus Olefinen (C_{11} bis C_{16}), ungesättigten Monocarboxylaten (C_7 bis C_{24}) und Dicarboxylaten (C_{11} bis C_{24}) erzeugt.

Das Palladium/Ruthenium-Katalysatorsystem stellte seine hohe Effizienz auch bei geringen Beladungen, Flexibilität bei der Wahl der Reaktionsbedingungen und seine Anwendbarkeit auf mehrere ungesättigte Fettsäuren unter Beweis. Geht man in der Substratkomplexität einen Schritt zurück zu unfunktionalisierten Olefinen, so erwartet man eine uneingeschränkte Anwendbarkeit und möglicherweise völlig neue Ansätze zur Nutzung dieses Systems.

4.5.6 Isomerisierende Selbstmetathese einfacher Olefine

Die neue Methode zur Erzeugung funktionalisierter Olefinschnitte, basierend auf einem Palladium-Ruthenium-Katalysatorsystem, sollte sich nicht nur für die Selbstmetathese ungesättigter Carbonsäurederivate eignen, sondern auch zur Umsetzung einfacher Olefine. Um dies zu überprüfen, wurde (*E*)-3-Hexen (**4.5-3**) zur Synthese höhermolekularer Olefine in Gegenwart des bimetallischen Katalysators umgesetzt. Consorti und Dupont erhielten bei dieser Reaktion Kettenlängen bis zu C_{17}, die sie nach 48 h in einer ionischen Flüssigkeit und in Anwesenheit eines Rutheniumhydrids zur Isomerisierung (1 mol%) sowie eines speziellen Hoveyda-Grubbs-II-Metathesekatalysators (0.5 mol%) detektierten.[114]

Mit dem in dieser Arbeit entwickelten System wurde eine identische Kettenlängenverteilung erreicht, allerdings mit geringeren Katalysatorbeladungen von 0.1 mol% Isomerisierungskatalysator **4.5-C1** und 0.2 mol% Metathesekatalysator **Ru-6** sowie bereits nach 16 h Reaktionszeit (Schema 66). Darüber hinaus muss kein Hydrid zugesetzt werden und die Umsetzung läuft glatt in herkömmlichem Toluol statt in einer ionischen Flüssigkeit.

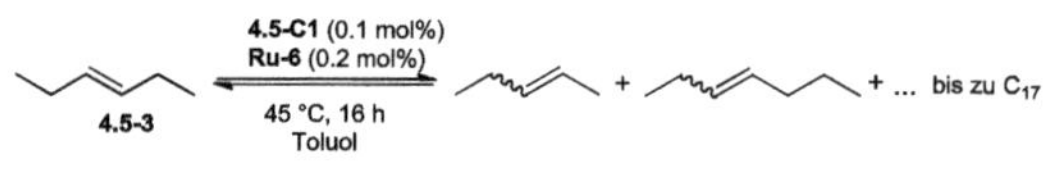

Schema 66. Isomerisierende Selbstmetathese von (*E*)-3-Hexen (**4.5-3**).

Die resultierende Kettenlängenverteilung im Produktgemisch zeigt das erwartete Maximum bei C_6 und einen relativ steilen Abfall der Konzentration zu höheren Kohlenstoffzahlen hin (Abbildung 30). Olefine mit mehr als 17 Kohlenstoffatomen wurden dabei nur noch in Spuren detektiert.

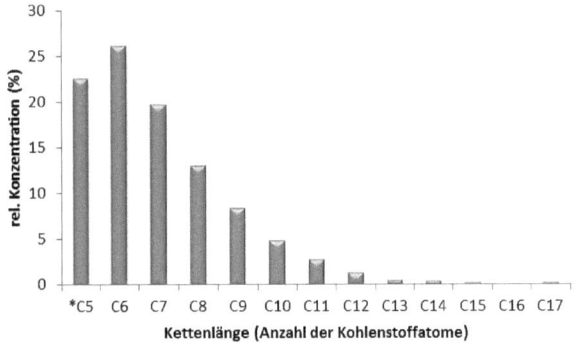

Abbildung 30. Kettenlängenverteilung bei der isomerisierenden Selbstmetathese von (E)-3-Hexen (**4.5-3**). *C_5-Fraktion enthält C_4- und C_3-Olefine.

Das Palladium/Ruthenium-System eignet sich also hervorragend zur isomerisierenden Selbstmetathese einfacher Olefine, sodass eine Kreuzmetathese von Olefinen unterschiedlicher Kettenlängen zur gezielten Erzeugung von Gemischen mit einer vorhersagbaren mittleren Kettenlänge denkbar wird.

4.5.7 Isomerisierende Kreuzmetathese einfacher Olefine

Die gekreuzte Metathese zweier Olefine unter Isomerisierungsbedingungen eröffnet völlig neue Möglichkeiten für die gezielte Synthese definierter Produktschnitte. Setzt man Substrate mit unterschiedlich langen Ketten ein, so sollten in Gegenwart des vorgestellten Palladium/Ruthenium-System Gemische entstehen, deren Kettenlängenmaximum sich in Abhängigkeit von der Reaktandenstöchiometrie und der Kohlenstoffzahl der Edukte verschieben lassen sollte. Die Basis hierfür bildet das katalytische Isomerisierungsgleichgewicht, wodurch sich die anfangs auseinanderliegenden Kettenlängenmaxima annähern und schließlich zu einer Verteilung mit einem einzigen neuen Maximum verschmelzen. Auf diese Weise würde eine Möglichkeit geschaffen, maßgeschneiderte Olefinschnitte aus definierten Edukten (etwa aus nachwachsenden Rohstoffen) statt über petrochemische Destillate herzustellen.

4.5 PALLADIUM/RUTHENIUM-KATALYSIERTE ISOMERISIERENDE OLEFINMETATHESE

Um diese neue Anwendungsmöglichkeit des Prinzips der isomerisierenden Transformationen zu untersuchen, wurde die Modellreaktion von (*E*)-3-Hexen (**4.5-3**) mit unterschiedlichen Mengen von 1-Octadecen (**4.5-2a**) als Kreuzmetathesepartner herangezogen (Schema 67).

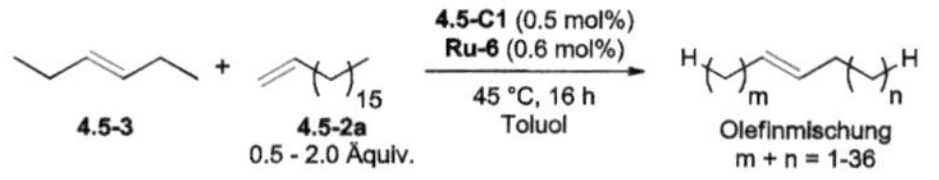

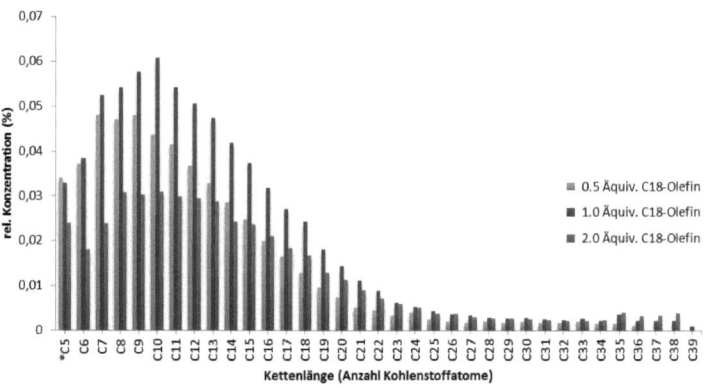

Schema 67. Isomerisierende Kreuzmetathese von (*E*)-3-Hexen (**4.5-3**) und 1-Octadecen (**4.5-2a**).

Unter den optimalen Bedingungen für die Selbstmetathese von **4.5-3** sollte es gelingen, den Kettenlängenmittelpunkt der resultierenden Produktgemische durch Variation der Äquivalente an **4.5-2a** zu verschieben. Tatsächlich lieferte die Reaktion mit 0.5 Äquivalenten **4.5-2a** ein Maximum der Kettenlängenverteilung bei C_8 bis C_9, welches sich bei Zugabe von einem Äquivalent zu C_{10} bis C_{11} verschob (Abbildung 31).

Abbildung 31. Produktverteilungen aus der isomerisierenden Kreuzmetathese von **4.5-3** und **4.5-2a** in Abhängigkeit von der Reaktandenstöchiometrie. *C_5-Fraktion enthält C_4- und C_3-Olefine.

Mit einem Überschuss von 2.0 Äquivalenten an **4.5-2a** bildete sich eine sehr flache Verteilungskurve, deren Maximum deutlich zu höheren Kettenlängen verschoben ist, jedoch noch nicht die erwartete Marke von C_{21} erreichte. Dies könnte daran liegen, dass der Katalysator innerhalb der Reaktionszeit noch nicht den endgültigen Gleichgewichtszustand herstellen konnte. Ein Kontrollexperi-

4 ERGEBNISSE UND DISKUSSION

ment mit verlängerter Reaktionszeit (24 h) lieferte jedoch eine sehr ähnliche Verteilung, sodass von einer immer langsamer werdenden Gleichgewichtseinstellung ausgegangen werden kann, je größer die Bandbreite der Kettenlängen und damit die Anzahl der für eine Isomerisierung zu überwindenden Kettenpositionen ist.

Um zu demonstrieren, dass die Erzeugung solcher Gemische nur durch eine kooperative, simultane Katalyse möglich ist, wurde eine sequentielle Isomerisierung von **4.5-2a** und Kreuzmetathese mit **4.5-3** durchgeführt (Schema 68).

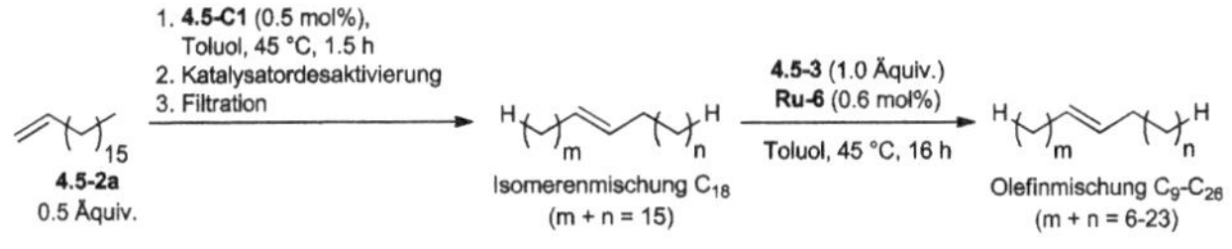

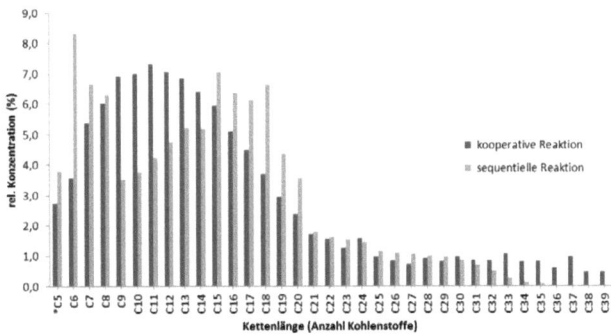

Schema 68. Isomerisierung von **4.5-2a** und nachfolgende Kreuzmetathese mit **4.5-3**.

Nach dem ersten Reaktionsschritt, der Gleichgewichtseinstellung des C_{18}-Olefins durch **4.5-C1**, wurde der Palladium-Isomerisierungskatalysator desaktiviert und durch Filtration des Reaktionsgemisches abgetrennt. Unter Inertgasatmosphäre wurden das Olefin **4.5-3** und der Metathesekatalysator **Ru-6** zugesetzt und die Kreuzmetathese gestartet. Die resultierende Olefinmischung zeigt eine völlig andere Kettenlängenverteilung als das analoge kooperative Experiment. Das Histogramm zeigt eine Häufung bestimmter Kettenlängen um C_6 und C_{18}, im Gegensatz zu der gesamten Breite der Kohlenstoffzahlen zwischen 5 und 39, die bei der Tandemreaktion entstanden (Abbildung 32).

Abbildung 32. Unterschied zwischen sequentiellem und kooperativem Prozess anhand der isomerisierenden Kreuzmetathese von **4.5-3** und **4.5-2a**.

151

Bemerkenswert ist die geringe Konzentration der C_{34}- und C_{35}-Olefine, die die höchsten Kettenlängen des sequentiellen Experiments darstellen. Man würde die Bildung dieser Produkte aus der Selbstmetathese von 1-Octadecen (**4.5-2a**) oder aus der Kreuzmetathese von **4.5-3** mit bereits isomerisiertem 2-Octadecen erwarten. Diese terminal oder (ω-1)-ungesättigten Isomere werden jedoch aufgrund ihrer thermodynamischen Instabilität in Gegenwart eines Isomerisierungskatalysators unmittelbar in terminale C_{18}-Olefine umgewandelt, sodass sie nicht oder nur in Spuren zur Bildung der C_{34}-C_{36}-Olefine zur Verfügung stehen.

Es wurde also gezeigt, dass die isomerisierende Kreuzmetathese von Olefinen zur Erzeugung von Produktverteilungen mit einstellbaren Kettenlängen genutzt werden kann, die nicht über einen sequentiellen Prozess zugänglich sind. Im Folgenden soll untersucht werden, ob man dieses Verfahren auf ungesättigte Fettsäuren übertragen kann, wodurch sich völlig neue Reaktivitäten erschließen lassen.

4.5.8 Isomerisierende Ethenolyse von Ölsäure (4.5-1b)

Die angestrebte Umwandlung preiswerter Fettsäuren in Mehrkomponentenmischungen könnte durch eine isomerisierende Kreuzmetathese mit dem einfachsten denkbaren Olefin – Ethen – gelingen. Dabei würden durch den Einbau des C_2-Bausteins in Gegenwart eines Isomerisierungskatalysators ständig interne Doppelbindungen in terminale gespalten. Diese werden unmittelbar vom Kettenende an thermodynamisch bevorzugtere interne Kettenpositionen verschoben und erneut mit Ethen umgesetzt. Im Idealfall würde man eine deutliche Verschiebung der mittleren Kettenlänge zu niedrigeren Kohlenstoffzahlen von etwa C_7 bis C_9 erwarten, wenn die zunächst gebildeten terminalen C_{10}-Olefine schnell isomerisiert und wieder gespalten werden. Eine derartige Tandemreaktion ermöglicht die Synthese von Olefingemischen mit deutlich kürzeren Kettenlängen, als sie durch die reine isomerisierende Selbstmetathese aus einer ungesättigten Fettsäure erhalten werden kann (siehe Kapitel 4.5.5).

Bei der Entwicklung dieser Reaktion sind die Aktivität und das produktive Zusammenspiel der beiden Katalysatoren unter Ethenatmosphäre entscheidend. Ausgehend von den effektiven Katalysatorkombinationen der Fettsäure-Selbstmetathese wurde daher untersucht, unter welchen Bedingungen beide Reaktionen ablaufen, um die gewünschten regelmäßigen Gemische zu erzeugen. Anhand der Reaktion der Ölsäurederivate **4.5-1a** und **4.5-1b** wurde analysiert, bei welchem Druck und mit welcher Katalysatorkombination eine vollständige isomerisierende Ethenolyse erreicht werden kann (Tabelle 25). Es zeigte sich, dass die Katalysatoren **Ru-5** und **Ru-8** für das Substrat **4.5-1a** sowohl bei Ethen-Drucken von 1 als auch von 10 bar keine oder nur mäßige Umsätze lieferten. Dabei wurden bestenfalls die Selbstmetatheseprodukte **4.5-4** und **4.5-2** detektiert, jedoch keine Isomerisierungsprodukte (Einträge 1 bis 4).

Tabelle 25. Optimierung der isomerisierenden Ethenolyse von Ölsäurederivaten.

#	4.5-C1 (Mol%)	M.-Kat. (Mol%)	R	p (bar)	Ums. (%)	Produkte
1	0.1	Ru-8 (0.2)	Me	1	<5	–
2	0.1	Ru-5 (0.2)	"	10	<5	–
3	0.1	Ru-5 (0.2)	"	1	25	Selbstmetathese, keine Isomerisierung
4	0.3	Ru-8 (0.3)	"	10	41	"
5	0.1	Ru-9 (0.2)	H	1	70	"
6	0.1	Ru-8 (0.2)	"	1	68	"
7	0.2	Ru-9 (0.2)	"	10	69	"
8	0.1	Ru-8 (0.3)	"	10	70	"
9	0.1	Ru-5 (0.2)	"	10	68	"
10	0.4	Ru-9 (0.2)	Me	10	72	"
11	0.1	Ru-9 (0.2)	"	1	>95	vollständige isomerisierende Ethenolyse (siehe Abbildung 33)
12	0.25	Ru-10 (0.5)	H	1	>95	
13	0.75	Ru-10 (1.5)	"	1	>95	
14	0.25	Ru-10 (2.5)	"	1	>95	
15	0.5	Ru-10 (5.0)	"	1	>95	

Reaktionsbedingungen: Ölsäurederivat **4.5-1a** oder **4.5-1b** (0.5-1.0 mmol), Isomerisierungskatalysator **4.5-C1**, Metathesekatalysator, Hexan (6.0 mL pro mmol Substrat), 50 °C, Ethenatmosphäre, 16 h. Die Analyse der Reaktionsmischungen erfolgte mittels GC der Methylester.

Die Umwandlung der freien Säure **4.5-1b** in der gewünschten Weise erwies sich mit den Katalysatoren **Ru-5**, **Ru-8** und **Ru-9** als unmöglich, da bei 1 und 10 bar Ethendruck zwar Umsätze von bis zu 72 % erreicht wurden, allerdings nur durch Selbstmetathese zu den symmetrischen Produkten **4.5-4** und **4.5-2** statt zu breit verteilten Fraktionen. Unter diesen Bedingungen wird der Isomerisierungskatalysator **4.5-C1** scheinbar inhibiert (Einträge 5 bis 10).

4.5 PALLADIUM/RUTHENIUM-KATALYSIERTE ISOMERISIERENDE OLEFINMETATHESE

Der entscheidende Durchbruch gelang mit der Anwendung von **Ru-9** auf den Ester **4.5-1a**: Bei Atmosphärendruck Ethen und bei Beladungen von nur 0.1 mol% Palladium-Dimer und 0.2 mol% Ruthenium-Komplex bildete sich ein Gemisch aus Olefinen, ungesättigten Mono- und Diestern mit jeweils deutlich verkürzten mittleren Kettenlängen (Eintrag 11).

Die isomerisierende Ethenolyse der freien Ölsäure (**4.5-1b**) wurde in Gegenwart des Metathesekatalysators **Ru-10** erreicht (Einträge 12 bis 15): Abhängig von den Katalysatorverhältnissen ergaben sich bei vollständigen Umsätzen unterschiedliche Kettenlängenverteilungen der Produktfraktionen. Diese sind in Abbildung 33 detailliert in Form von Histogrammen dargestellt. Deutlich zu sehen ist die unvollständige Reaktion bei einer Beladung von 0.25 mol% Pd-Kat **4.5-C1** und 0.50 mol% Ru-Kat **Ru-10**, die sich in zwei Maxima der Verteilung widerspiegelt. Ein besserer Umsatz in Richtung Gleichgewichtszustand wurde durch einen zusätzlichen Metathesekatalysator erreicht, allerdings sind aufgrund der in diesem Fall langsameren Isomerisierung immer noch zwei Maxima bei C_{16} und C_{10} zu sehen.

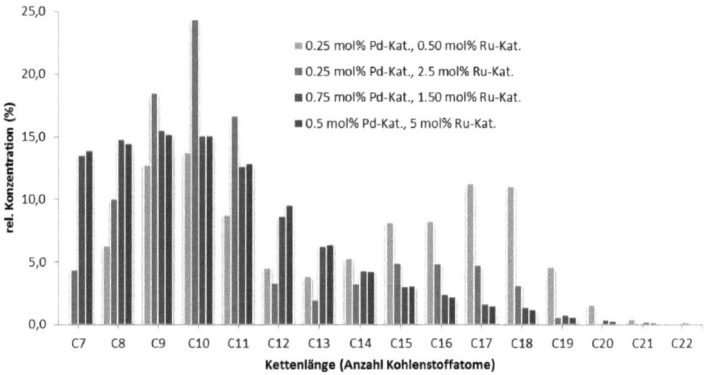

Abbildung 33. Kettenlängenverteilung der Olefinfraktion aus der isomerisierenden Ethenolyse von **4.5-1b**.

Eine optimale Ausgewogenheit der beiden Teilreaktionen wurde durch die Kombination von 0.75 mol% **4.5-C1** und 1.5 mol% **Ru-10** erreicht und führte schließlich zu der gewünschten Verschiebung der mittleren Kettenlänge. Diese liegt im erwarteten Bereich um C_9 und stellt tatsächlich das Ergebnis einer vollständigen Gleichgewichtseinstellung unter den gegebenen Bedingungen (v.a.

1 bar Ethendruck) dar, da sich auch durch eine deutliche Erhöhung der Ruthenium-Beladung auf 5 mol% keine Veränderung der Kettenlängenverteilung mehr ergab.

Vergleicht man die durch isomerisierenden Selbstmetathese von **4.5-1b** erhaltene Olefinfraktion mit der aus der isomerisierende Ethenolyse von **4.5-1b**, so fällt die deutliche Verkürzung der mittleren Kettenlänge von C_{18} zu einem Verteilungsmaximum bei C_9 auf (Abbildung 34).

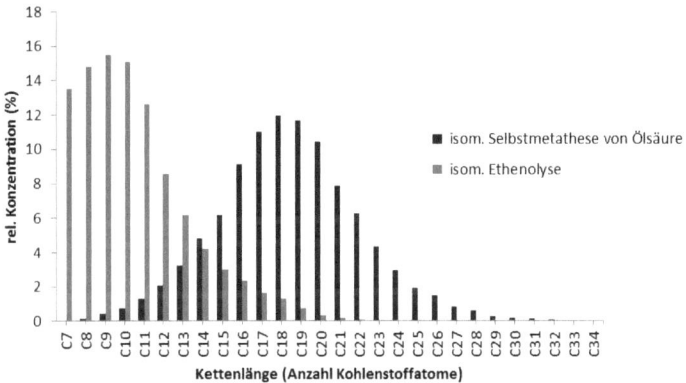

Abbildung 34. Vergleich der Olefinfraktionen aus der isomerisierenden Selbstmetathese von **4.5-1b** und aus der isomerisierenden Ethenolyse von **4.5-1b**.

Dieses Verfahren erlaubt erstmals die Erzeugung industriell bedeutsamer mittel- bis längerkettiger Olefinfraktionen, die bisher durch Oligomerisierung von Ethen im SHOP gewonnen werden (siehe Kapitel 4.5.2), durch die Umsetzung preiswerter Ölsäurederivate. Der Großteil der Kohlenstoffatome des Produktgemisches ist dabei biogen, denn er stammt aus der Kohlenwasserstoffkette der Fettsäure. Als positiver Nebeneffekt entstehen Mono- und Dicarboxylatfraktionen, die einfach durch basische Wäsche abgetrennt und, wenn erforderlich, durch Destillation gereinigt werden können. Ist man an Olefinschnitten mit kürzeren als den hier vorgestellten mittleren Kettenlängen interessiert, so könnte die Erhöhung des Ethendrucks über Atmosphärendruck hinaus eine Option sein.

Aufbauend auf dem bereits vielseitig erfolgreich genutzten bimetallischen Katalysatorsystem könnte nun die Entwicklung einer isomerisierenden Kreuzmetathese ungesättigter Fettsäuren mit anderen Carbonsäurederivaten gelingen.

4.5 PALLADIUM/RUTHENIUM-KATALYSIERTE ISOMERISIERENDE OLEFINMETATHESE

4.5.9 Isomerisierende Kreuzmetathese von Ölsäure (4.5-1b) mit ungesättigten Carbonsäuren

Bisher wurde gezeigt, dass ein vollständiger Umsatz von Ölsäurederivaten in Produktgemische aus Olefinen und Carboxylaten möglich ist. Mittels isomerisierender Selbstmetathese oder isomerisierender Ethenolyse wurden Verteilungen erzeugt, deren mittlere Kettenlänge durch den Metathesepartner und die Reaktionsbedingungen beeinflusst werden kann. Ist man nun an Dicarboxylaten statt an Olefinen interessiert, die immer als gekoppelte Produktfraktion entstehen, muss die Produktmischung gezielt an diesen Verbindungen angereichert werden, was man durch die Einführung zusätzlicher Carbonsäuregruppen bewerkstelligen könnte. Gelingt die Umsetzung der Fettsäure mit einem Überschuss an einer anderen Carbonsäure, lässt sich der Anteil der unfunktionalisierten Produkte, d. h. Olefine, oder der monofunktionalisierten Produkte, d. h. ungesättigten Monocarboxylaten, spürbar reduzieren. Im Idealfall gelingt die Erzeugung einheitlicher Mischungen, die nur aus industriell bedeutsamen ungesättigten Dicarboxylaten mit unterschiedlichen Kettenlängen bestehen.

Die Schwierigkeit bei der Entwicklung einer solchen isomerisierenden Kreuzmetathese ist die effiziente und vollständige Umsetzung des Kupplungspartners, z. B. Acrylsäure- oder Maleinsäurederivate. Selbst die nichtisomerisierende Kreuzmetathese dieser Substrate mit Fettsäuren gelingt gegenwärtig nur mit hohen Katalysatorbeladungen, fünf- bis zehnfachen Überschüssen der Carbonsäurederivate und mit sehr langen Reaktionszeiten.[106,107] Daher ist es eine Herausforderung, ein System zu entwickeln, mit dem sich unter Bedingungen der Doppelbindungsisomerisierung zusätzliche Carbonsäuregruppen in eine Fettsäure einführen lassen, sodass eine ausgewogene Produktverteilung mit deutlich verkürzter mittlerer Kettenlänge entsteht.

Bei der Umsetzung von Ölsäure (**4.5-1b**) mit Acrylsäure (**4.5-7b**) als einfachstem denkbarem Kreuzmetathesepartner stellte sich heraus, dass dieses Substrat den Palladium-Isomerisierungskatalysator inhibiert. In Gegenwart unterschiedlicher Metathesekatalysatoren und unter verschiedenen Reaktionsbedingungen (Solvens, Temperatur, Stöchiometrie) wurden Umsätze von maximal 40 % für beide Reaktanden erzielt. Dass hierbei sowohl die Selbstmetathese von **4.5-1b**, als auch die Kreuzmetathese mit **4.5-7b** jeweils unter Erhalt der Doppelbindungsposition detektiert wurden, deutet auf eine vollständig unterdrückte Isomerisierung hin (Schema 69).

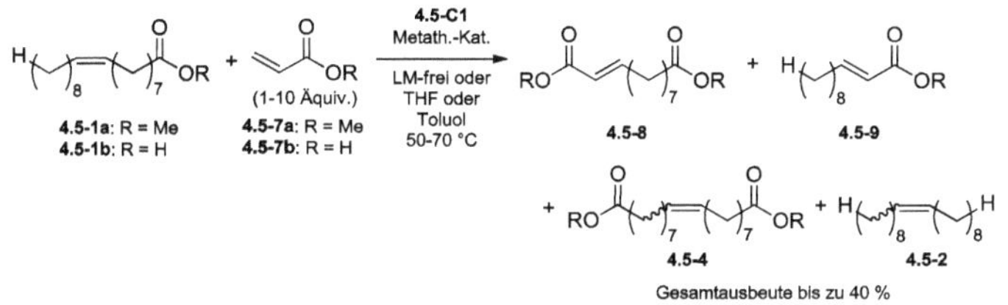

4 ERGEBNISSE UND DISKUSSION

Schema 69. Versuche zur isomerisierenden Kreuzmetathese von Ölsäurederivaten mit Acrylsäurederivaten.

Analoge Befunde ergaben sich mit Methylacrylat (**4.5-7a**), sodass der Schluss nahe liegt, dass die Acrylsäureeinheit durch allylische Koordination an das Palladium den Isomerisierungskatalysator vergiftet. Unter diesen Bedingungen kam sogar die isomerisierende Selbstmetathese der Fettsäure zum Erliegen; daher scheinen Acrylate ungeeignet für die angestrebte Entwicklung einer isomerisierenden Kreuzmetathese zur Einführung zusätzlicher Carboxylateinheiten in die Produktgemische.

In Vorversuchen zur Isomerisierungsaktivität des Palladium-Dimers **4.5-C1** hatte sich gezeigt, dass ungesättigte Fettsäurederivate in Gegenwart von Maleinsäure (**4.5-10b**) problemlos isomerisiert werden. Es erschien daher vielversprechend, dieses symmetrische Substrat für die isomerisierende Kreuzmetathese einzusetzen, um gleich zwei zusätzliche Carbonsäuregruppen pro Molekül in das Produkt einzuarbeiten. Nach kurzer Optimierung der Reaktionsbedingungen (Tabelle 26) für die Substrate **4.5-1a** und **4.5-1b** wurde klar, dass diese in THF oder Toluol vollständig mit einem Überschuss an freier Maleinsäure (**4.5-10b**) umgesetzt werden können.

Tabelle 26. Optimierung der isomerierenden Kreuzmetathese von Ölsäurederivaten mit Maleinsäure (**4.5-10**).

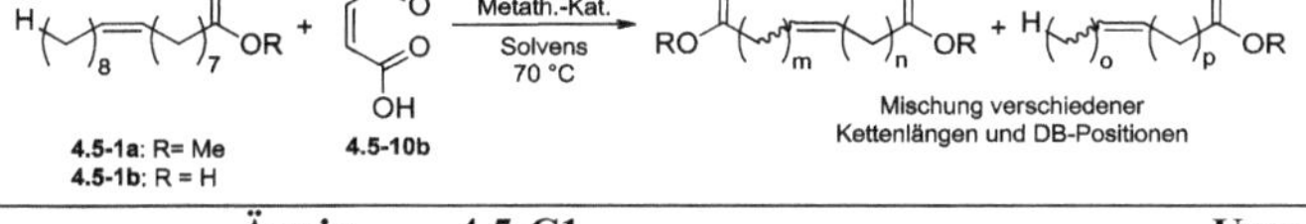

#	Substr.	Äquiv. 4.5-10	4.5-C1 (Mol%)	Metath.-Kat.	Solvens	Ums. / %[a]
1	**4.5-1b**	2	0.75	Ru-8	–	80
2	**4.5-1b**	2	0.75	Ru-8	Hexan	85
3	**4.5-1a**	3	2.50	Ru-8	THF	96

4.5 PALLADIUM/RUTHENIUM-KATALYSIERTE ISOMERISIERENDE OLEFINMETATHESE

#	Substr.	Äquiv. 4.5-10	4.5-C1 (Mol%)	Metath.-Kat.	Solvens	Ums. / %[a]
4	4.5-1b	3	0.75	Ru-5	THF	97
5	4.5-1a	3	2.50	Ru-8	Toluol	97

Reaktionsbedingungen: Substrat **4.5-1a** oder **4.5-1b** (0.25 mmol), Kupplungspartner **4.5-10b**, Isomerisierungskatalysator **4.5-C1**, Metathesekatalysator (1.50 mol%), 70 °C, Solvens (1.5 mL, sofern vorhanden), 16 h, Argonatmosphäre. [a] mittels GC der Methylester bestimmt, bezogen auf das Fettsäurederivat.

Die Analyse der Produktgemische ergab, dass die angestrebte Veränderung der verschiedenen Fraktionen teilweise gelungen war. Die Olefinfraktion hatte – wie erwartet – einen deutlich geringeren Anteil an der Mischung als bei der isomerisierenden Selbstmetathese, allerdings lag auch noch nicht umgesetzte Säure **4.5-10b** vor. Betrachtet man die Kettenlängenverteilung der Produktgemische, fällt die dominante isomerisierende Selbstmetathese des Fettsäureesters auf, d. h. mit vergleichbaren Produktverteilungen wie in Tabelle 23 (S. 144), die zu einer nur minimalen Verschiebung der mittleren Kettenlängen führte (Abbildung 35).

Die isomerisierende Kreuzmetathese von Ölsäurederivaten mit Maleinsäure (**4.5-10b**) ist also prinzipiell möglich, führt jedoch aufgrund einer langsamen Metathesereaktion noch nicht zu dem gewünschten Effekt, nämlich der deutlichen Verkürzung der mittleren Kettenlängen der Produktverteilungen, wie sie beispielsweise durch Ethenolyse erfolgreich erreicht wurde (siehe Kapitel 4.5.8). Um diese preiswerte Dicarbonsäure dennoch für die vielversprechende Verwertung durch eine isomerisierende Metathesereaktion zu aktivieren, müssen neue, schnellere Kreuzmetathese- und möglicherweise auch geeignete Isomerisierungskatalysatoren entwickelt werden.

4 ERGEBNISSE UND DISKUSSION

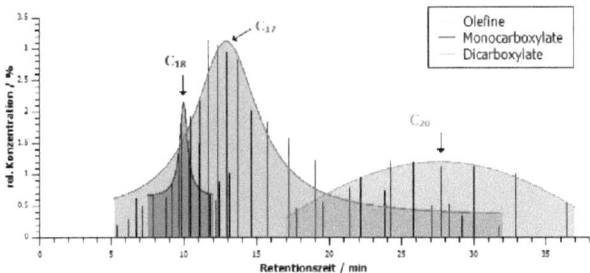

Abbildung 35. Produktverteilung der isomerisierenden Kreuzmetathese von **4.5-1b** mit **4.5-10b** (siehe Tabelle 27, Eintrag 4).

Nachdem der Kreuzmetatheseschritt als entscheidend für das Erreichen eines vollständigen Umsatzes der zugesetzten Carbonsäure identifiziert war, wurden Kupplungspartner mit nicht sp^2-substituierten Doppelbindungen in Betracht gezogen. Die Vermutung lag nahe, dass die um zwei gesättigte Kohlenstoffatome verlängerte (E)-3-Hexendisäure (**4.5-11b**) durch die vorhandenen Metathesekatalysatoren einfach umzusetzen sein müsste. Problematisch könnte lediglich die Isomerisierung dieser Verbindung sein, die erneut zu einem α,β-ungesättigten, reaktionsträgeren Acrylat-System führen würde. In stichprobenartigen Versuchen zur isomerisierenden Kreuzmetathese von Ölsäure (**4.5-1b**) mit Überschüssen an **4.5-11b** wurde zunächst gezeigt, dass die Fettsäure in Gegenwart von **4.5-C1** und **Ru-6** vollständig zu breiten Produktverteilungen umgesetzt werden kann (Tabelle 27, Einträge 1 bis 6).

Dabei wurde das Solvens Dowtherm A im Hinblick auf eine spätere Reaktionsführung unter vermindertem Druck gewählt, jedoch resultierten darin zunächst unvollständige Umsätze der C_6-Disäure **4.5-11b**. Da diese aber entscheidend für die angestrebte Kettenlängenverkürzung sind, wurden weitere Versuche in THF durchgeführt, das sich bereits bei der isomerisierenden Ethenolyse von Alkenylbenzolen bewährt hatte (siehe Kapitel 4.5.12, S. 168). Tatsächlich gelang in diesem Solvens die vollständige Einarbeitung sogar von sechs Äquivalenten des Kreuzmetathesepartners **4.5-11b** in das Produktgemisch, bei weiterhin vollem Umsatz der Fettsäure (Einträge 7 bis 11).

Tabelle 27. Optimierung der isomerisierenden Kreuzmetathese von **4.5-1b** mit **4.5-11b**.

4.5 PALLADIUM/RUTHENIUM-KATALYSIERTE ISOMERISIERENDE OLEFINMETATHESE

#	4.5-C1 (Mol%)	Ru-6 (Mol%)	Äquiv. 4.5-10b	Solvens	Ums. 4.5-1b (%)	Ums. 4.5-10b (%)
1	2.0	3.0	2	Dowtherm A	97	61
2	2.0	3.0	2	"	98	59
3	2.0	3.0	2	"	98	85
4	2.0	5.0	2	"	97	79
5	2.5	5.0	3	"	98	61
6	2.5	5.0	5	"	98	53
7	2.5	5.0	2	THF	98	98
8	2.5	5.0	3	"	98	97
9	2.5	5.0	4	"	98	97
10	2.5	5.0	5	"	98	95
11	2.5	5.0	6	"	98	97

Reaktionsbedingungen: Ölsäure (**4.5-1b**, 0.50 mmol), Kreuzmetathesepartner **4.5-11b** (Menge angegeben), Isomerisierungskatalysator **4.5-C1**, Metathesekatalysator **Ru-6**, Solvens (2.0 mL), 60 °C, Argonatmosphäre, 16 h. Die Analyse der Reaktionsmischungen erfolgte mittels GC der Methylester.

Unter diesen optimalen Bedingungen wurde schließlich die gewünschte Kettenlängenverkürzung erreicht, was am Beispiel des Histogramms der Olefinfraktion klar erkennbar wird (Abbildung 36): Es wurde ein Maximum der Verteilung bei C_8 detektiert, wobei die längsten Ketten mit 21 Kohlenstoffatomen nur noch in Spuren vorkamen. Vergleicht man diese Verteilung mit derjenigen aus der isomerisierenden Selbstmetathese von Ölsäure (**4.5-1b**), die ein Verteilungsmaximum bei C_{18} aufweist, so wird der Einfluss des kürzerkettigen Kreuzmetathesepartners **4.5-11b** mit seinen sechs Kohlenstoffatomen deutlich.

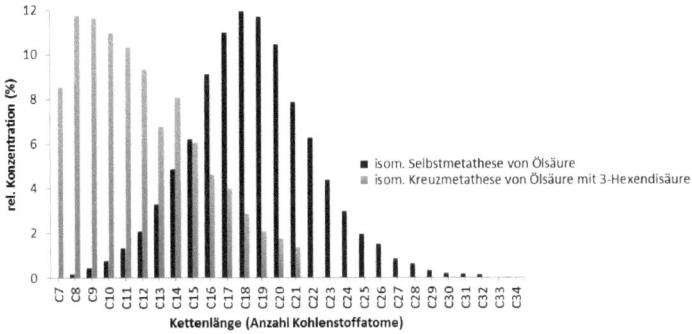

Abbildung 36. Kettenlängenverteilung der Olefinfraktion aus der isomerisierenden Kreuzmetathese von **4.5-1b** mit **4.5-11b** (siehe Tabelle 27, Eintrag 7) im Vergleich mit der Olefinfraktion aus der isomerisierenden Selbstmetathese von **4.5-1b** (*Reaktionsbedingungen*: **4.5-1b** (0.5 mmol), **4.5-C1** (0.5 mol%), **Ru-8** (0.6 mol%), Hexan (2.0 mL), 60 °C, Argonatmosphäre, 16 h). Ketten <C_7 sind aufgrund überlappender Signale nicht aufgelöst.

Eine solche Verkürzung der mittleren Kettenlänge gelingt, wenn beide Reaktanden in Gegenwart eines effizienten Katalysatorsystems – mit ausgewogenen Reaktionsgeschindigkeiten der beiden Teilschritte Isomerisierung und Metathese – vollständig umgesetzt werden. Nur dann ist gewährleistet, dass nach einer Kreuzmetathese der Reaktanden eine schnelle Isomerisierung erfolgt und sich die gesamte Mischung in einem Gleichgewichtszustand befindet. Sobald die gesamte Menge an Kreuzmetathesepartner in die Produktverteilung eingearbeitet wurde, entsteht die deutlich verschobene Kettenlängenverteilung mit genau einem Maximum. Im Falle unvollständiger Umsätze beobachtet man zwar eine isomerisierende Metathese, allerdings ergeben sich zwei Maxima; dies wurde bereits zuvor bei der Optimierung der isomerisierenden Ethenolyse beschrieben (siehe Abbildung 33, S. 154). Nur bei vollständiger Gleichgewichtseinstellung lassen sich die vorhergesagten Effekte der Kettenverkürzung demonstrieren – Voraussetzung hierfür sind ein fein abgestimmtes Palladium/Ruthenium-Verhältnis und eine Reaktion unter optimalen Bedingungen.

Es lässt sich also aus einer ungesättigten Fettsäure durch Zusatz einer kürzerkettigen ungesättigten Dicarbonsäure *via* isomerisierende Kreuzmetathese eine Olefinfraktion generieren, deren mittlere Kettenlänge deutlich kürzer ist als bei der isomerisierenden Selbstmetathese der Fettsäure. Die Auftrennung des Produktgemisches könnte entweder durch *in-situ*-Kristallisation oder durch die Anreicherung der gewünschten Komponenten mittels Reaktionsführung im Vakuum erfolgen. Aufbauend auf der kooperativen Palladium/Ruthenium-Katalyse sollte es unter Ausnutzung des sich ständig einstellenden Isomerisierungsgleichge-

4.5 PALLADIUM/RUTHENIUM-KATALYSIERTE ISOMERISIERENDE OLEFINMETATHESE

wichtes möglich sein, den Anteil unfunktionalisierter Kettenenden in der Produktmischung bis auf ein Minimum zu reduzieren. Arbeitet man unter vermindertem Druck, so würden leichtflüchtige Olefine ohne Carboxylgruppen verdampfen. Die verbleibendenden Monocarboxylate würden durch Selbstmetathese zu Dicarboxylaten und Olefinen reagieren, wobei letztere wiederum entfernt würden. Sukzessive müsste sich auf diese Weise eine Dicarboxylatfraktion anreichern, die idealerweise keine Olefine und keine Monocarboxlate mehr enthält.

4.5.10 Mechanistische Aspekte

Die vorgestellte isomerisierende Olefinmetathese fußt auf zwei miteinander kooperierenden Katalysatoren. Die Substrate durchlaufen dabei immer wieder zwei eigenständige Katalysecyclen, sodass der Isomerisierungskatalysator kontinuierlich für die Gleichgewichtseinstellung sorgt, während der Metathesekatalysator sowohl vor- als auch nachgeschaltet aktiv ist. Der Mechanismus der Olefinmetathese, ursprünglich von *Chauvin* für Wolframverbindungen aufgestellt,[202] ist durch zahlreiche Detailstudien gut verstanden.[80,82] Die elementaren Schritte der Reaktion sind Alkylidenaustausch und Bildung gesättigter Metallacyclobutane, wodurch beispielsweise zwei terminale Olefine in einer Kreuzmetathese miteinander gekuppelt werden können (Schema 70).

Der Katalysecyclus beginnt mit der Erzeugung der aktiven Spezies **I** aus der Katalysatorvorstufe und einem Reaktanden, indem die ursprüngliche Carben-Einheit (=CHX) gegen eine neue (=CHR') ausgetauscht wird. An **I** koordiniert ein weiteres Olefin und es entsteht der π-Komplex **II**. Aus diesem bildet sich ein Metallacyclobutan **III** und es folgt ein zweifacher Bindungsbruch des Vierringes zum η^2-Olefinkomplex **IV**.[203] Der Austausch des Olefinliganden durch den zweiten Reaktanden erfolgt unter Ethenabspaltung und führt zum Intermediat **V** mit koordiniertem Produktmolekül. Im finalen Schritt des Cyclus wird das gekreuzte Olefin abgespalten und es entsteht wieder der katalytisch aktive Alkylidenkomplex **I**.

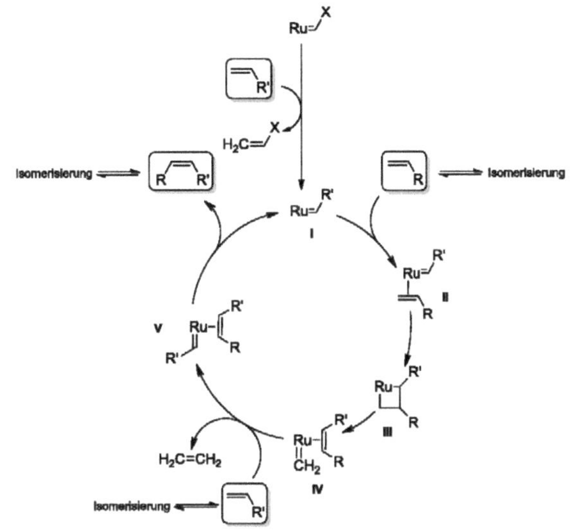

Schema 70. Mechanismus der Olefinmetathese am Beispiel der gekreuzten Reaktion zweier terminaler Olefine.

Im Kontext der isomerisierenden Tandemreaktion ist zu bedenken, dass alle beteiligten Moleküle sowohl vor dem Metatheseschritt, als auch danach isomerisiert werden können. Die Verbindung der beiden Katalysecyclen kann also an mehreren Stellen erfolgen, sodass ein regelrechtes Reaktionsnetzwerk mit vielen Pfaden denkbar wird, über die sich die am Ende der Reaktion vorliegenden Produkte bilden können. Um die gewünschten Produktgemische zu erzeugen, muss die Metathesereaktion mit einer schnellen Doppelbindungsisomerisierung gekoppelt sein. Diese wurde bisher zwar mit einer Reihe von Katalysatoren beschrieben (siehe die Kapitel 2.4.2, 4.3.4 und 4.4.5), jedoch noch nicht mit dem Palladium(I)-Dimer **4.5-C1**. Studien zur mechanistischen Aufklärung der Wirkungsweise von **4.5-C1** existieren gegenwärtig nur für Biaryl-Kreuzkupplungen aus Boronsäuren und Arylhalogeniden.[204] Vorläufige Ergebnisse aus dem Arbeitskreis Gooßen lassen darauf schließen, dass sich **4.5-C1** für die Isomerisierung einer ganzen Reihe von Substraten eignet, wobei konkurrenzlos niedrige Katalysatorbeladungen unter milden Reaktionsbedingungen benötigt werden.[205] Da keine externen Agentien zur Aktivierung von **4.5-C1** eingesetzt werden müssen, erfolgt die Bildung der katalytisch aktiven Spezies wahrscheinlich unmittelbar, nachdem der Komplex in Lösung geht.

4.5 PALLADIUM/RUTHENIUM-KATALYSIERTE ISOMERISIERENDE OLEFINMETATHESE

Zur Isomerisierung der eingesetzten Olefine wird ein Palladium-Hydrid **I** benötigt, dessen Herkunft allerdings noch ungeklärt ist. NMR-spektroskopische Tieftemperaturuntersuchungen im Rahmen dieser Arbeit geben Hinweise darauf, dass eine Hydridspezies mit zwei *trans*-koordinierten Phosphinen und einem Bromid-Substituenten (**VII**) im Reaktionsgemisch vorliegt: **4.5-C1** wurde in Dichlormethan-d_2 gelöst, mit (*E*)-3-Hexen (**4.5-3**) versetzt und die Mischung zum Einfrieren der bis dahin bereits angelaufenen Reaktion auf -60 °C gekühlt (Schema 71).

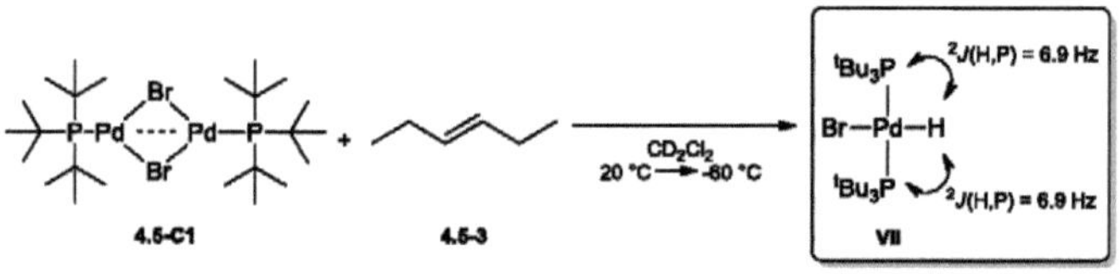

Schema 71. Tieftemperatur-NMR-Experimente zum Nachweis der Hydridbildung aus **4.5-C1** und **4.5-3**.

Das ^{31}P-gekoppelte ^{1}H-NMR-Spektrum zeigt bei einer Verschiebung von -15.8 ppm ein Triplett (J = 6.9 Hz), das im analogen ^{31}P-entkoppelten ^{1}H-NMR-Spektrum zu einem Singulett zusammenfiel (Abbildung 37).

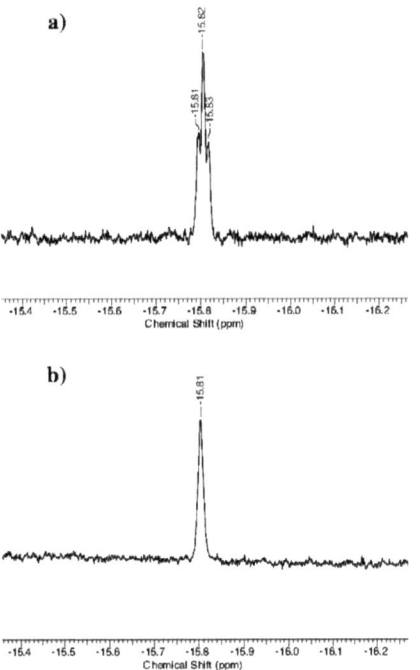

Abbildung 37. Tieftemperatur-NMR-Spektren der Reaktionsmischung aus **4.5-C1** und **4.5-3** (laut Schema 71). a) ^{1}H{^{31}P}-NMR-Spektrum (CDCl$_2$, -60 °C, 600 MHz); b) ^{1}H-NMR-Spektrum (CDCl$_2$, -60 °C, 600 MHz).

Die chemische Verschiebung und der Wert der vicinalen Wasserstoff-Phosphor-Kopplungskonstanten entsprachen denen für die literaturbekannte Spezies *trans*-Cl(^{t}Bu$_3$P)$_2$Pd–H,[206] sodass auf ein Entstehen der entsprechenden Bromverbindung **VII** geschlossen werden kann.

Im weiteren Verlauf der Isomerisierungsreaktion koordiniert das Hydrid **I** an ein Olefin und es entsteht der Komplex **II** (Schema 72). Dieser wandelt sich durch Insertion in die olefinische C-H-Bindung in eine gesättigte Spezies **III** mit einer Palladium-Kohlenstoff-σ-Bindung um. Die anschließende β-Hydrideliminierung führt zur Wanderung der Doppelbindung um eine Position und liefert den Komplex **IV**, aus dem sich das isomerisierte Olefin abspaltet. Hierdurch wird die katalytisch aktive Spezies **I** regeneriert und der Cyclus schließt sich. Wiederum kann im Rahmen der Tandemreaktion die metathetische Umsetzung der Substrate vor und nach ihrer Isomerisierung erfolgen, sodass sich aus Sicht des Isomerisierungscyclus zwei Verknüpfungsmöglichkeiten mit dem Metathesecyclus ergeben.

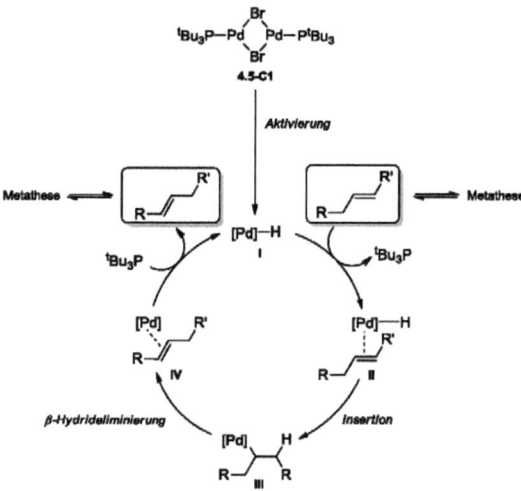

Schema 72. Postulierter Mechanismus der Palladium-katalysierten Doppelbindungsmigration.

4.5.11 Zusammenfassung

Mit einer Palladium/Ruthenium-Katalysatorkombination gelang die Verknüpfung von Isomerisierung und Olefinmetathese zur isomerisierenden Metathese ungesättigter Fettsäuren und ihrer Derivate. Erstmals gelang es, funktionalisierte Olefine effektiv in Produktgemische mit definierten Kettenlängenverteilungen umzuwandeln, die einen interessanten Einstieg in Polymere aus nachwachsenden Rohstoffen darstellen.

Entscheidend für die Effizienz des vorgestellten bimetallischen Katalysatorsystems ist die Kompatibilität der beiden Teilschritte: Das bisher nicht für Isomerisierungen beschriebene Palladium(I)-Dimer [Pd(µ-Br)^{ت}Bu$_3$P]$_2$ (**4.5-C1**) zeigte eine erstaunliche Aktivität für die effektive Doppelbindungsverschiebung in einfachen Olefinen und ungesättigten Fettsäuren, letztere sogar in technischer Qualität. Kombiniert man diesen Katalysator mit gängigen Metathesekatalysatoren, eröffnet die vorgestellte isomerisierende Kreuzmetathese eine Vielzahl an Möglichkeiten, um industriell bedeutsame Olefinmischungen mit beeinflussbaren mittleren Kettenlängen zu erzeugen. Ausgehend von Olefinen mit unterschiedlicher Anzahl an Kohlenstoffatomen wurde demonstriert, dass sich die Kettenlängenverteilung zu längeren Ketten hin verschiebt, je mehr Äquivalente an längerem Olefin zugesetzt werden. In diesem Zusammenhang wurde gezeigt, dass sich die kooperative Verfahrensweise deutlich von einer sequentiellen Reaktionsführung unterscheidet und dass die gezeigten Gemische nur durch die Verknüpfung zweier Katalysecyclen zugänglich sind. Dieses Verfahren lässt sich nutzen, um die gewünschten Olefinschnitte aus definierten Startmaterialien gezielt herzustellen, statt sie aus petrochemischen Destillationsfraktionen zu gewinnen.

Mit der hierin entwickelten Methode lassen sich Gemische aus Olefinen, Mono- und Dicarboxylaten ausgehend von preiswerten Fettsäuren gewinnen. Die Zusammensetzung der einzelnen Fraktionen lässt sich, ähnlich wie bei der Umsetzung zweier Olefine, durch die Katalysatorverhältnisse steuern: Die isomerisierende Selbstmetathese von Ölsäure (**4.5-1b**) lieferte beispielsweise je nach Reaktionsbedingungen mehr oder weniger breit verteilte Produktfraktionen, wobei quantitative Umsätze erreicht wurden. Erstmals gelang die isomerisierende Ethenolyse einer Fettsäure unter milden Bedingungen und bei nur 1 bar Ethendruck in Gegenwart des Pd/Ru-Systems, wodurch Olefinschnitte mit deutlich verkürzten Kettenlängen gewonnen wurden. Diese Nutzbarmachung nachwachsender Rohstoffe zur Erzeugung von Hybridgemischen könnte eine Alternative zur Oligomerisierung des Ethens im Shell Higher Olefin Process (SHOP) darstellen.

Eine weitere Anwendung der isomerisierenden Kreuzmetathese ist die Synthese kürzerkettiger Verbindungen aus einer C_{18}-Fettsäure durch Zusatz einer C_6-Dicarbonsäure. Es wurden Bedingungen identifiziert, unter denen ein Überschuss der Dicarbonsäure vollständig mit der Fettsäure umgesetzt werden kann. Anhand der entstehenden Gemische wurde die deutliche Verkürzung der mittleren Kettenlänge demonstriert. Die Vielseitigkeit des Katalysatorsystems könnte dazu genutzt werden, durch selektive Entfernung bestimmter Komponenten aus der Gleichgewichtsmischung ein einheitliches Produktgemisch zu erzeugen, das beispielsweise ausschließlich aus ungesättigten Dicarboxylaten besteht. Die abgetrennten Olefine könnten aufgefangen und durch Oxidation in Carboxylate überführt werden, die dann wiederum als Einsatzstoff für die isomerisierende Kreuzmetathese mit preiswerten Fettsäuren dienen.

4.5.12 Exkurs: Synthese funktionalisierter Vinylbenzole *via* isomerisierende Ethenolyse

In den Arbeiten zur isomerisierenden Olefinmetathese ungesättigter Fettsäuren und funktionalisierter Olefine wurde ein robustes und vielseitig einsetzbares bimetallisches Katalysatorsystem entwickelt (siehe Kapitel 4.5). Dieses ist in seiner Anwendung nicht beschränkt auf Fettsäuren, sondern kann zur ethenolytischen Spaltung von Alkenylbenzolen unter Isomerisierungsbedingungen eingesetzt werden. Darauf basierend ergab sich ein Gemeinschaftsprojekt zur isomerisierenden Ethenolyse, das in Kooperation mit Frau Dipl.-Chem. Sabrina Baader bearbeitet wurde. Im Folgenden werden erste Ergebnisse aus diesen Arbeiten vorgestellt.

In Stichversuchen zur Auslotung des Potentials der bimetallischen Isomerisierungs-Metathesekatalysatoren deutete es sich an, dass funktionalisierte Allyl- oder Butenylbenzole in Gegenwart von gasförmigem Ethen isomerisiert und unter Abspaltung eines Propylenfragmentes zu den entsprechenden Vinylbenzolen umgesetzt werden können (Schema 73).

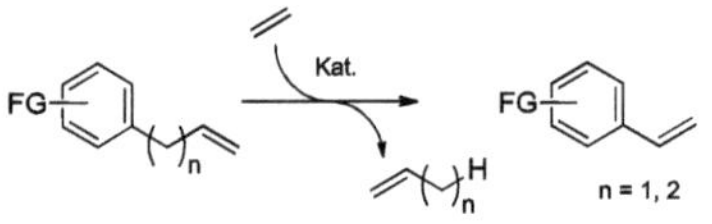

Schema 73. Isomerisierende Ethenolyse zur Synthese funktionalisierter Styrole.

Dieser Prozess stellt eine doppelte Wertschöpfung dar: Zum einen durch die Darstellung hochpreisiger aromatischer Produkte aus preiswerten Naturstoffen, zum anderen durch die Erzeugung von wertvollem Propen aus Ethen. Im Gegensatz zu den bisher vorgestellten isomerisierenden Metathesereaktionen, die Gemische liefern, entsteht bei dieser Variante nur ein Produkt.

Um die Machbarkeit einer solchen kooperativen Palladium-Ruthenium-Katalyse zu demonstrieren, wurde das Modellsubstrat 4-Phenyl-1-buten gewählt: Aus diesem Alkenylbenzol kann nur dann das gewünschte Produkt Styrol entstehen, wenn das terminale Olefin zu einem internen isomerisiert wird, welches dann durch Ethen unter Freisetzung von Propylen erneut zu einem terminalen Olefin gespalten wird, bis sich die Doppelbindung in Konjugation mit dem Aromaten befindet. Die resultierende Verbindung kann dann nicht weiter isomerisiert oder ethenolysiert werden. Um die gewünschten Vinylbenzole in hohen Ausbeuten und Selektivitäten zu erhalten, wurden die Reaktionsbedingungen systematisch optimiert, vor allem im Hinblick auf geeignete Metathesekatalysatoren (Abbildung 38).

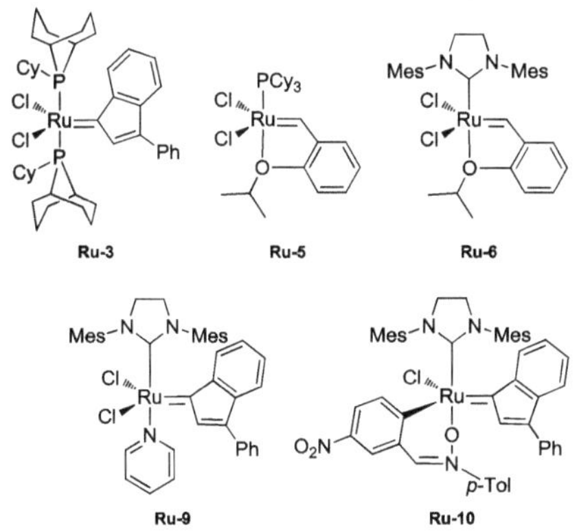

Abbildung 38. Metathesekatalysatoren für die isomerisierende Ethenolyse.

Bei deren Untersuchung in Kombination mit dem zuvor identifizierten, hochaktiven Isomerisierungskatalysator [Pd(μ-Br)^{t}Bu$_3$P]$_2$ (**4.5-C1**) wurden zunächst gute bis sehr gute Umsätze verzeichnet, allerdings nur Spuren des Produktes Styrol (Tabelle 28, Einträge 1 bis 4). In diesen Fällen lag das Edukt nach der Reaktion als Mischung von Stereo- und Positionsisomeren vor, zusammen mit dem kettenverkürzten Allylbenzol als Intermediat der unvollständigen Tandemreaktion.

Bessere Selektivitäten und ähnlich hohe Umsätze brachte der Ruthenium-NHC-Komplex **Ru-6** (Einträge 5 bis 10). Sogar ohne Palladium-Quelle ist dieser in der Lage, gleichzeitig die Isomerisierung und die Ethenolyse zu vermitteln, sodass eine Ausbeute von 73 % erhalten wurde (Eintrag 6). Obwohl derartige Aktivitäten von Metathesekatalysatoren zur Verschiebung terminaler Doppelbindung in interne Kettenpositionen bereits beschrieben wurden,[207] überrascht es dennoch, dass **Ru-6** unter Ethenatmosphäre nicht in einen latenten Zustand versetzt wird.[208]

Wurde unter einem Ethendruck von 1 statt 10 bar gearbeitet, brach die Ausbeute deutlich ein (Eintrag 7), wohingegen die Verringerung der Katalysatorbeladung auf 1.5 mol% oder eine Temperaturerhöhung auf 70 °C keinen großen Einfluss zeigten (Einträge 8 und 9). Die besten Ergebnisse wurden schließlich mit einer

4.5 PALLADIUM/RUTHENIUM-KATALYSIERTE ISOMERISIERENDE OLEFINMETATHESE

Kombination von **4.5-C1** und **Ru-6** in THF erzielt: Im direkten Vergleich erwies sich die Anwesenheit des Palladiumkatalysators als vorteilhaft und lieferte das gewünschte Produkt Styrol in nahezu quantitativer Ausbeute (Einträge 10 und 11).

Tabelle 28. Entwicklung der isomerisierenden Ethenolyse.

Eintr.	Metathese-Kat.	Solvens	Ums. (%)[a]	Ausb. (%)[a]
1	Ru-3	Toluol	57	0
2	Ru-5	"	54	3
3	Ru-8	"	95	11
4	Ru-9	"	84	6
5	Ru-6	"	89	74
6	"	"	87	73[b]
7	"	"	75	23[c]
8	"	"	95	83[d]
9	"	"	88	73[e]
10	"	THF	93	79[b]
11	"	"	96	92

Reaktionsbedingungen: 4-Phenyl-1-buten (0.5 mmol), **4.5-C1** (1 mol%), Metathesekatalysator (5 mol%, wenn nicht anders angegeben), Solvens (1.0 mL), Ethen (10 bar), 60 °C, 20 h. [a] Ausbeute bestimmt mittels GC und internem Standard *n*-Hexadecan; [b] Reaktion ohne Palladium; [c] Ethendruck 1 bar; [d] Reaktion mit 1.5 mol% an **Ru-6**; [e] Temperatur 70 °C.

Unter diesen optimierten Bedingungen wurde in ersten Studien die vorläufige Anwendungsbreite der neuen Transformation untersucht (Tabelle 29). Dabei wurde gefunden, dass kein zusätzlicher Isomerisierungskatalysator für solche Substrate zugesetzt werden muss, bei denen nur eine einzige Doppelbindungsverschiebung für die Produktbildung erforderlich ist. In diese Klasse fallen preiswerte Naturstoffe, wie Eugenol (16 € / 100 g), aus dem das wesentlich wertvollere 3-Methoxyvinylphenol (500 € / 100 g) in sehr guter Ausbeute erhalten wurde (Eintrag 1).

Anhand des Produktspektrums wird die Toleranz des Katalysatorsystems gegenüber aromatischen Hydroxygruppen und Arylalkylethern deutlich: Eugenolmethylether, Safrol und Allylanisol lieferten die entsprechenden Vinylbenzole mit quantitativen Umsätzen und sehr guten Ausbeuten (Einträge 2 bis 4).

Tabelle 29. Vorläufige Anwendungsbreite der isomerisierenden Ethenolyse von Allylbenzolen.

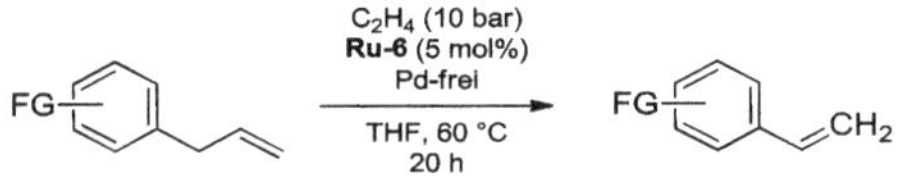

Eintr.	Substrat	Produkt	Ums. (%)[a]	Ausb. (%)[a]
1	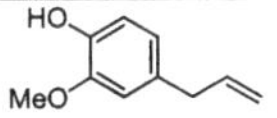 HO-, MeO- (allyl)	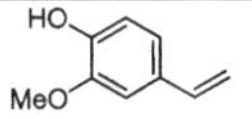 HO-, MeO- (vinyl)	>99	86
2	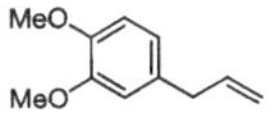 MeO-, MeO- (allyl)	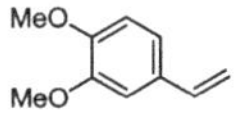 MeO-, MeO- (vinyl)	>99	99
3	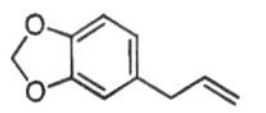 methylenedioxy-allyl	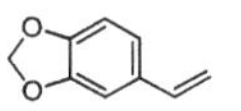 methylenedioxy-vinyl	>99	99
4	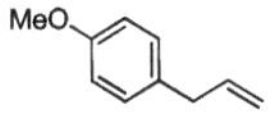 MeO- (allyl)	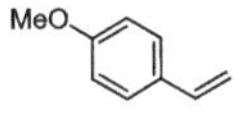 MeO- (vinyl)	>99	85

Reaktionsbedingungen: Substrat (1.0 mmol), **Ru-6** (5 mol%), THF (1.0 mL), Ethen (10 bar), 60 °C, 20 h. [a] Umsatz und Ausbeute mittels GC und internem Standard *n*-Hexadecan bestimmt.

Die auf diesem Wege zugänglichen Produkte sind zum Beispiel für Polymeranwendungen bedeutsam[209] und müssten andernfalls über abfallintensive Wittig-Reaktionen dargestellt werden. Sie dienen darüber hinaus als Ausgangsstoffe für die Synthese biologisch aktiver, asymmetrisch substituierter Hydroxystilbene, wie Resveratrol (3,4',5-Trihydroxystilben), Piceatannol, Pinostilben und Pterostilben, die mittels Kreuzmetathese dargestellt werden können (Abbildung 39).[210] Diese Verbindungen sind nachweislich gegen Herz-Kreislauf-Erkrankungen und potentiell auch gegen Krebs wirksam.[211]

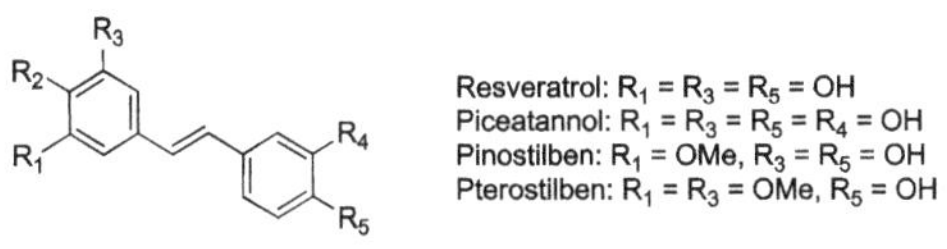

Resveratrol: $R_1 = R_3 = R_5 = OH$
Piceatannol: $R_1 = R_3 = R_5 = R_4 = OH$
Pinostilben: $R_1 = OMe, R_3 = R_5 = OH$
Pterostilben: $R_1 = R_3 = OMe, R_5 = OH$

Abbildung 39. Hydroxystilbene mit biologischer Aktivität.

Die neue Methode könnte zur Umwandlung von synthetisch einfach einzuführenden Allylgruppen in die wesentlich schwerer zu erzeugenden Vinylgruppen eingesetzt werden. In Stichversuchen wurde gezeigt, dass sich α-Allyldiethylmalonat in Gegenwart von **Ru-6** in einer vielversprechenden Ausbeute von 27 % zum entsprechenden vinylierten Diester umsetzen lässt (Schema 74).

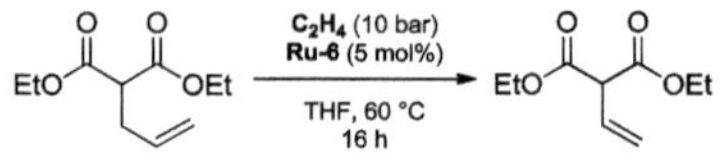

4.5 PALLADIUM/RUTHENIUM-KATALYSIERTE ISOMERISIERENDE OLEFINMETATHESE

Schema 74. Synthese von Vinylgruppen aus Allylgruppen *via* isomerisierende Ethenolyse am Beispiel von Allyldiethylmalonat.

Im Rahmen dieses Kooperationsprojektes wurde die zuvor entwickelte isomerisierende Olefinmetathese derart angepasst, dass die Doppelbindungswanderung in Verbindung mit ethenolytischer Bindungsspaltung zur Wertschöpfung eingesetzt werden kann. Das Konzept der kooperativen Bimetall-Katalyse wurde am Beispiel von 4-Phenyl-1-buten gezeigt, das quantitativ zu Styrol umgewandelt wurde. Die Methode erlaubt die effiziente Umwandlung natürlicher, funktionalisierter Allylbenzole in hochpreisige Vinylbenzole, was anhand von vier ersten Beispielen demonstriert wurde. In derzeit laufenden, weiterführenden Studien im Arbeitskreis Gooßen wird die Anwendungsbreite des Verfahrens untersucht.

4.5.13 Ausblick

Die vorgestellte isomerisierende Kreuzmetathese ungesättigter Fettsäuren weist eine breite Anwendbarkeit auf. Ein lohnendes Ziel könnte die Übertragung des Verfahrens auf weitere natürlich vorkommende Substrate mit Olefineinheiten sein, etwa zur *Synthese funktionalisierter Zimtsäuren*. Diese könnte durch isomerisierende Kreuzmetathese zwischen Allylbenzolen, wie Eugenol oder Safrol, und Acrylsäure-Äquivalenten, wie Acrylaten, Maleaten, Fumaraten und Maleinsäureanhydrid, möglich werden (Schema 75). Das Startmaterial wird im ersten Schritt zum konjugierten, β-substituierten Styrolderivat isomerisiert. Anschließend findet die Kreuzmetathese mit dem Carbonsäurederivat statt, wobei das Produkt entsteht und – je nach der Natur des eingesetzten Kreuzmetathesepartners – ein Acrylat-Äquivalent freigesetzt wird, das wiederum an der Reaktion teilnehmen kann. Um diese Transformation erfolgreich zu entwickeln, müssen Nebenreaktionen bedacht werden, wie die Selbstmetathese des Edukts oder seine direkten Kreuzmetathese ohne Isomerisierung, die unproduktive Rückreaktion im Gleichgewichtszustand; und es müssen Wege zu ihrer selektiven Unterdrückung gefunden werden.

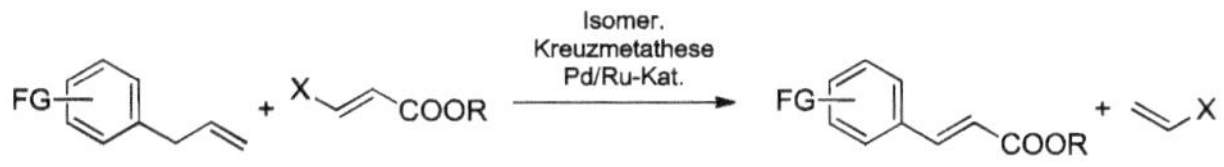

FG⎯⟨⟩⎯∕∖∕ + X∕∖∕COOR →[Isomer. Kreuzmetathese Pd/Ru-Kat.] FG⎯⟨⟩⎯∕∖∕COOR + ∕∖X

Schema 75. Geplante Zimtsäuresynthese *via* isomerisierende Kreuzmetathese.

Ein wichtiger Schritt auf dem Weg zur Umsetzung funktionalisierter Aromaten in einer solchen isomerisierenden Kreuzmetathese ist die Reaktion von Eugenolderivaten mit Ethen, bei der funktionalisierte, höherwertige Vinylbenzole in quantitativen Ausbeuten entstehen (siehe Kapitel 4.5.12, S. 168).

Das vorgestellte Verfahren zur stofflichen Nutzung ungesättigter Fettsäuren als Quelle für Olefinschnitte kann sicherlich dazu beitragen, die etablierten Wertschöpfungsketten um eine Querverbindung reicher zu machen. Langfristig kann diese Methode einen Zugang zu Monomermischungen mit definierten Kettenlängenverteilungen bieten, aus denen sich bio-basierte Materialien herstellen lassen. Um die preiswerten Kreuzmethesepartner Acrylsäure (**4.5-7b**) und Maleinsäure (**4.5-10b**) effektiv nutzen zu können, müssen allerdings aktive Metathesekatalysatoren entwickelt und auf ihre Verträglichkeit mit dem hochaktiven Palladium(I)-Isomerisierungskatalysator **4.5-C1** untersucht werden.

4.6 Die vorgestellten Isomerisierungskatalysatoren im Vergleich

Die in dieser Arbeit beschriebenen Katalysatoren zur Doppelbindungsverschiebung zeigen substratabhängige Isomerisierungsaktivitäten, weisen deutliche Preisunterschiede auf und sind unterschiedlich gut mit Funktionalisierungsreaktionen kombinierbar. Im Folgenden werden die erfolgreich in den beschriebenen neuen Methoden eingesetzten Übergangsmetallkatalysatoren hinsichtlich dieser Merkmale verglichen.

Durch eine reine Isomerisierung ungesättigter Fettsäurederivate werden Isomerengemische immer gleicher Zusammensetzung erzeugt, die andere Materialeigenschaften als die Ausgangsstoffe aufweisen, vor allem Schmelz- und Siedepunkte, sodass Anwendungen als Schmierstoffe denkbar sind. Zur effektiven Doppelbindungsmigration stehen fünf Systeme zur Auswahl, die je nach Substrat unterschiedlich gut geeignet sind (Tabelle 30). Freie ungesättigte Fettsäuren werden am besten durch $RhCl_3 \cdot 3\, H_2O$, $[Pd(\mu\text{-Br})^tBu_3P]_2$ oder AgOTf isomerisiert, wobei sich im Falle des Silberkatalysators unmittelbar selektiv die γ-Lactone bilden. In Gegenwart der Rhodium-Biphephos-Komplexe ist für diese Substrate keine Isomerisierungsaktivität zu beobachten. Möchte man eine Isomeren-Gleichgewichtsmischung aus Fettsäureestern erzeugen, bieten sich die hochaktiven Systeme $RhCl_3 \cdot 3\, H_2O$ in Ethanol, Rhodium-Bisphophit-Komplexe in Toluol oder das Pd(I)-Dimer an; letzteres ist sogar unter lösemittelfreien Bedingungen und mit sehr niedrigen Beladungen aktiv: Mit diesem Palladiumkatalysator gelang es erstmals, ungesättigte Fettsäureamide zu isomerisieren.

Tabelle 30. Eignung der Isomerisierungskatalysatoren für ungesättigte Fettsäurederivate.

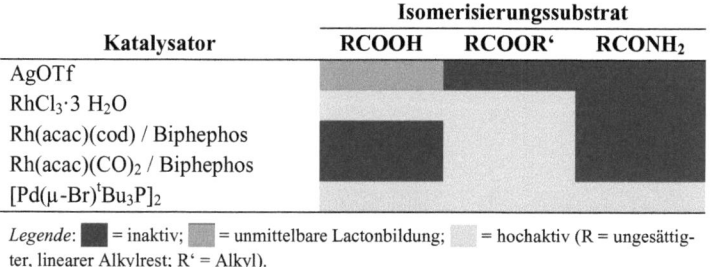

Katalysator	RCOOH	RCOOR'	RCONH₂
AgOTf			
RhCl₃·3 H₂O			
Rh(acac)(cod) / Biphephos			
Rh(acac)(CO)₂ / Biphephos			
[Pd(μ-Br)ᵗBu₃P]₂			

Legende: ■ = inaktiv; ■ = unmittelbare Lactonbildung; □ = hochaktiv (R = ungesättigter, linearer Alkylrest; R' = Alkyl).

Betrachtet man die Selektivität der Isomerisierungskatalysatoren für die Doppelbindungsverschiebung und ihre Verträglichkeiten mit den verschiedenen Abfangreaktionen, so fallen deutliche, an Orthogonalität grenzende Unterschiede auf (Tabelle 31). Die isomerisierende Lactonisierung von freien Fettsäuren gelingt am besten mit AgOTf und mäßig gut mit RhCl$_3$·3 H$_2$O; für die Lactonsynthese aus Estern zeigt AgOTf immerhin moderate Aktivität. Alle anderen Katalysatoren sind für diese Tandemreaktion ungeeignet.

Tabelle 31. Eignung und Selektivität der Isomerisierungskatalysatoren für Tandemreaktionen.

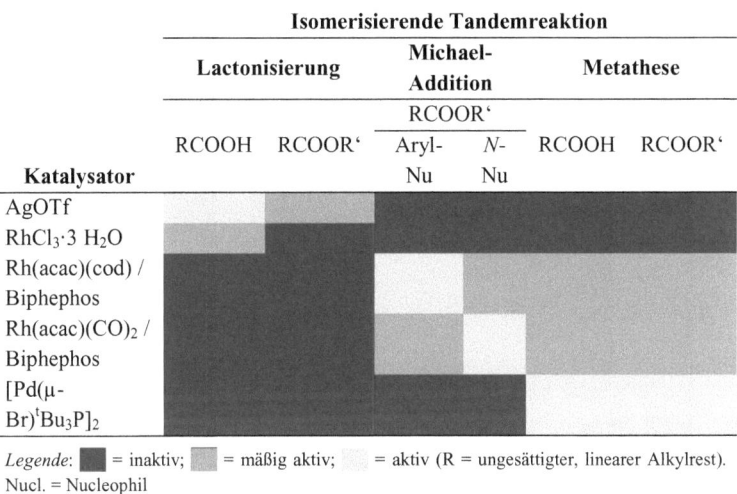

Legende: ■ = inaktiv; ▨ = mäßig aktiv; □ = aktiv (R = ungesättigter, linearer Alkylrest). Nucl. = Nucleophil

Möchte man Arylnucleophile durch eine isomerisierende 1,4-Addition an ungesättigte Ester addieren, ist Rh(acac)(cod) / Biphephos die beste Wahl; für die analoge Umsetzung von Stickstoffnucleophilen bietet sich die Kombination Rh(acac)(CO)$_2$ / Biphephos an. Nur mit diesen beiden bifunktionellen Katalysatoren gelingt die Synthese β-substituierter aliphatischer Ester, alle anderen Systeme führen bestenfalls zur Isomerisierung, aber nicht zur Produktbildung. Die beschriebene isomerisierende Olefinmetathese benötigt im Gegensatz zu den anderen Tandemreaktionen ein bimetallisches Katalysatorsystem. Zur Kombination mit einem Metathesekatalysator eignen sich die untersuchten Rhodium-Bisphosphit-Systeme nur mäßig, wohingegen [Pd(μ-Br)^{t}Bu$_3$P]$_2$ durch außerordentlich gute Kompatibilität mit den Rutheniumkatalysatoren und hohe Isomerisierungsaktivität unter den erforderlichen Reaktionsbedingungen zu den gewünschten regelmäßigen Produktverteilungen führt.

Die Isomerisierungskatalysatoren unterscheiden sich hinsichtlich ihrer Stabilität gegenüber Sauerstoff, Wasser und Wärme (Tabelle 32, S. 176): Sehr robust sind Silbertriflat und Rhodium(III)chlorid-Trihydrat, die zudem wahrscheinlich recyclet werden könnten. Empfindlicher und schwieriger bis nicht wiederver-

4.6 Die vorgestellten Isomerisierungskatalysatoren im Vergleich

wendbar sind die beiden Rhodium(I)-Vorstufen und der Bisphosphit-Ligand Biphephos. Das sauerstofflabile Pd-Dimer ist mäßig stabil gegenüber Wasser und Wärme und kann nach der Reaktion zumindest in der jetzigen Verfahrensform nicht wiedergewonnen werden. Die Verbindung $[Pd(\mu\text{-Br})^t Bu_3 P]_2$ stellt aufgrund der ungwöhnlichen Oxidationsstufe +I für das Palladium einen Kompromiss zwischen Empfindlichkeit und Reaktivität dar: Man kann sie durchaus an Luft handhaben, z B. zum Einwiegen; sobald sie jedoch in Lösung ist, wird eine unbändige Isomerisierungsaktivität freigesetzt.

Ein Lösungsansatz für die Recycling- und Stabilitätsproblematik könnte die Immobilisierung der Katalysatoren durch Anbindung auf einem geeigneten Träger sein. Ein vielversprechender Weg könnte die Nutzung von Chitosan als biogenes Trägermaterial sein, auf dem kürzlich Rhodium-Komplexe zur Hydroformylierung heterogenisiert wurden.[212]

Tabelle 32. Stabilitäten und Recyclingpotential der Isomerisierungskatalysatoren.

Verbindung	Stabilität ggü.			Recycling
	Sauerstoff	Wasser	Wärme	
AgOTf				
$RhCl_3 \cdot 3\ H_2O$				
Rh(acac)(cod)				
$Rh(acac)(CO)_2$				
Biphephos				
$[Pd(\mu\text{-Br})^t Bu_3 P]_2$				

Legende: ■ = nicht stabil / nicht recyclierbar; ▨ = mäßig stabil, schwierig zu recyclieren; ░ = stabil, potentiell recyclierbar.

Der Blick auf Molukulargewichte und Kosten der Katalysatorkomponenten in Tabelle 33 zeigt, dass Silbertriflat am preisgünstigsten ist, gefolgt von Rhodium(III)chlorid, dem Palladium(I)-Dimer und den Rhodium-Biphephos-Systemen, bei denen der Ligand einen Großteil der Gesamtkatalysatorkosten ausmacht. Abhängig von den benötigten Beladungen kann sich diese Reihung – auf eine Einzelreaktion bezogen – ändern: Das Palladium-Dimer ist beispielsweise bereits bei Beladungen von 0.5 mol% und ohne zusätzliche Liganden aktiv, während für die vorgestellten AgOTf-katalysierte Reaktionen Beladungen von 10 mol% und mehr benötigt werden.

Je nach geplanter Anwendung und in Abhängigkeit von den Reaktionsbedingungen, Substraten sowie Reaktanden kommen verschiedene Isomerisierungskatalysatoren in Betracht. Die vorgestellte Auswahl an aktiven Systemen mit unterschiedlichen Reaktivitäten, Selektivitäten und Stoffeigenschaften ist eine gute Grundlage für die Entwicklung neuer isomerisierender Funktionalisierungen.

Tabelle 33. Kosten der Isomerisierungskatalysatorkomponenten im Vergleich.[213]

Verbindung	MW (g / mol)	MW^{-1} (mmol / g)	Kosten	
			€ / g	€ / mmol
AgOTf	256.94	3.89	7.60	1.95
RhCl$_3$·3 H$_2$O	263.31	3.79	106	27.9
Rh(acac)(cod)	310.20	3.22	398	124
Rh(acac)(CO)$_2$	258.04	3.86	127	32.9
Biphephos	786.80	1.27	208	164
[Pd(μ-Br)^{t}Bu$_3$P]$_2$	777.29	1.29	240	186

4.7 Kettenalkylierung gesättigter und ungesättigter Fettsäureester

4.7.1 Vorüberlegungen

Die Einführung von Alkylsubstituenten in die aliphatische Kette einer Fettsäure liefert gerüstverzweigte Derivate mit den bereits erwähnten vorteilhaften chemisch-physikalischen Eigenschaften, die von der Anzahl der Doppelbindungen, der Kettenlänge und auch der Substituentenposition abhängen (siehe Kapitel 2.4.4). Die Schwierigkeit bei der Knüpfung neuer C-C-Bindungen zur Kettenverzweigung liegt in der Erzeugung der Kohlenstoffnucleophile aus dem Fettsäurederivat. Zwei Strategien bieten sich hierfür an (Schema 76): Die α-Position lässt sich durch sehr starke Amidbasen und bei tiefen Temperaturen deprotonieren; das *in situ* gebildete Metallenolat wird in einem zweiten Reaktionsschritt mit einem Alkylelektrophil versetzt und liefert so beispielsweise α-methylierte Fettsäureester (Strategie 1).[122] Vielversprechend ist in diesem Kontext ein Zweistufenprotokoll ausgehend von aliphatischen, gesättigten Ester-Silylketenacetalen, bei dem eine Allylgruppe in α-Position eingeführt wird.[123] Als Allyl-Quelle dienen hierbei gemischte Allylalkylcarbonate, die sich bei der Reaktion unter CO_2-Extrusion zersetzen und lediglich einen Alkohol als Nebenprodukt liefern. Werden gesättigte, verzweigte Ester gewünscht, so würde eine Hydrierung der resultierenden Produkte die gleichen Verbindungen liefern wie bei einer direkten Einführung einer Alkyl- statt einer Allylgruppe in α-Position. Um ein katalytisches Verfahren zur α-Alkylierung zu etablieren, müsste man das Ester-Enolat *in situ* bei milden Temperaturen erzeugen und durch einen Katalysator den nachfolgenden Kupplungsschritt mit einem bereits anwesenden Elektrophil vermitteln oder beschleunigen.

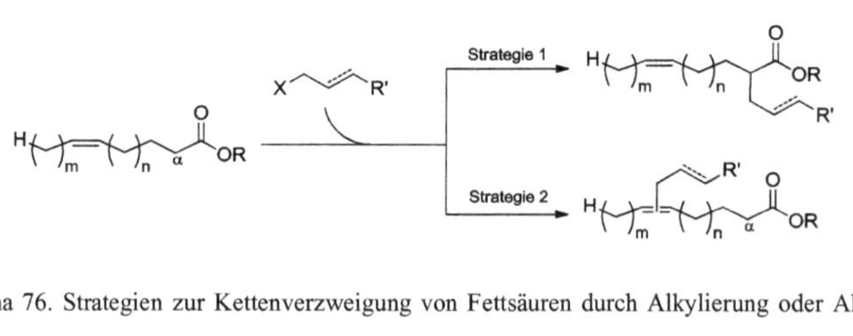

Schema 76. Strategien zur Kettenverzweigung von Fettsäuren durch Alkylierung oder Allylierung.

Die zweite Strategie führt zu Gerüstverzweigung an der Doppelbindung, indem ein Alkylchlorid in einer Heck-Kupplung als Elektrophil eingesetzt wird. Jedoch ist die gezielte Aktivierung aliphatischer Kohlenstoffelektrophile mit α-Protonen zur C-C-Bindungsknüpfung schwierig, da diese zu β-Eliminierungsreaktionen neigen (Schema 77).

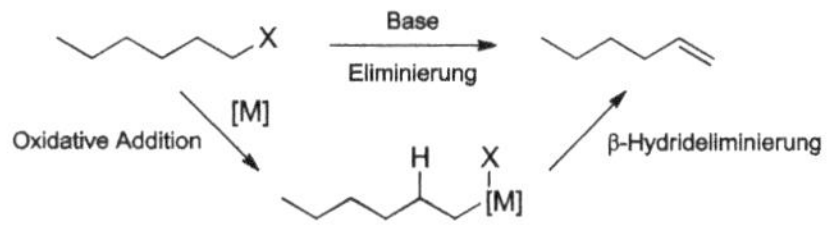

Schema 77. Bildung von Olefinen aus potentiellen Kohlenstoffelektrophilen. X = Halogenid, O-SO$_2$R.

In Anwesenheit starker Basen kann aus dem Elektrophil die Säure H-X abgespalten werden; nach oxidativer Addition an einen Katalysator erfolgt in der Regel β-Hydrideliminierung, wenn keine speziellen Liganden zugegen sind. Da die Übertragung des Alkylrestes auf ein Metallzentrum ein elementarer Schritt bei der angestrebten Heck-Reaktion ist, muss die Nebenreaktion unterdrückt werden. Als Ausgangspunkt für die Umsetzung der zweiten Strategie dient die Palladium-katalysierte intramolekulare Alkylierung desaktivierter C=C-Doppelbindungen von Fu et al.[214] In Gegenwart eines NHC-Liganden gelingt die Cyclisierung terminal ungesättigter 6-Brom- oder 6-Chlorolefine zu fünfgliedrigen Ringen. Aufbauend auf diesem System könnte man die Entwicklung einer intermolekularen Doppelbindungsalkylierung ungesättigter Fettsäureester mit umfangreicher Untersuchung geeigneter Palladium-Quellen, Liganden und Basen beginnen.

4.7.2 Versuche zur Doppelbindungsalkylierung *via* Heck-Kupplung

Die Entwicklung einer sp^2-sp^3-Kohlenstoffverknüpfung zur Einführung eines Alkylrestes in eine Fettsäureesterkette wurde am Modellsystem Methyloleat (**4.7-1**) mit Chloroctan als Elektrophil begonnen. Das gewünschte Produkt **4.7-2** würde dabei als Regioisomerengemisch anfallen, da der Angriff an beiden Positionen (C$_9$ und C$_{10}$) aufgrund der chemischen Umgebung der desaktivierten Doppelbindung gleich wahrscheinlich ist. Bei der angestrebten Doppelbindungsalkylierung spielt möglicherweise die Umesterung eine Rolle als Nebenreaktion, die entweder über den nucleophilen Angriff des verseiften Carboxylats am Chloralkan oder über eine Insertion des Palladiums in die O-CH$_3$-Bindung des Esters **4.7-1** abläuft. In Stichversuchen wurden zahlreiche Katalysatoren, Liganden, Basen und Lösemittel untersucht (Tabelle 34).

4.7 KETTENALKYLIERUNG GESÄTTIGTER UND UNGESÄTTIGTER FETTSÄUREESTER

Tabelle 34. Stichversuche zur Heck-Alkylierung von Methyloleat (**4.7-1**).

#	Pd-Quelle	Ligand	Base	Solvens	4.7-2 (%)[a]	4.7-3 (%)[a]
1[b]	$Pd_2(dba)_3$	SIMesHBF$_4$	K_3PO_4 oder Cs_2CO_3	NMP	0	0
2	"	Cy$_3$P oder Ph$_3$P, BTBPM, BINAP	"	"	0	0
3	PdCl$_2$	X-Phos oder o-Tol$_3$P, (p-MeOC$_6$H$_4$)$_3$P, (2-Nap)$_3$P, (p-CF$_3$C$_6$H$_4$)$_3$P, DPE-Phos	KOAc oder K_3PO_4, K_2CO_3, NEt$_3$	"	0	<5
4	"	dppf, dppe, dppm, dppb	"	"	0	<5
5	"	Ph$_3$P	K_3PO_4	DMF oder Toluol, PPC	0	0
6	Pd(dba)$_2$	X-Phos	K_3PO_4 oder NaOAc	NMP	0	<5
7	"	Ph$_3$P	K_3PO_4	"	0	9
8[c]	"	BINAP	"	"	0	10
9	"	"	NEt$_3$	"	0	<5
10[c]	Pd(OAc)$_2$	Ph$_3$P[d]	K_3PO_4	"	0	13
11[c]	"	dppm	"	"	0	15
12[c]	Pd-En-40	"	"	"	0	24

BTBPM = Bis-(tert-butylphosphino)methan; PPC = Propylencarbonat; SIMes = 1,3-Bis(2,4,6-trimethylphenyl)-4,5-dihydroimidazol; Pd-En-40 = heterogenisiertes Palladium(II)-acetat, Mikrokapseln in Polyharnstoffmatrix. *Reaktionsbedingungen*: Methyloleat (**4.7-1**, 90 % Reinheit, 0.5 mmol), Pd-Quelle (5 mol%), Phosphin-Ligand (5 mol% für monodentate, 2.5 mol% für bidentate Phosphine), Base (1.5 Äquiv.), Solvens (2.0 mL, wenn nicht anders angegeben), 130 °C, 16 h, Argonatmosphäre. [a] Mittels GC und internem Standard *n*–Dodecan bestimmt. Es wurden keine Nebenprodukte außer **4.7-3** detektiert.; [b] Reaktion mit 0.2 Äquiv. Ligand; [c] Reaktion mit 3.0 Äquiv. Base; [d] Reaktion mit 0.1 Äquiv. Ligand.

Auf Basis eines Palladium(0)-NHC-Systems konnte in Gegenwart verschiedener Basen und unterschiedlicher Liganden nur das Edukt zurückgewonnen werden (Einträge 1 und 2). Statt des gewünschten Produktes **4.7-2** wurden mit PdCl$_2$ und einer Reihe von Phosphinen Spuren des Esters **4.7-3** detektiert (Einträge 3 bis 5). Ausbeuten von bis zu 15 % an **4.7-3** lieferte die Reaktion in Anwesenheit von Palladium(II)-acetat und dem bidentaten Phosphin dppm (Einträge 6 bis 11). Ein heterogenisierter Palladium(II)-Katalysator führte unter diesen Bedingungen immerhin zu 24 % Ausbeute.

Das Elektrophil reagiert also bevorzugt mit der Carboxylatgruppe und bildet **4.7-3** statt des kettenverzweigten Produktes **4.7-2**, weil die Doppelbindung wahrscheinlich zu reaktionsträge ist. In allen Reaktionen blieb die Doppelbindung an ihrer ursprünglichen Position, sodass die untersuchten Katalysatoren nicht zur Isomerisierung in der Lage sind. Im Vergleich zur cyclisierenden, intramolekularen Heck-Kupplung von Fu *et al.* fehlt bei diesen offenkettigen Verbindungen die Triebkraft zur Produktbildung, sodass diese Strategie zur Gerüstverzweigung angesichts dieser Stichversuche zunächst weniger in Frage kommt.

4.7.3 α–Alkylierung mittels *in situ* Enolatbildung

Die Einführung eines Alkylsubstituenten in die α-Position eines aliphatischen Carbonsäureesters kann in Form einer Palladium-katalysierten Allylierung geschehen. Die Allylgruppe ist im Gegensatz zu aliphatischen sp^3-Alkylelektrophilen wenig anfällig für β-Hydrideliminierungen und kann daher von einer geeigneten Allyl-Quelle, z. B. Allylcarbonate oder Allylchlorid, auf einen Palladiumkatalysator übertragen werden. Parallel dazu wird baseninduziert aus dem Edukt ein Enolat gebildet, das so lange unter den Reaktionsbedingungen stabil sein muss, bis der nucleophile Angriff am Palladium-Allyl-Komplex erfolgt. Die Schwierigkeit hierbei liegt in den Querbeziehungen zwischen Reaktanden und Produkten durch Claisen-Kondensationen, mögliche Umesterung mit den Alkoxycarbonaten und durch die eigentlich gewünschte α-Allylierung, die allerdings vor oder nach diesen Nebenreaktionen stattfinden kann. Das Ziel bei der Entwicklung einer Eintopf-Variante ohne Isolierung des Enolates muss daher ein selektives Protokoll für die Mono-Allylierung des Eduktes bei gleichzeitiger Unterdrückung der Claisen-Kondensation sein.

Basierend auf einem Zweistufenprotokoll[123] von Tsuji *et al.* wurden mit Nonansäurealkylestern **4.7-4a-c** systematische Versuche zur katalytischen α-Allylierung durchgeführt (Tabelle 35). Es stellte sich heraus, dass nur das sterisch abgeschirmte Hexamethyldisilazid als Base geeignet ist, um Reaktivität und Bildung der allylierten Produkte **4.7-5a-c** zu erzeugen (Einträge 1 bis 3).

4.7 KETTENALKYLIERUNG GESÄTTIGTER UND UNGESÄTTIGTER FETTSÄUREESTER

Tabelle 35. Direkte katalytische α-Allylierung aliphatischer Carbonsäureester.

#	R	X	Kat.	Ligand	Solvens	4.7-5^a	4.7-6^a
1	Me	OCO$_2$Me	Pd$_2$(dba)$_3$	dppe	Toluol	5	33
2	"	"	PdCl$_2$	Ph$_3$P	"	10	23
3^b	"	"	Pd$_2$(dba)$_3$	dppe	"	0	0
4	"	"	PdCl$_2$	Ph$_3$P	Dioxan	1	77
5	"	"	Pd$_2$(dba)$_3$	BINAP	Toluol	9	32
6	"	"	"	(o-Tol)$_3$P	"	7	13
7	"	"	"	Cy$_3$P	"	13	31
8	"	"	"	dcpe	"	6	28
9	"	"	"	X-Phos	"	6	21
10	"	"	"	dppe	Dioxan	22	23
11	"	"	"	dppf	"	0	52
12	"	"	"	dppe	" (70 °C)	2	62
13	"	"	"	"	" (90 °C)	0	52
14^c	"	OCO$_2$Me	"	"	" (110 °C)	0	70
15	"	OCO$_2$All	"	"	"	0	62
16	"	OAc	"	"	"	0	75
17	"	OH	"	"	"	0	0
18	"	Cl	"	"	"	9	42
19	^{i}Pr	"	"	"	"	15	10
20^f	"	"	[Pd(Br)^{t}Bu$_3$P]$_2$	–	"	<5	<5
21^{f,g}	"	"	"	–	"	<5	<5
22^f	"	"	"	–	Toluol	6	<5
23^f	"	OCO$_2$All	"	–	Dioxan	<5	60
24^f	^{t}Bu	"	"	–	"	23	0
25^{f,h}	"	"	"	–	Toluol/^{t}BuOH	19	<5
26^{d,f,h}	"	"	"	–	"	0	0
27^{e,f}	"	"	"	–	DMF	0	9
28	"	"	Pd$_2$(dba)$_3$	dppe	Dioxan	23	0

dcpe = 1,2-Bis(dicyclohexylphosphino)ethan; All = Allyl. *Reaktionsbedingungen:* Octansäurealkylester **4.7-4** (0.5 mmol), Pd-Quelle (5 mol% Pd, wenn nicht anders angegeben), Phosphin-Ligand (5 mol% für monodentate, 2.5 mol% für bidentate Phosphine), Allyl-Quelle (2.0 Äuiv., wenn nicht anders angegeben), Base NaHMDS (1.6 Äquiv., wenn nicht anders angegeben), Solvens (2.0 mL, wenn nicht anders angegeben), 110 °C (wenn nicht anders angegeben), 16 h, Argonatmosphäre. ^{a} Ausbeute in %, mittels GC und internem Standard *n*-Dodecan bestimmt. Es wurden in einigen Fällen höhere Kondensationsprodukte und / oder Umesterungsprodukte detektiert; ^{b} Reaktion mit KO^{t}Bu (1.6 Äquiv.); ^{c} Reaktion mit 1.1 Äquiv. NaHMDS; ^{d} Reaktion mit Cs$_2$CO$_3$ (1.6 Äquiv.); ^{e} Reaktion mit K$_3$PO$_4$ (1.6 Äquiv.); ^{f} Reaktion mit 1.5 mol% [Pd(μ-Br)^{t}Bu$_3$P]$_2$; ^{g} Reaktion mit 1.2 Äquiv. an Base; ^{h} Solvensgemisch Toluol / ^{t}BuOH 5:1.

Mit Methylallylcarbonat als Allyl-Quelle ergab sich eine Ausbeute von bis zu 33 % für den tetrasubstituierten β-Oxoester **4.7-6a**. Die Selektivität für das gewünschte Produkt **4.7-5a** hängt stark von der Wahl der Palladium-Quelle und des Phosphins ab: In Gegenwart einer Kombination von Pd(0) / dppe wurden 22 % an **4.7-5a** als Gemisch mit 23 % **4.7-6a** erhalten, wohingegen die Reaktion unter Pd(II) / Ph$_3$P – Katalyse eine Ausbeute von 77 % an Claisen-Produkt **4.7-6a** lieferte (Einträge 4 bis 11). Dabei hatten Veränderung der Temperatur oder der Basenmenge nur geringen Einfluss (Einträge 12 bis 14).

Die Aktivierung preiswerter Allyl-Quellen, darunter Allylchlorid und Allylacetat, gelang mit einer Palladium(0)-Quelle, allerdings wurde statt des Esters **4.7-5a** das Nebenprodukt **4.7-6a** in einer Ausbeute von bis zu 75 % erhalten (Einträge 15 bis 18). Um die Claisen-Kondensation des Eduktes zu unterdrücken, wurden die sterisch aufwändigen Isopropyl- und *tert*-Butyl-Ester **4.7-4b** und **4.7-4c** synthetisiert und unter analogen Bedingungen umgesetzt. Die sterische Hinderung durch die Isopropylgruppe reicht nicht aus, um den intermolekularen Angriff des α-Enolates am Carbonylkohlenstoff zu verhindern, da bis zu 60 % des Claisen-Produktes **4.7-6b** detektiert wurden (Einträge 19 bis 23). Versuche zur Ausbeutesteigerung durch andere Lösemittel oder Basen waren nicht erfolgreich (Einträge 24 bis 27). Die Umkehr der Selektivität zugunsten des gewünschten α-Allylesters **4.7-5c** gelang schließlich ausgehend von **4.7-4c** in Gegenwart des Pd-Dimers [Pd(μ-Br)^{t}Bu$_3$P]$_2$ oder eines Katalysatorsystems aus Pd$_2$(dba)$_3$ / dppe (Einträge 24 und 28).

Um die Anwendbarkeit dieser Methode auf Oleochemikalien zu untersuchen, wurde zunächst in einer zweistufigen Sequenz das α-Allylierungsprodukt (**4.7-5d**) des Ölsäuremethylesters (**4.7-1**) synthetisiert (Schema 78). In Gegenwart von LDA erfolgte bei tiefen Temperaturen die Darstellung des Ester-Enolats, welches mit TMSCl abgefangen wurde.[215] Das gewünschte *O*-Silylketenacetal **4.7-7** resultierte in einer Ausbeute von 95 % als *E*/*Z*-Isomerenmischung. Diese wurde anschließend Palladium-katalysiert mit Diallylcarbonat in einer Ausbeute von 65 % zum α-allylierten Endprodukt **4.7-5d** umgesetzt.

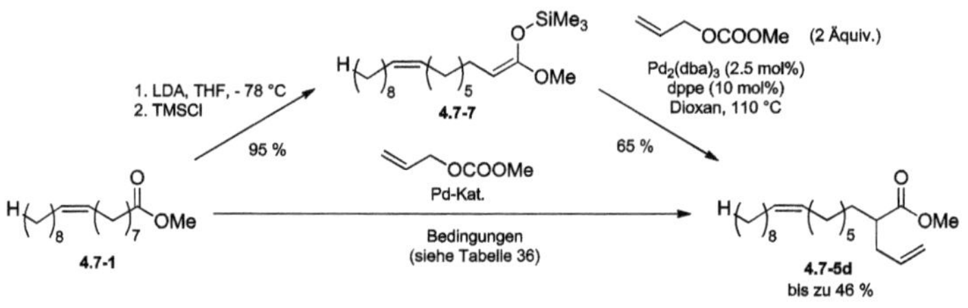

4.7 KETTENALKYLIERUNG GESÄTTIGTER UND UNGESÄTTIGTER FETTSÄUREESTER

Schema 78. Synthesewege zu α-Allylölsäuremethylester (**4.7-5d**).

Unter den zuvor gefundenen Bedingungen sollte es möglich sein, **4.7-5d** direkt aus Methyloleat (**4.7-1**) zu synthetisieren. Tatsächlich lieferten Versuche mit verschiedenen Palladium-Quellen in Gegenwart von NaHMDS als Base den bisher nicht beschriebenen α-Allylölsäureester **4.7-5d** (Tabelle 36).

Tabelle 36. Stichversuche zur direkten α-Allylierung von Methyloleat (**4.7-1**) mit Allylmethylcarbonat (2 Äquiv.) zum Produkt **4.7-5d**.

Pd-Quelle (mol%)	Ligand (mol%)	Äquiv. NaHMDS	Solvens	4.7-5d (%)[a]
Pd(OAc)$_2$ (5.0)	Ph$_3$P (20)	1.1	Toluol	<5
Pd$_2$(dba)$_3$ (2.5)	dppe (10)	1.1	"	27
"	"	1.8	Dioxan	43
"	BINAP (10)	1.1	Toluol	15
"	(o-Tol)$_3$P (20)	1.5	"	10
"	X-Phos (20)	1.5	"	8
"	Cy$_3$P (20)	1.5	"	9
PdCl$_2$ (5.0)	Ph$_3$P (20)	1.1	"	46

[a] Ausbeute mittels GC mit internem Standard *n*-Hexadecan bestimmt. Reaktionen bei 110 °C im Maßstab 0.5 mmol.

Dabei stellte sich eine Kombination von Palladium(II)-chlorid mit Triphenylphosphin in Toluol als vorteilhaft heraus und lieferte das gewünschte Produkt in einer Ausbeute von 46 %. Durch weitere Optimierungen, breites Katalysator- und insbesondere Basenscreening lassen sich sicherlich höhere Ausbeuten erzielen.

4.7.4 Zusammenfassung und Ausblick

Die Einführung von Alkylsubstituenten zur Erzeugung kettenverzweigter Fettsäureester wurde in Stichversuchen untersucht. Die angestrebte Heck-Kupplung von Ölsäureestern mit Alkylchloriden resultierte überwiegend in Umesterung des Eduktes ohne die gewünschte Aktivierung der C=C-Doppelbindung, sodass dieser Themenkomplex nicht weiter vertieft wurde.

Erfolgreich wurde gezeigt, dass die Einführung einer Allylgruppe in die α-Position gesättigter oder ungesättigter aliphatischer Ester möglich ist. Allylcarbonate bieten sich als Allyl-Quelle an, da sie lediglich in CO_2 und einen Alkohol zerfallen. Die direkte, einstufige Umsetzung der Fettsäureester in Gegenwart eines Palladiumkatalysators macht die aufwändige Synthese und Isolierung der Ester-Enolate überflüssig: Die gewünschten α-allylierten Produkte wurden in Ausbeuten von bis zu 46 % erhalten. Ist die Claisen-Kondensation zweier Ester mit nachfolgender α-Allylierung gewünscht, so können die entsprechenden Dicarbonylverbindungen unter bestimmten Bedingungen selektiv in Ausbeuten von bis zu 77 % erzeugt werden. Optimierungsbedarf besteht für beide Varianten hauptsächlich bei der Base, die möglichst mild und preiswert sein sollte. Ein vielversprechendes Substitut für das gegenwärtig eingesetzte Hexamethyldisilazid könnte Kaliumphosphat sein, das für eine kürzlich veröffentlichte Kupfer-katalysierte α-Arylierung gute Ergebnisse lieferte.[216] Darauf aufbauend könnte man die Verbesserung der Allylierungsmethode beginnen, um eine möglichst glatte und selektive Umsetzung preiswerter Fettsäureester zu den höherwertigen kettenverzweigten Derivaten zu erreichen.

5 Ausblick

Die vorliegende Arbeit stellt neue katalytische Transformationen zur Nutzbarmachung ungesättigter Fettsäuren vor, die auf der effektiven Doppelbindungsisomerisierung durch Übergangsmetallkatalysatoren in Verbindung mit einer selektiven Abfangreaktion basieren: Die isomerisierende Lactonisierung freier Fettsäuren, die isomerisierende Michael-Addition verschiedener Nucleophile an Ester und die isomerisierende Selbst- und Kreuzmetathese. Diese Reaktionen und die aktuellen Entwicklungen auf dem Gebiet der Fettsäuren zeigen, dass sich die Oleochemie im Aufbruch befindet. Ansätze für neue Reaktionen, die auf Basis der vorgestellten Katalysatorsysteme denkbar sind, finden daher sicherlich fruchtbaren Boden zur Etablierung der isomerisierenden Funktionalisierungen. Im Folgenden werden einige Vorschläge für solche Transformationen umrissen.

Isomerisierende Baylis-Hillman-Reaktion

Die C-C-Bindungsknüpfung zwischen der α-Position einer α,β-ungesättigten Carbonylverbindung und einem Kohlenstoffelektrophil in Gegenwart eines tertiären Amins wird als Baylis-Hillman-Reaktion bezeichnet.[217,218] Als Nucleophile kommen Carbonsäureester und -amide in Betracht, als Elektrophile können Aldehyde und aktivierte Ketone eingesetzt werden, und als Base werden am häufigsten DABCO, Chinuclidine und Trialkylphosphine genutzt. Die Umsetzung β-alkyl-substituierter Acrylate erweist sich bisher als schwierig, kann aber beispielsweise nach einer Vorschrift von Peng *et al.* in einer ionischen Flüssigkeit mit einem wiederverwendbaren Katalysator durchgeführt werden.[219] Könnte man diese Reaktion auf Fettsäurederivate übertragen, würde dies den Zugang zu neuen, langkettigen, α-substituierten Verbindungen eröffnen (Schema 79).

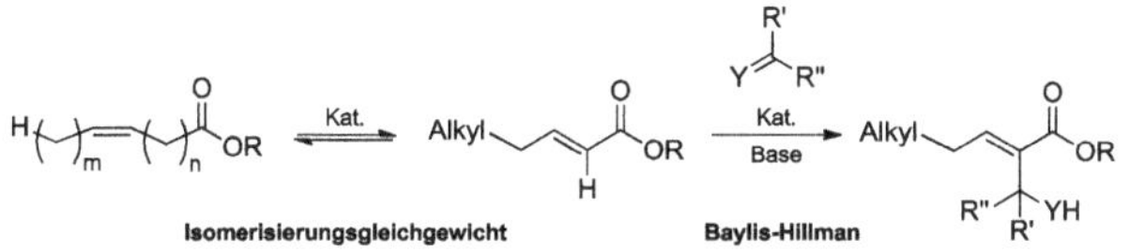

Schema 79. Mögliche isomerisierende Baylis-Hillman-Reaktion von Fettsäurederivaten (Y = O, NTs, NCO$_2$R; R´, R´´ = H, Alkyl, Aryl).

Diese haben neben dem unpolaren Alkylrest eine stark polare Kopfgruppe, was vorteilhaft für diverse Anwendungen als Tenside, Beschichtungen oder Lösungsvermittler ist. Da die Produkte eine Doppelbindung aufweisen, muss eine effektive Abtrennung gewährleistet sein, um Isomerisierung durch den Katalysator und damit Produktgemische zu vermeiden.

Die hypothetische Tandemreaktion basiert auf einem dynamischen Gleichgewicht der Doppelbindungsisomere, das auch in Anwesenheit der polaren elektrophilen Kupplungspartner aufrechterhalten werden muss. Es wird daher ein robuster Katalysator mit hoher Toleranz für funktionelle Gruppen benötigt; hierfür würden sich beispielsweise die in Kapitel 4.4.5 beschriebenen Rhodium-Phosphit-Systeme eignen. Diese tolerieren unter anderem Amine, die als Vermittler für den Kupplungsschritt benötigt werden, und stellen daher einen idealen Ausgangspunkt für die Entwicklung dieser Reaktion dar.

Isomerisierende Decarboxylierung

Könnte man die katalytische Doppelbindungsisomerisierung einer Fettsäure mit der selektiven Decarboxylierung des α,β-ungesättigten Isomers verknüpfen, ergäbe sich ein direkter Zugang zu wertvollen, langkettigen α-Olefinen. Diese spielen eine Rolle als Polymerbausteine oder als Vorstufe für Epoxidharze und werden bisher meist aus petrochemischen Quellen gewonnen. Hierbei fallen Gemische aus α-Olefinen unterschiedlicher Kettenlängen an und es sind hauptsächlich die kürzeren Ketten ($<C_{14}$) verfügbar. Aus nachwachsenden Rohstoffen sind die kurzkettigen Verbindungen einfach zugänglich, seit man die ethenolytische Spaltung intern ungesättigter Fettsäureester entwickelt hat (siehe Kapitel 2.4.3). Es gibt jedoch nur vereinzelte Berichte zur effektiven Decarboxylierung gesättigter oder ungesättigter freier Fettsäuren mit mehr als 16 Kohlenstoffatomen zur Synthese langkettiger α-Mono- oder Diolefine.[220] Dabei werden hohe Temperaturen und meist stöchiometrische Mengen an Übergangsmetallen sowie Oxidationsmittel oder Reaktanden unter Druck benötigt. Gegenwärtig sind die Ausbeuten und Selektivitäten noch weit von einer industriellen Implementierbarkeit entfernt.

Ein katalytisches Verfahren würde auf den vorgestellten Katalysatoren zur Isomerisierung freier Fettsäuren aufbauen (siehe Kapitel 4.2.2 und 4.6), von denen sich $RhCl_3$ und $[Pd(\mu-Br)^tBu_3P]_2$ aufgrund ihrer hohen Selektivitäten am besten eignen dürften. Beide Systeme erzeugen effektiv ein Isomerengleichgewicht, ohne die freie ungesättigte Fettsäure in das (bei anderen Katalysatoren bevorzugt entstehende) γ-Lacton umzuwandeln. Kombiniert man dieses System unter geeigneten Bedingungen mit effektiven Protodecarboxylierungskatalysatoren, ließe sich das *in situ* im Gleichgewicht erzeugte α,β-ungesättigte Isomer durch CO_2-Extrusion selektiv in das entsprechende α-Olefin umwandeln (Schema 80).

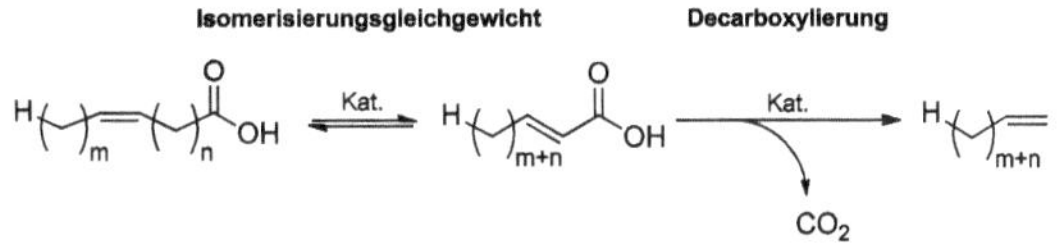

Schema 80. Mögliche isomerisierende Decarboxylierung zur Synthese von α-Olefinen aus ungesättigten Fettsäuren.

Für den Decarboxylierungsschritt eignen sich am ehesten Kupfer- oder Silberbasierte Systeme, die Estergruppen tolerieren und bereits bei Temperaturen ab 120 °C aktiv sind.[221] Die Produkte ließen sich durch Destillation einfach von Lösemittel, Katalysatoren und eventuell verbleibendem Edukt aus dem Reaktionsgemisch abtrennen und wären so auf nachhaltigem, bio-basiertem Wege statt aus fossilen Ressourcen zugänglich.

Isomerisierende Cyclisierung von Hydroxylaminen

Das Isomerisierungs-Funktionalisierungs-Konzept könnte zur direkten Synthese neuer Heterocyclen aus Fettsäurederivaten genutzt werden. Wenn die effiziente Doppelbindungsverschiebung in ungesättigten Hydroxamsäuren gelingt, kann sich ein katalytischer intramolekularer Cyclisierungsschritt anschließen und es resultieren langkettige Isoxazolidinone (Schema 81).

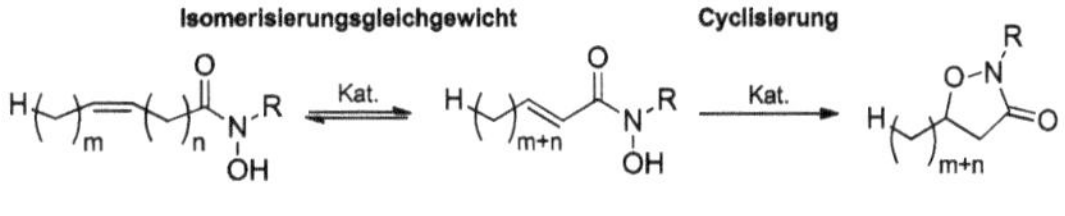

Schema 81. Mögliche isomerisierende Cyclisierung ungesättigter Fettsäurehydroxylamide.

Diese neue Verbindungsklasse ist aufgrund ihrer Struktur mit lipophiler Kette und hydrophiler Kopfgruppe für Anwendungen an Grenzflächen interessant. Neben den erwarteten vorteilhaften Eigenschaften lässt sich eine reichhaltige Folgechemie der heterocyclischen Einheit mit ihrer reaktiven N-O-Bindung vorhersagen. Die für diese Reaktion benötigten Edukte sind über eine direkte Kupplungsmethode von Appendino *et al.* aus freien, ungesättigten Fettsäuren und Hydroxylammoniumchlorid zugänglich, wobei ein cyclisches Phosphonsäureanhydrid als Mediator wirkt.[222] Die Isomerisierung dieser Fettsäurehydroxylamide in den Gleichgewichtszustand könnte mit den bereits vorgestellten Katalysatoren gelingen (siehe Kapitel 4.6).

Eventuell lassen sich sogar bifunktionelle Systeme für die intramolekulare Michael-Addition der Hydroxylgruppe an C_β identifizieren. Für den Additionsschritt werden Katalysatoren benötigt, die unter den Bedingungen der Doppelbindungsisomerisierung C-O-Bindungsknüpfungen vermitteln und in Gegenwart der Reaktanden und Produkte aktiv sind. Hierfür kommen etwa Goldverbindungen in Frage, die bereits erfolgreich für die direkte intermolekulare Addition von Hydroxylverbindungen an desaktivierte Olefine eingesetzt wurden.[223] Diese Tandemreaktion würde den Einstieg in ein ganzes Feld neuer, heterocyclischer Fettsäurederivate ermöglichen und damit das Produktspektrum der aus oleochemischen Rohstoffen zugänglichen Feinchemikalien verbreitern.

Nachwachsende Rohstoffe für eine nachhaltige Chemie
Der Chemie kommt eine entscheidende Rolle als Innovationsträger zu, um die Herausforderungen der Zukunft anzugehen. Als facettenreiche Wissenschaft ist sie in jedem der zukünftigen globalen Megatrends involviert:[224]

- Gesundheit und Ernährung
- Wohnen und Bauen
- Energie und Ressourcen
- Mobilität und Kommunikation

In Zukunft wird es die Aufgabe der Chemie sein, nicht mehr nur Moleküle und Produkte zu entwickeln, sondern mit kreativen Ideen und zeitgemäßen Methoden völlig neue, innovative Technologien, sogenannte „leap-frog innovations", bereitzustellen.[224] Darunter sind ressourcenschonende Prozesse und Verfahren zu verstehen, die mit einem Minimum an Energie und Materialaufwand eine bestmögliche Ausbeute und Selektivität liefern. Die Entwicklung bedeutender, neuer Methoden geschieht wahrscheinlich auf industrieller und akademischer Ebene durch stärkere Vernetzung der chemischen Subdisziplinen, vor allem Analytik, Katalyse, Biochemie, Theoretische Chemie, Materialwissenschaften, Synthese, Supramolekulare Chemie und Nanowissenschaften.[225]

Einer der Megatrends, Energie und Ressourcen, ist direkt mit der Rohstoffproblematik verknüpft: Die Verknappung natürlicher Vorräte betrifft neben Wasser und Metallen die industriell wichtigen fossilen Rohstoffe. Deren sparsame Nutzung und adäquate Ersetzung durch Biomasse erfordert neue Technologien, intelligente Wertschöpfungsstrategien und ein entsprechendes Problembewusstsein in Politik, Wissenschaft, Wirtschaft und Bildungswesen. Als Schlüsseltechnologien und profitabelste Wachstumsfelder werden sich Katalyse, Nanotechnologie und die industrielle, „weiße" Biotechnologie herauskristallisieren.[226] Diese berühren viele Bereiche des täglichen Lebens, etwa durch die erforderlichen Rahmenbedingungen, wie Anbauflächen und Anlagenbau, oder durch sich ändernde Produkteigenschaften, -preise und –verfügbarkeit. Die neuen Technologien und die resultierenden Produkte auf Basis nachwachsender Rohstoffe müssen daher von der Gesellschaft angenommen werden, die meist unzureichend über die Bedeutung, die Vorteile und die Beiträge der Chemie informiert ist. Die Akzeptanz bio-basierter Grundstoffe und Produkte basiert wahrscheinlich nicht auf einem günstigeren Preis durch geringe Rohstoffpreise, sondern auf einem anderen Merkmal: Auf dem Markt können sich hochwertige, nachhaltige Erzeugnisse mit einzigartigen Eigenschaften dann durchsetzen, wenn sie auf effektiven, innovativen Wegen zugänglich sind und der Preis eine untergeordnete Rolle spielt.[227]

Die Verwertung nachwachsender Rohstoffe muss in ausgewogener, umweltbewusster Art und Weise nach den Leitlinien der „Grünen Chemie" geschehen, um die Nutzung natürlicher Ressourcen für die chemische Industrie auf eine nachhaltige Basis zu stellen.[228] Ein wichtiger Punkt ist hierbei die Abgrenzung zwischen dem Anbau der Rohstoffe, speziell der Pflanzenöle, als Nahrungsmittel oder für chemische Produktionszwecke. Aufgrund der steigenden Weltbevölkerung werden auch verstärkt Oleochemikalien zur Nahrungsmittelproduktion herangezogen werden, z. B. für Diätprodukte und Säuglingsnahrung.[229] Um langfristig Konflikte zu vermeiden, sollten bevorzugt solche Pflanzenöle als Einsatzstoffe genutzt werden, die nicht essbar sind. Ein Paradebeispiel hierfür ist der Wunderbaum (*engl.* castor oil plant, *lat.* Ricinus communis), dessen Samen zwar sehr giftig sind, aber die wertvolle Ricinolsäure in Anteilen von bis zu 80 Gew.-% enthalten. Aus dieser Fettsäure sind durch Hydrierung und Pyrolyse wichtige Polymerbausteine und kürzerkettige Riechstoffe zugänglich.[230]

Setzt man eine derart bewusste Nutzung der nachwachsenden Rohstoffe durch innovative und nachhaltige Prozesse voraus, sollte „die heute vorhandene Biomasse [...] ausreichen, um den Bedarf für die Produktion von Chemikalien statt von Treibstoffen zu decken".[8]

6 Experimenteller Teil

6.1 Allgemeine Anmerkungen

6.1.1 Chemikalien und Lösungsmittel

Bei Arbeiten unter Inertgasatmosphäre kamen Standard-Schlenk-Techniken und Stickstoff oder Argon als Schutzgas zum Einsatz. Feste Einsatzstoffe wurden an Luft eingewogen, dann in den entsprechenden Glasgeräten im Ölpumpenvakuum von Sauerstoff- und Feuchtigkeitsspuren befreit und das Gefäß mit Schutzgas befüllt. Kommerziell erhältliche Ausgangschemikalien wurden, wenn nicht anders angegeben, bei einer Reinheit ≥ 98 % direkt eingesetzt, andernfalls durch Destillation oder Umkristallisation entsprechend gereinigt. Lösungsmittel kamen in kommerzieller Qualität zum Einsatz, wenn dies nicht gesondert angegeben ist. Die Trocknung von Lösungsmitteln erfolgte nach den üblichen Verfahren:[231] THF wurde über Kaliumketyl destilliert, Dioxan und Toluol über Natriumketyl. Chlorierte Lösungsmittel, wie DCM, PhCl, o-DCB und DCE, wurden über Calciumhydrid destilliert. NMP wurde azeotrop mit Toluol und anschließend bei vermindertem Druck, DMSO wurde bei vermindertem Druck fraktionierend destilliert. Nach Destillation wurden die getrockneten Lösungsmittel über Molekularsieben und unter Stickstoff oder Argon aufbewahrt.

Die verwendeten Metathesekatalysatoren sind unter folgenden Namen kommerziell erhältlich:

- **Ru-3**: Dichloro-(3-phenyl-1H-inden-1-ylidene)bis(isobutylphoban)ruthen-ium(II).

  CAS-Nr. 894423-99-5.

- **Ru-5**: Dichloro-(o-isopropoxyphenylmethylen)(tricyclohexylphosphin)-ruthenium(II).

  CAS-Nr. 203714-71-0.

- **Ru-6**: 1,3-Bis-(2,4,6-trimethylphenyl)-2-imidazolidinyliden)dichloro(o-iso-propoxyphenylmethylen)ruthenium(II).

  CAS-Nr. 301224-40-8.

6.1 ALLGEMEINE ANMERKUNGEN

Ru-8: 1,3-Bis(mesityl)-2-imidazolidinylidene]-[2-[[(2-methylphenyl)imino]-methyl]-phenolyl]-[3-phenyl-indenyliden]-ruthenium(II)chlorid.

CAS-Nr. 934538-12-2.

Ru-9: 1,3-Bis(2,4,6-trimethylphenyl)-2-imidazolidinyliden]dichloro-(3-phenyl-1H-inden-1-yliden)(pyridyl)ruthenium(II).

CAS-Nr. 1031262-76-6.

Ru-10: 1,3-Bis(2,4,6-trimethylphenyl)-2-imidazolidinyliden-[2-[[(4-meth-ylphenyl)imino]methyl]-4-nitrophenolyl]-[3-phenyl-1H-inden-1-yliden]ruthenium(II)chlorid.

CAS-Nr. 934538-04-2.

Ru-11: Dichloro-(3-phenyl-1H-inden-1-yliden)bis(tricyclohexylphosphin)ru-thenium(II).

CAS-Nr. 250220-36-1.

6.1.2 Analytische Methoden

Dünnschichtchromatographie

Es kamen DC-Alufolien mit Kieselgel 60 F_{254} der Fa. *Merck KGaA* zum Einsatz. Zur Detektion der Substanzen wurden die Fluoreszenzlöschungen bei 254 nm oder Anfärbereagentien wie $KMnO_4$-Lösung (3 g $KMnO_4$, 20 g K_2CO_3, 15 g NaOH, 300 mL Wasser), Ioddampf, schwefelsaures *p*-Anisaldehyd (10 mL *p*-Anisaldehyd, 10 mL konz. H_2SO_4, 200 mL EtOH) oder $FeCl_3$ (1 Gew-% in abs. EtOH) verwendet.

Säulenchromatographische Methoden

Die Isolierung der meisten Verbindungen wurde mit Hilfe der Combi Flash Companion-Chromatographieanlage der Firma *Isco-Systems* vorgenommen. Als Säulen wurden kommerziell erhältliche *RediSep*®-Kieselgelkartuschen der Größen 4, 12, 40, 120 und 330 g verwendet.

Gaschromatographie

Für GC-Analysen wurde ein *Hewlett Packard 5890 Series II* Chromatograph mit Autosampler und Flammenionisationsdetektor (FID) verwendet. Als Trägergas diente Stickstoff mit einer Flussrate von 149 mL / min (0.5 bar Druck). Das Split-Verhältnis betrug 1:100, die Detektortemperatur 330 °C. Zur Trennung wurde eine HP-5-Säule mit 5 % Phenyl-Methyl-Siloxan (30 m $\times$ 320 μm $\times$ 1.0 μm, 100/ 2.3-30-300/ 3) der Fa. *Agilent* verwendet. Für Moleküle mit einer Kettenlänge < C_{14} kam folgendes Temperaturprogramm zum Einsatz: Inlettemperatur 220 °C, Anfangstemperatur 60 °C (2 min halten), linearer Temperaturanstieg (30 °C min^{-1}) auf 300 °C, Endtemperatur 300 °C (3 min halten). Bei längerkettigen Molekülen wurde das Programm so abgeändert, dass die Inlettemperatur 260 °C betrug und die Endtemperatur von 300 °C für 10 min gehalten wurde.

Für spezielle GC-Trennprobleme, z. B. die Analyse von Isomerengemischen mit gleicher Kettenlänge der Verbindungen, kam ein *PerkinElmer Autosystem XL* mit einer polaren EliteWax crossbond PEG Säule (60 m x 320 µm x 0.25 µm) zum Einsatz. Das Split-Verhältnis betrug 10:1, die Injektortemperatur 250 °C, und es wurde Stickstoff als Trägergas verwendet. Die Detektion der Verbindungen erfolgte mit einem Wärmeleitfähigkeitsdetektor bei 250 °C. Es kam folgendes Temperaturprogramm zum Einsatz: Anfangstemperatur 50 °C (1 min halten), linearer Temperaturanstieg (15 °C min^{-1}) auf 220 °C (10 min halten), linearer Temperaturanstieg (15 °C min^{-1}) auf 250 °C (15 min halten).

Massenspektrometrie

Die Messung von Massenspektren erfolgte an einem GC-MS Saturn 2100 T Massenspektrometer der Firma *Varian*. Die Ionisierung erfolgte per EI-AGC. Die angegebenen Intensitäten der Signale beziehen sich auf das Verhältnis zum intensivsten Peak. Für Fragmente mit einer Isotopenverteilung ist jeweils nur der intensivste Peak eines Isotopomers aufgeführt. HRMS-Messungen erfolgten an einem *Wassers* GCT Premier mit orthogonal-beschleunigendem-Flugzeit-(oa-TOF)-Massendetektor.

Infrarotspektroskopie

Infrarot-Schwingungsspektren (IR) wurden an einem Fourier-Transform-Infrarot-spektrometer FT/IR der Fa. *Perkin Elmer* aufgenommen. Zu vermessende Feststoffe wurden mit trockenem Kaliumbromid verrieben und ein Pressling angefertigt. Zu vermessende Flüssigkeiten wurden als dünner Film zwischen NaCl-Platten gebracht. Die Angabe der Schwingungsbandenlage erfolgt in Wellenzahlen (cm^{-1}).

6.1 ALLGEMEINE ANMERKUNGEN

Kernresonanzspektroskopie

^{1}H-NMR-, Breitband-entkoppelte ^{13}C{^{1}H}- und ^{11}B-Kernresonanzspektren wurden bei Raumtemperatur an FT-NMR-Spektrometern DPX 200, DPX 400 und Avance 600 der Fa. *Bruker* aufgenommen. Die chemischen Verschiebungen der Signale sind in ppm-Einheiten der δ-Skala angegeben, als interner Standard dienten die Resonanzsignale der Restprotonen des verwendeten deuterierten Lösungsmittels bei ^{1}H-Spektren (Chloroform: 7.25 ppm, D$_2$O 4.79 ppm, DMSO 2.49 ppm) und die entsprechenden Resonanzsignale bei ^{13}C{^{1}H}-Spektren (Chloroform: 77.0 ppm, DMSO 39.16 ppm). Die Multiplizität der Signale wird durch folgende Abkürzungen wiedergegeben: s = Singulett, d = Dublett, dd = Dublett eines Dubletts, ddd = Dublett eines Doppeldubletts, dt = Dublett eines Tripletts, t = Triplett, q = Quartett, quint = Quintett, m = Multiplett. Die Kopplungskonstanten *J* sind in Hertz (Hz) angegeben.

6.1.3 Methodik der Parallelversuche

Alle Reihenversuche wurden in Headspace-Vials für die Gaschromatographie mit 20 mL Fassungsvermögen durchgeführt, welche mit Aluminium-Bördelkappen mit Teflon-beschichteten Butylgummi-Septen verschlossen wurden (beides erhältlich z. B. bei der Firma *Macherey & Nagel*). Die verwendeten Bördelkappen waren, wenn nicht anders angegeben, mit einer Perforation als Sollbruchstelle für Überdrücke von mehr als 0.5 bar versehen. Zur Temperierung der Gefäße wurden 8 cm hohe zylindrische Aluminiumblöcke verwendet, wobei letztere in ihrem Durchmesser genau dem der Heizplatten von Labor-Magnetrührwerken (z. B. *Heidolph* Mr 2002) entsprechen. Die Aluminiumblöcke wurden mit zehn je 7 cm tiefen Bohrungen vom Durchmesser der Reaktionsgefäße und einer Bohrung zur Aufnahme eines Temperaturfühlers versehen. Zum gleichzeitigen Evakuieren und Rückfüllen von zehn Gefäßen wurden Vakuumverteiler zum Anschluss an den Schlenk-Verteiler angefertigt (Abbildung 40). Dazu wurden zehn vakuumfeste PTFE-Schläuche (Durchmesser 3 mm) jeweils an einem Ende mit Adaptern zur Aufnahme von Luer-Lock-Spritzennadeln verbunden und mit dem anderen Ende an ein Stahlrohr angeschlossen, welches über einen Vakuumschlauch mit dem Schlenk-Verteiler verbunden werden kann.

Zur Durchführung von Katalyse-Reihenversuchen wurden die festen Einsatzstoffe in der Regel an der Luft in die Reaktionsgefäße eingewogen, 10 mm-Magnet-Rührstäbchen zugegeben und die Gefäße mittels einer Bördelzange mit Septumkappen luftdicht verschlossen. Jeweils zehn Reaktionsgefäße wurden in die Bohrungen eines Aluminiumblocks gestellt und über Hohlnadeln, die durch die Septenkappen gebohrt wurden, mit dem Vakuumverteiler verbunden. Die Reaktionsgefäße wurden danach gemeinsam je dreimal evakuiert, mit Stickstoff befüllt und an der Vakuumlinie über ein Öl-Blasenzählerventil der Druckausgleich mit der Außenatmosphäre hergestellt. Per Spritze wurden flüssige Reagentien und Lösungsmittel durch die Septenkappen hindurch injiziert. Danach wurden die Nadeln des Vakuumverteilers entfernt und der Aluminiumblock auf Reaktionstemperatur gebracht. Alle Temperaturangaben beziehen sich auf die Temperaturen der Heizblöcke, die erfahrungsgemäß um etwa 2 °C von den Temperaturen in den Reaktionsgefäßen abweichen. Reaktionen zur Quantifizierung per Gaschromatographie wurden in Gegenwart des internen Standards (n-Tetradecan, wenn nicht anders angegeben) durchgeführt.

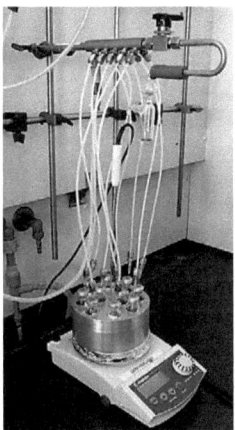

Abbildung 40. Zehnfach-Heizblock mit Rührwerk und Anschluss an einen Vakuumverteiler.

Nach Ende der Reaktionszeit wurden die Gefäße nach dem Abkühlen geöffnet, eine bestimmte Lösungsmittelmenge (meist 3 mL) zur Verdünnung zugegeben und mit Hilfe von Einwegpipetten Proben à 0.25 mL entnommen. Dabei wurde darauf geachtet, eine möglichst hohe Homogenität des Reaktionsgemisches zu gewährleisten. Die Proben wurden in 6 mL-Rollrandgefäße überführt, die 3 mL eines geeigneten Lösungsmittels, in der Regel destilliertes EtOAc, und 3 mL einer geeigneten wässrigen Phase enthielten. Die beiden Phasen wurden mit Hilfe der Pipette zunächst gut durchmischt und die Phasentrennung abgewartet. Anschließend wurden jeweils 2 mL der organischen Phasen durch trockenes

6.1 ALLGEMEINE ANMERKUNGEN

Magnesiumsulfat in 2 mL GC-Probengläschen hinein filtriert. Dabei wurden Pasteurpipetten als Filter verwendet, die mit einem Wattepfropfen versehen waren. Nachdem die Umsätze und Selektivitäten der Reaktionen relativ zum internen Standard auf diese Weise per GC ermittelt worden waren, wurden Reaktionsgemische, für die die isolierten Ausbeuten bestimmt werden sollten, mit den für die Analytik entnommenen Proben und Aufarbeitungsrückständen kombiniert und mit Hilfe von Standardverfahren quantitativ aufgearbeitet.

Reihenversuche unter vermindertem Druck wurden, wenn nicht anders angegeben, analog zu solchen unter Inertatmosphäre ausgeführt, wobei nach Zugabe der flüssigen Reagentien die Nadeln nicht aus den Septen entfernt wurden. Stattdessen wurde über den Schlenk-Verteiler mittels Membran- oder Drehschieberpumpe ein definierter Unterdruck angelegt und die Reaktionsgefäße erst nach Ende der Reaktionszeit mit Inertgas rückbefüllt.

Mit Hilfe der neu entwickelten Versuchsapparaturen lassen sich Reihenversuche in einem Bruchteil der Zeit durchführen, die bei der Verwendung von Standardtechniken erforderlich wäre. Nur durch die Anwendung dieser Parallelisierungstechniken und durch die Verwendung eines elektronischen Laborjournals[37] war es möglich, die für die Entwicklung der neuen Methoden benötigte Zahl an Experimenten innerhalb von kurzer Zeit durchzuführen und rechnergestützt auszuwerten. Aufgrund der großen Anzahl kann bei den Reihenversuchen nur auf die wichtigsten Einzelergebnisse näher eingegangen werden.

6.1.4 Mikrowellenreaktionen

Die Reaktionen wurden in einem *Initiator* Mikrowellenreaktor der Firma *Biotage* in ausgeheizten Reaktionsgefäßen der Größen 0.2–0.5 mL, 0.5–2.0 mL, 2.0–5.0 mL bzw. 10–20 mL mit einem teflonbeschichteten Rührkern unter Stickstoff durchgeführt. Die Steuerung erfolgte mit der Software-Version 2.5. Die Reaktionszeit beginnt mit Erreichen der Reaktionstemperatur. Die Messung der Reaktionstemperatur erfolgt über einen IR-Sensor, der die Temperatur an der Glaswand bestimmt. Eine Kühlung der Reaktionsgefäße durch einen Pressluftstrom erfolgte erst nach Ablauf der Reaktionszeit. In der Regel wurden feste Startmaterialien in der Reaktionsgefäß eingewogen, mit einem Rührkern versehen, verschlossen und 30 min im Ölpumpenvakuum ($< 10^{-3}$ mbar) von Luft- und Feuchtigkeitsspuren befreit. Das Gefäß wurde mit Inertgas rückbefüllt, Lösungsmittel, flüssige Reagenzien oder Stammlösungen über eine Kanüle zugespritzt und das Gefäß im Gegenstrom mit einer neuen Aluminium-Bördelkappe verschlossen.

Nach Abschluss des Experiments wurde die Probe analysiert und ggf. mit geeigneten Verfahren aufgearbeitet. Die verwendeten Parameter sind beim jeweiligen Experiment angegeben.

6.1.5 Autoklavenreaktionen

Reaktionen unter Druck wurden in einem Edelstahlautoklaven mit 380 mL Innenvolumen durchgeführt, der in den technischen Metallwerkstätten der TU Kaiserslautern hergestellt wurde. Die Reaktionsgefäße wurden mit Reaktanden und Lösemittel befüllt, mit einer Septumkappe verschlossen und in einen speziellen Aluminiumblock mit acht Bohrungen gestellt. Die Septenkappen wurden mit gewendelten Kanülen (12 cm) durchstochen, der Block im Autoklaven platziert und dieser wurde mit acht Schrauben verschlossen (Drehmomenschlüssel). Zum Ausschluss von Feuchtigkeit, Sauerstoff und Fremdgasen wurde die Atmosphäre im Autoklaven dreimal mit dem Reaktivgas gespült und schließlich der gewünschte Druck aufgepresst. Der Autoklav wurde auf einem Magnetrührer platziert und die Reaktionstemperatur eingestellt, wobei der Temperaturfühler durch eine Bohrung in das Autoklaveninnere ragte. Nach Abkühlen auf 20 °C wurde der Autoklav in Eis gestellt und sehr langsam entspannt, um Substanzaustrag zu vermeiden. Die Reaktionen wurden nach den zuvor beschriebenen Methoden für analytische und präparative Zwecke aufgearbeitet.

6.2 Arbeitsvorschriften zur Isomerisierung ungesättigter Fettsäureamide

6.2.1 Synthese von Bis(tri-tert-butylphosphin)palladiumdibromid (4.3-10)

Unter Argonatmosphäre wurde Palladiumbromid (532 mg, 2.0 mmol) in Aceton (20 mL) suspendiert und für 48 h bei 40 °C gerührt. Nach destillativer Entfernung des Lösungsmittels verblieb ein hellbrauner, feinpulvriger Feststoff. Zu diesem wurde eine Lösung von Bis-(tri-*tert*-butylphosphin)palladium(0) in Toluol (30 mL) zugegeben. Nach der Zugabe von weiterem Toluol (20 mL) wurde die Reaktionsmischung für 16 h bei 50 °C gerührt. Das Lösungsmittel wurde destillativ entfernt und der Rückstand wurde mit wenig kaltem, getrocknetem Aceton gewaschen, um Nebenprodukte zu entfernen. Nach Trocknung *in vacuo* wurde das Palladium(I)-Dimer **4.3-10** als dunkelgrüner, kristalliner Feststoff erhalten (778 mg, 50 %).

CAS-Nr. 185812-86-6.

^{1}H-NMR (400 MHz, Benzol-d_6): δ = 1.3 (t, J = 6.13 Hz, 54 H) ppm. ^{31}P-NMR (400 MHz, Benzol-d_6): δ = 86.38 ppm.

6.2.2 Isomerisierung von 10-Undecenamid (4.3-1a)

Ein ausgeheiztes Bördelrandgefäß mit Rührstäbchen wurde mit [Pd(μ-Br)^{t}Bu$_3$P]$_2$ (**4.3-10**, 4.1 mg, 2.64 μmol, 0.005 Äquiv.) und 10-Undecenamid (**4.3-1a**, 96.5 mg, 0.5 mmol) befüllt, mit einem Teflonseptum verschlossen und dreimal mit Argon gespült. Per Spritze wurde Toluol (1.5 mL) zugegeben und die Mischung für 16 h bei 60 °C gerührt. Nach Abkühlen wurde das Solvens entfernt, der Rückstand wurde in CDCl$_3$ aufgenommen und NMR-spektroskopisch vermessen. Die ^{1}H- und ^{13}C-NMR-Spektren zeigten nahezu vollständigen Umsatz des Startmaterials in ein Gemisch aus Doppelbindungsisomeren (siehe Kapitel 4.3.4).

6.3 Arbeitsvorschriften zur isomerisierenden Lactonisierung

6.3.1 Synthese von Zirkoniumtriflat

Einer Literaturvorschrift folgend[149] wurde Zirkonium(IV)chlorid (1.17 g, 5.0 mmol) unter Argonatmosphäre vorgelegt und tropfenweise mit Trifluormethansulfonsäure (7.66 g, 4.53 mL, 50 mmol) versetzt. Die Reaktionsmischung wurde für 60 h bei 50 °C gerührt, bis die Gasentwicklung beendet war. Überschüssige Säure wurde bei vermindertem Druck destillativ entfernt, wobei das Produkt als farbloser, hygroskopischer Feststoff zurückblieb. Dieser wurde für 2 h im Vakuum bei 120 °C getrocknet. Ausbeute: 3.22 g, 94 %.

6.3.2 Synthese von γ-Lactonen aus Fettsäuren

Allgemeine Arbeitsvorschrift

Ein ausgeheiztes Bördelrandgefäß mit Rührstäbchen wurde mit Silbertriflat (0.10 – 0.15 Äquiv.) befüllt, mit einem Teflonseptum verschlossen und dreimal mit Stickstoff gespült. Per Spritze wurden nacheinander die Fettsäure (**4.2-1**, 1.00 mmol) und Chlorbenzol (2 mL / mmol) zugegeben, und die Mischung wurde für 20 h bei 130 °C gerührt. Nach Abkühlen auf 20 °C wurde das Solvens *in vacuo* entfernt. Flash-Säulenchromatographie (SiO$_2$, Diethylether – Hexan 1:4) lieferte die Lactone **4.2-2**.

6.3 ARBEITSVORSCHRIFTEN ZUR ISOMERISIERENDEN LACTONISIERUNG

γ-Stearolacton (**4.2-2a**)

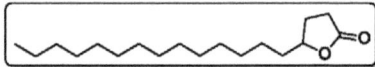

Die Synthese erfolgte nach der allgemeinen Arbeitsvorschrift aus Ölsäure (**4.2-1a**, 282 mg, 335 µL, 1.00 mmol) in Gegenwart von Silbertriflat (38.5 mg, 0.15 mmol) und lieferte nach Flash-Säulenchromatographie (SiO$_2$, Diethylether – Hexan 1:4) das Produkt **4.2-2a** als farblosen Feststoff (143 mg, 51 %).

CAS-Nr. 502–26–1.

R_f = 0.16 (Diethylether – Hexan 1:4).

Schmp. 51–52 °C.[232]

^{1}H-NMR (400 MHz, CDCl$_3$): δ = 4.40 – 4.50 (m, 1 H), 2.44 – 2.54 (m, 2 H), 2.29 (dd, *J* = 12.9, 6.5 Hz, 1 H), 1.76 – 1.87 (m, 1 H), 1.64–1.75 (m, 1 H), 1.49 – 1.61 (m, 1 H), 1.42 (d, *J* = 6.7 Hz, 1 H), 1.38 (s, 2 H), 1.23 (s, 21 H), 0.79 – 0.88 (m, 3 H) ppm. ^{13}C-NMR (101 MHz, CDCl$_3$): δ = 177.0, 80.9, 35.6, 31.9, 29.6, 29.5, 29.4, 29.3, 28.8, 28.0, 25.2, 22.6, 14.0 ppm. MS (Ion trap, EI): m/z (%) = 283 [M$^+$] (59), 264 (40), 246 (60), 220 (38), 134 (38), 85 (100), 69 (68).

γ-Undecalacton (**4.2-2b**)

Die Synthese erfolgte nach der allgemeinen Arbeitsvorschrift aus 10-Undecensäure (**4.2-1b**, 184 mg, 206 µL, 1.00 mmol) in Gegenwart von Silbertriflat (25.7 mg, 0.10 mmol) und lieferte nach Flash-Säulenchromatographie (SiO$_2$, Diethylether – Hexan 1:1) das Produkt **4.2-2b** als hellgelbe Flüssigkeit (131 mg, 71 %).

CAS-Nr. 104–67–6.

R_f = 0.25 (Diethylether – Hexan 1:1).

^{1}H-NMR (600 MHz, CDCl$_3$): δ = 4.40 – 4.45 (m, 1 H), 2.47 (dd, *J* = 9.5, 6.9 Hz, 2 H), 2.27 (td, *J* = 13.2, 6.9 Hz, 1 H), 1.76 – 1.83 (m, 1 H), 1.64–1.71 (m, 1 H),

1.51 – 1.57 (m, 1 H), 1.36 – 1.43 (m, 1 H), 1.29 – 1.34 (m, 1 H), 1.20 – 1.27 (m, 8 H), 0.82 (t, J = 7.0 Hz, 3 H) ppm. ^{13}C-NMR (151 MHz, CDCl$_3$): δ = 177.2, 80.9, 35.4, 31.6, 29.1, 29.0, 28.7, 27.9, 25.1, 22.5, 13.9 ppm. MS (Ion trap, EI): m/z (%) = 185 [M$^+$] (22), 128 (19), 95 (19), 85 (100), 57 (31), 41 (28).[233]

γ-Palmitolacton (**4.2-2c**)

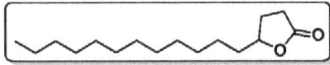

Die Synthese erfolgte nach der allgemeinen Arbeitsvorschrift aus Palmitoleinsäure (**4.2-1c**, 260 mg, 290 µL, 1.00 mmol) in Gegenwart von Silbertriflat (38.5 mg, 0.15 mmol) und lieferte nach Flash-Säulenchromatographie (SiO$_2$, Diethylether – Hexan 1:1) das Produkt **4.2-2c** als hellgelben Feststoff (145 mg, 57 %).

CAS-Nr. 730-46-1.

Schmp. 38–39 °C.

^{1}H-NMR (400 MHz, CDCl$_3$): δ = 4.37 – 4.45 (m, 1 H), 2.45 (dd, J = 9.5, 6.8 Hz, 2 H), 2.26 (ddd, J = 12.9, 6.7, 6.5 Hz, 1 H), 1.72 – 1.83 (m, 1 H), 1.61 – 1.72 (m, 1 H), 1.47 – 1.57 (m, 1 H), 1.25 – 1.33 (m, 3 H), 1.19 (s, 17 H), 0.81 (t, J = 6.7 Hz, 3 H) ppm. ^{13}C-NMR (101 MHz, CDCl$_3$): δ = 177.1, 80.9, 35.4, 31.7, 31.4, 29.5, 29.4, 29.3, 29.2, 28.7, 27.8, 25.1, 22.5, 13.9 ppm. MS (Ion trap, EI): m/z (%) = 255 [M$^+$] (7), 237 (10), 192 (11), 134 (13), 110 (20), 85 (100), 55 (73).[234]

γ-Dodecalacton (**4.2-2d**)

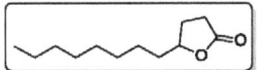

Die Synthese erfolgte nach der allgemeinen Arbeitsvorschrift aus (Z)-5-Dodecensäure (**4.2-1d**, 202 mg, 223 µL, 1.00 mmol) in Gegenwart von Silbertriflat (38.5 mg, 0.15 mmol) und lieferte nach Flash-Säulenchromatographie (SiO$_2$, Diethylether – Hexan 1:1) das Produkt **4.2-2d** als hellgelbe Flüssigkeit (131 mg, 66 %).

6.3 ARBEITSVORSCHRIFTEN ZUR ISOMERISIERENDEN LACTONISIERUNG

CAS-Nr. 57084–18–1.

^{1}H-NMR (400 MHz, CDCl$_3$): δ = 4.39 – 4.47 (m, 1 H), 2.47 (dd, J = 9.4, 7.0 Hz, 2 H), 2.27 (dt, J = 13.0, 6.6 Hz, 1 H), 1.74 – 1.85 (m, 1 H), 1.63 – 1.73 (m, 1 H), 1.49 – 1.60 (m, 1 H), 1.34 – 1.45 (m, 1 H), 1.32 (d, J = 4.7 Hz, 1 H), 1.26 (s, 3 H), 1.22 (d, J = 3.8 Hz, 7 H), 0.82 (t, J = 6.7 Hz, 3 H) ppm. ^{13}C-NMR (101 MHz, CDCl$_3$): δ = 177.2, 80.9, 35.4, 31.7, 29.3, 29.2, 29.0, 28.7, 27.9, 25.1, 22.5, 13.9 ppm. MS (Ion trap, EI): m/z (%) = 199 [M$^+$] (66), 181 (45), 163 (26), 95 (41), 85 (100), 75 (59).[235]

6.3.3 Synthese von 4.2-2a im Multi-Gramm-Maßstab

Ein ausgeheizter Dreihalskolben mit Rührstäbchen wurde unter Schutzgas mit Silbertriflat (15.0 g, 57.2 mmol), Ölsäure (**4.2-1a**, 90 % Reinheit, 180 g, 572 mmol) und einer Mischung aus Chlorbenzol (70 mL) und 1,2-Dichlorbenzol (420 mL) befüllt. Die Reaktionsmischung wurde für 16 h zum Rückfluss erhitzt. Nach Abkühlen auf 20 °C wurde das Gemisch durch Celite filtriert, das Solvens entfernt und der Rückstand *in vacuo* getrocknet. Das restliche Solvens wurde dabei durch Zugeben von Toluol mit anschließender Verdampfung *in vacuo* entfernt. Das Rohprodukt wurde in heißem Ethanol aufgenommen und langsam auf 4 °C gekühlt. Der hellbraune Niederschlag wurde abfiltriert und die Mutterlauge aufkonzentriert, um weitere Produktfraktionen zu erhalten. Das γ-Lacton **4.2-2a** wurde als nahezu farbloser Feststoff mit einer Reinheit über 90 % (bestimmt mittels ^{1}H-NMR-Spektroskopie mit Anisol als internem Standard) in einer Gesamtausbeute von 51 % gewonnen.

6.3.4 Ringöffnende Derivatisierung von γ-Stearolacton (4.2-2a)

γ–Hydroxystearinsäure (**4.2-3**)

Einer Literaturvorschrift folgend[153a] wurden γ–Stearolacton (**4.2-2a**, 297 mg, 1.00 mmol) und NaOH (400 mg, 10.0 mmol) in Wasser (15 mL) für 30 min zum

Rückfluss erhitzt. Die Reaktionsmischung wurde auf ca. 40 °C gekühlt und mit Salzsäure (6 N, 2 mL) angesäuert. Der Niederschlag wurde abfiltriert, mit Wasser gewaschen und getrocknet. Umkristallisieren (Hexan, 4 °C) lieferte **4.2-3** als nahezu farblosen Feststoff (308 mg, 97 %).

CAS-Nr. 2858-39-1.

Schmp. 87–88 °C.

^{1}H-NMR (600 MHz, CDCl$_3$): δ = 3.63 – 3.67 (m, 1 H), 2.48 – 2.54 (m, 2 H), 1.81 – 1.88 (m,1 H) 1.70 (ddd, J = 15.7, 14.3, 7.0 Hz, 1 H) 1.45 (qd, J = 6.5, 6.3 Hz, 2 H) 1.41 (s, 1 H) 1.23 – 1.30 (m, 24 H) 0.87 (t, J = 7.0 Hz, 3 H) ppm. ^{13}C-NMR (151 MHz, CDCl$_3$): δ = 177.3, 71.4, 37.6, 31.9, 31.7, 30.4, 29.7, 29.6, 29.5, 29.4, 28.9, 28.0, 25.6, 22.7, 14.1 ppm.

n–Butyl γ–hydroxystearat (**4.2-4**)

Eine Mischung von γ–Stearolacton (**4.2-2a**, 149 mg, 0.50 mmol), 1–Butanol (741 mg, 915 µL, 10.0 mmol) und konz. Schwefelsäure (34.3 mg, 19 µL, 0.35 mmol) wurde für 16 h bei 120 °C gerührt. Flash-Säulenchromatographie (SiO$_2$, Diethylether – Hexan 1:9) lieferte **4.2-4** als hellgelbe Flüssigkeit (130 mg, 69 %).

R_f = 0.27 (Diethylether – Hexan 1:9).

^{1}H-NMR (600 MHz, CDCl$_3$): δ = 4.04 (t, J = 6.7 Hz, 2 H), 3.40 (dt, J = 9.0, 6.6 Hz, 1 H), 2.31 – 2.38 (m, 2 H), 1.78 – 1.84 (m, 1 H), 1.69 (td, J = 14.4, 7.6 Hz, 1 H), 1.55 – 1.60 (m, 2 H), 1.45 – 1.52 (m, 3 H), 1.31 – 1.39 (m, 4 H), 1.21 – 1.28 (m, 21 H), 1.13 – 1.21 (m, 1 H), 0.84 – 0.92 (m, 6 H) ppm. ^{13}C-NMR (151 MHz, CDCl$_3$): δ = 174.0, 68.7, 64.1, 33.9, 32.3, 31.6, 30.7, 30.2, 29.8, 29.7, 29.6, 29.3, 29.1, 25.3, 22.7, 22.6, 19.4, 19.1, 14.1, 13.9, 13.7 ppm. MS (Ion trap, EI): m/z (%) = 355 [M$^+$] (4), 283 (14), 215 (100), 159 (60), 103 (58), 85 (83).

6.3 ARBEITSVORSCHRIFTEN ZUR ISOMERISIERENDEN LACTONISIERUNG

Octadecan–1,4–diol (**4.2-5**)

Einer Literaturvorschrift folgend[236] wurde eine Mischung aus γ–Stearolacton (**4.2-2a**, 297 mg, 1.00 mmol), NaBH$_4$ (76.0 mg, 2.00 mmol), ZnCl$_2$ (136 mg, 1.00 mmol) und *N,N*-Dimethylanilin (36.4 mg, 38.3 μL, 0.30 mmol) in THF (15 mL) für 8 h zum Rückfluss erhitzt. Nach Abkühlen auf 0 °C wurden 10 % wässr. NH$_4$Cl-Lösung (20 mL) und CHCl$_3$ (25 mL) zugegeben. Die organische Phase wurde mit 1 N Salzsäure (20 mL) und ges. Kochsalzlösung (20 mL) gewaschen, mit MgSO$_4$ getrocknet und filtriert. Entfernen des Solvens *in vacuo* lieferte **4.2-5** als nahezu farblosen Feststoff (252 mg, 84 %).

CAS-Nr. 20368-72-3.

Schmp. 76–78 °C.

R_f = 0.24 (SiO$_2$, EtOAc – Hexan 1:1).

^{1}H-NMR (400 MHz, CDCl$_3$): δ = 3.59 – 3.71 (m, 3 H), 1.60 – 1.72 (m, 3 H), 1.38 – 1.49 (m, 4 H), 1.33 (s, 1 H), 1.25 (bs, 23 H), 0.87 (t, *J* = 6.8 Hz, 3 H) ppm. ^{13}C-NMR (101 MHz, CDCl$_3$): δ = 71.9, 63.1, 37.7, 34.3, 31.9, 29.7, 29.6, 29.3, 29.1, 25.7, 22.7, 14.1 ppm.

γ–Hydroxy–N–(2–hydroxyethyl–)stearamid (**4.2-6**)

Einer Literaturvorschrift folgend[237] wurde eine Mischung von γ–Stearolacton (**4.2-2a**, 297 mg, 1.00 mmol) und Ethanolamin (91.6 mg, 91 μL, 1.5 mmol) für 15 min bei 80 °C gerührt, wobei das Gemisch erstarrte. Umkristallisieren (Ethanol, 0 °C) lieferte **4.2-6** als hellbraunen Feststoff (257 mg, 71 %).

CAS-Nr. 38471-40-8.

Schmp. 107–108 °C.

^{1}H-NMR (400 MHz, DMSO–d$_6$): δ = 3.30 – 3.39 (m, 3 H), 3.05 – 3.12 (m, 2 H), 2.02 – 2.22 (m, 2 H), 1.52 – 1.65 (m, 1 H), 1.36 – 1.50 (m, 2 H), 1.25 – 1.32 (m,

6 H), 1.22 (m, 23 H), 0.83 (t, $J = 6.6$ Hz, 3 H) ppm. ^{13}C-NMR (101 MHz, CDCl$_3$): δ = 172.8, 69.4, 60.0, 41.5, 37.1, 33.1, 32.0, 31.3, 29.2, 29.1, 29.0, 28.7, 25.3, 22.1, 13.9 ppm.

6.3.5 Kontinuierliches Verfahren zur Lactonsynthese

Mit Hilfe des in Abbildung 17 (S. 80) dargestellten Reaktors wurde 10-Undecensäure (**4.2-1b**) zu γ-Undecalacton (**4.2-2b**) umgesetzt. Zum Einsatz kam eine Lösung von **4.2-1b** (98 % Reinheit) in o-Dichlorbenzol (0.3 mmol/mL) mit einem Gesamtvolumen von 55 mL. Eine 20 mL-Einwegspritze wurde mit der Lösung befüllt, in eine Spritzenpumpe KDS-210-CE der Fa. KDS Scientifc (Holliston, USA) eingelegt und mittels Luer-Lock-Kanüle mit dem Reaktionsgefäß verbunden. Dieses befand sich in einem Aluminiumheizblock (siehe Abbildung 40, S. 197) und war mit einer Teflon-Septumkappe verschlossen. Das Reaktionsgefäß war mit Schichten von Glaswolle und Katalysatorschüttung sowie einer Auslasskanüle bestückt (siehe Kapitel 4.2.6), und unter Ultraschalleinwirkung mit o-Dichlorbenzol gefüllt worden. Der Heizblock wurde auf einem Magnetrührer platziert und auf 140 °C erhitzt, erst dann die Spritzenpumpe eingeschaltet und die Eduktlösung mit einer Flussrate von 6.5 mL/min durch den Reaktor gepumpt. Am Auslass des Reaktionsgefäßes wurde der Produktstrom aufgefangen und alle 30 Minuten das Sammelgefäß gewechselt. In den Fraktionen ab 3.5 h wurde per DC (EtOAc – Hexan 1:9) und GC durch Vergleich mit einer authentischen Probe das gewünschte γ-Undecalacton (**4.2-2b**) nachgewiesen, welches im Gemisch mit nicht umgesetztem Startmaterial vorlag.

6.4 Arbeitsvorschriften zur Synthese ungesättigter Carbonsäureamide

6.4.1 Synthese von (*E*)-4-Decensäure (4.3-4a)

Zu einer Lösung von NaOH (6.00 g, 200 mmol) in Wasser (200 mL, 1 N) wurde (*E*)-4-Decensäureethylester (20.4 g, 100 mmol) gegeben und die Mischung wurde für 16 h bei 100 °C gerührt. Das Reaktionsgemisch wurde auf 0 °C gekühlt, auf konz. Salzsäure (150 mL) und Eis gegeben und mit Diethylether (3 x 100 mL) extrahiert. Die vereinigten organischen Phasen wurden über $MgSO_4$ getrocknet und das Solvens *in vacuo* entfernt. Kugelrohrdestillation (Ofen 130 °C, 0.07 mbar) lieferte **4.3-4a** als farblose Flüssigkeit (17.8 g, 99 %).

CAS-Nr. 57602-94-5.

^{1}H-NMR (400 MHz, $CDCl_3$): δ = 11.64 (s, 1 H), 5.32 - 5.51 (m, 2 H), 2.38 (t, *J* = 7.0 Hz, 2 H), 2.28 (q, *J* = 6.9 Hz, 2 H), 1.95 (q, *J* = 6.6 Hz, 2 H), 1.22-1.33 (m, 6 H), 0.85 (t, *J* = 7.0 Hz, 3 H) ppm. ^{13}C-NMR (101 MHz $CDCl_3$): δ = 179.9, 132.0, 127.5, 34.2, 32.4, 31.3, 29.0, 27.5, 22.5, 13.9 ppm.

6.4.2 Aminolyse ungesättigter Carbonsäurechloride

(E)-4-Decenamid (**4.3-1a**)

(*E*)-4-Decensäure (**4.3-4a**, 17.0 g, 100 mmol) wurde langsam in Thionylchlorid (23.8 g, 200 mmol) gegeben, sodass die Temperatur nicht über 40 °C stieg. Nach beendeter Zugabe wurde die Mischung für 30 min bei 50 °C gerührt und überschüssiges Thionylchlorid *in vacuo* entfernt. Das verbleibende orangefarbene Öl wurde bei 0 °C tropfenweise in Ammoniaklösung (25 % in Wasser, 150 mL) gegeben und für 30 min bei 20 °C nachgerührt. Die Mischung wurde mit Diethylether (3 x 100 mL) extrahiert, die vereinigten organischen Phasen mit $MgSO_4$ getrocknet, filtriert und *in vacuo* getrocknet. **4.3-1a** wurde als blassgelber Feststoff erhalten (16.0 g, 90 %).

Schmp. 92-93 °C.

¹H-NMR (400 MHz, CDCl₃): δ = 6.31 (s, 1 H), 5.81 (s, 1 H) 5.40 - 5.49 (m, 1 H), 5.32 - 5.40 (m, 1 H), 2.25 (ddd, J = 16.1, 11.3, 4.8 Hz, 4 H), 1.93 (q, J = 6.6 Hz, 2 H), 1.19 - 1.31 (m, 6 H), 0.83 (t, J = 6.9 Hz, 3 H) ppm. ¹³C-NMR (101 MHz, CDCl₃): δ = 175.7, 132.0, 127.9, 35.8, 32.4, 31.3, 29.0, 28.3, 22.4, 14.0 ppm. MS (Ion trap, EI): m/z (%) = 170 (4), 112 (10), 99 (13), 85 (12), 69 (29), 59 (100).

4-Pentenamid (**4.3-1b**)

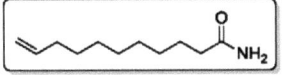

Die Synthese erfolgte analog zu (*E*)-4-Decenamid (**4.3-1a**) aus 4-Pentensäure (**4.3-4b**, 3.58 g, 35.0 mmol). **4.3-1b** wurde als farbloser Feststoff erhalten (2.10 g, 61 %).

CAS-Nr. 6852-94-4.

Schmp. 102-103 °C.[238]

¹H-NMR (600 MHz, CDCl₃): δ = 6.41 (s, 1 H), 6.00 (s, 1 H), 5.76 (m, 1 H), 5.01 (d, J = 17.1 Hz, 1 H), 4.95 (d, J = 10.1 Hz, 1 H), 2.31 (q, J = 6.6 Hz, 2 H), 2.25 (t, J = 7.0 Hz, 2 H) ppm. ¹³C-NMR (151 MHz, CDCl₃): δ = 175.5, 136.7, 115.4, 34.8, 29.2 ppm. MS (Ion trap, EI): m/z (%) = 100 (35), 56 (100), 53 (24), 44 (93), 41 (48). CHN, berechnet für C₅H₉NO: C: 60.58 %, H: 9.15 %, N: 14.13 %. Gefunden: C: 60.65 %, H: 8.77 %, N: 13.69 %.

10-Undecenamid (**4.3-1c**)

Die Synthese erfolgte analog zu (*E*)-4-Decenamid (**4.3-1a**) aus 10-Undecensäure (**4.3-4c**, 9.40 g, 50.0 mmol) und lieferte **4.3-1c** als farblosen, wachsartigen Feststoff (8.70 g, 90 %).

CAS-Nr. 5332-51-4.

Schmp. 85-86 °C.

¹H-NMR (400 MHz, CDCl₃): δ = 5.76 – 5.87 (m, 1 H), 5.40 (br. s., 2 H), 4.91 – 5.04 (m, 2 H), 2.23 (t, J = 7.6 Hz, 2 H), 2.04 (q, J = 6.5 Hz, 2 H), 1.57 – 1.72 (m, 3 H), 1.33 – 1.47 (m, 3 H), 1.31 (br. s., 6 H) ppm. ¹³C-NMR (101 MHz, CDCl₃) δ = 175.5, 139.2, 114.1, 35.9, 33.8, 29.3, 29.3, 29.2, 29.0, 28.9, 25.5 ppm. IR (KBr) ν = 3352 (m), 3179 (w), 2922 (s), 1659 (s), 1630 (vs), 1468 (m), 1423 (s), 1411 (s) cm⁻¹.

(Z)-9-Octadecenamid (**4.3-1d**)[239]

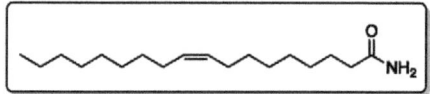

Ölsäure (**4.3-4d**, 90 % Reinheit, 11.0 g, 35.0 mmol) wurde langsam in Thionylchlorid (8.33 g, 70.0 mmol) gegeben, sodass die Temperatur nicht über 40 °C stieg. Nach beendeter Zugabe wurde die Mischung für 30 min bei 50 °C gerührt und überschüssiges Thionylchlorid *in vacuo* entfernt. Das verbleibende gelbe Öl wurde bei 0 °C tropfenweise in Ammoniaklösung (25 % in Wasser, 100 mL) gegeben und für 30 min bei 20 °C nachgerührt. Die Mischung wurde mit Diethylether (3 × 50 mL) extrahiert, die vereinigten organischen Phasen mit MgSO₄ getrocknet, filtriert und *in vacuo* getrocknet, wobei ein crèmefarbener Feststoff verblieb. Nach Umkristallisieren (abs. Ethanol, 4 °C) wurde **4.3-1d** als farbloser, kristalliner Feststoff erhalten (5.90 g, 60 %).

CAS-Nr. 301-02-0.

Schmp. 73-74 °C.

¹H-NMR (400 MHz, CDCl₃): δ = 6.18 (s, 1 H), 5.64 (s, 1 H), 5.31 (td, J = 11.4, 5.6 Hz, 2 H), 2.17 (t, J = 7.6 Hz, 2 H), 1.93 - 2.03 (m, 4 H), 1.54 - 1.64 (m, 2 H), 1.25 (d, J = 15.9 Hz, 20 H), 0.84 (t, J = 6.7 Hz, 3 H) ppm. ¹³C-NMR (101 MHz, CDCl₃): δ = 176.1, 129.9, 129.6, 35.9, 31.8, 29.7, 29.6, 29.4, 29.2, 29.2, 29.1, 29.0, 27.1, 27.1, 25.5, 22.6, 14.0 ppm. IR (ATR) ν = 3179 (m), 2917 (vs), 2848 (s), 1646 (s), 1630 (m), 1417 (m), 1280 (w) cm⁻¹.

(E)-N-Isopropyl-4-decenamid (**4.3-2a**)

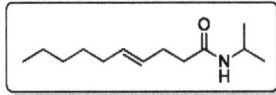

Eine Lösung von Isopropylamin (591 mg, 10.0 mmol) in Diethylether (10 mL) wurde zu wässriger NaOH (20 mmol, 0.8 g NaOH in 10 mL Wasser) gegeben und die Mischung auf 0 °C gekühlt. Zu dieser Mischung wurde eine Lösung von (*E*)-4-Decenoylchlorid (1.89 g, 10.0 mmol) in Diethylether (10 mL) getropft. Die Mischung wurde für 16 h bei 20 °C gerührt, mit Diethyl-ether (3 x 10 mL) extrahiert, mit 2 N NaOH (50 mL) und 1 N Salzsäure (50 mL) gewaschen. Die vereinigten organischen Phasen wurden mit MgSO$_4$ getrocknet, filtriert und *in vacuo* getrocknet. **4.3-2a** wurde als hellgelbes Öl erhalten (1.55 g, 73 %).

^{1}H-NMR (400 MHz, CDCl$_3$): δ = 6.17 (br. s., 1 H), 5.25 - 5.40 (m, 2 H), 3.97 (dq, *J* = 13.7, 6.8 Hz, 1 H), 2.21 (q, *J* = 6.5 Hz, 2 H), 2.08 - 2.16 (m, 2 H), 1.86 (q, *J* = 6.7 Hz, 2 H), 1.10 - 1.28 (m, 6 H), 1.04 (d, *J* = 6.7 Hz, 6 H), 0.78 (t, *J* = 6.8 Hz, 3 H) ppm. ^{13}C-NMR (101 MHz, CDCl$_3$): δ = 171.7, 131.4, 128.1, 40.9, 36.4, 32.2, 31.1, 28.9, 28.6, 22.4, 22.3, 13.8 ppm. MS (Ion trap, EI): m/z (%) = 213 (100), 169 (4), 155 (5), 102 (3), 58 (5), 43 (5). IR (ATR) ν = 3282 (w), 3073 (w), 2960 (w), 2924 (m), 1638 (vs), 1546 (m), 1263 (w), 1176 (w) cm^{-1}.

(E)-N-(2-Methoxyethyl-)-4-decenamid (**4.3-2b**)

Die Synthese erfolgte analog zu (*E*)-*N*-Isopropyl-4-decenamid (**4.3-2a**) aus 2-Methoxyethylamin (759 mg, 10.0 mmol) und (*E*)-4-Decenoylchlorid (1.89 g, 10.0 mmol) und lieferte **4.3-2b** als hellgelbes Öl (1.65 g, 73 %).

^{1}H-NMR (400 MHz, CDCl$_3$): δ = 6.44 (br. s., 1 H), 5.22 - 5.38 (m, 2 H), 3.25 - 3.39 (m, 4 H), 3.21 (s, 3 H), 2.09 - 2.25 (m, 4 H), 1.83 (q, J=6.9 Hz, 2 H), 1.07 - 1.25 (m, 6 H), 0.74 (t, J=6.8 Hz, 3 H) ppm. ^{13}C-NMR (101 MHz, CDCl$_3$): δ = 172.6, 131.4, 127.9, 70.9, 58.3, 38.8, 36.1, 32.1, 31.0, 28.8, 28.3, 22.2, 13.7 ppm. MS (Ion trap, EI): m/z (%) = 229 (100), 197 (8), 171 (3), 139 (9), 76 (2).

6.4 ARBEITSVORSCHRIFTEN ZUR SYNTHESE UNGESÄTTIGTER CARBONSÄUREAMIDE

IR (ATR) v = 3295 (w), 3080 (w), 2923 (m), 2855 (w), 2582 (w), 2570 (w), 2560 (w), 1645 (vs), 1548 (m), 1265 (w), 1197 (m), 1123 (s) cm^{-1}.

*(E)-N-Cyclohexyl-4-decenamid (**4.3-2c**)*

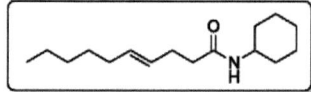

Die Synthese erfolgte analog zu (E)-N-Isopropyl-4-decenamid (**4.3-2a**) aus Cyclohexylamin (992 mg, 10.0 mmol) und (E)-4-Decenoylchlorid (1.89 g, 10.0 mmol) und lieferte **4.3-2c** als farblosen Feststoff (1.82 g, 72 %).

Schmp. 53-54 °C.

^{1}H-NMR (200 MHz, CDCl$_3$): δ = 5.28 - 5.70 (m, 3 H), 3.64 - 3.87 (m, 1 H), 2.13 - 2.40 (m, 4 H), 1.80 - 2.06 (m, 4 H), 1.54 - 1.76 (m, 3 H), 0.98 - 1.48 (m, 11 H), 0.81 - 0.94 (m, 3 H) ppm. ^{13}C-NMR (50 MHz, CDCl$_3$): δ = 171.6, 132.0, 128.3, 48.2, 36.8, 33.2, 32.4, 31.3, 29.1, 28.7, 25.6, 24.8, 22.5 13.9 ppm. MS (Ion trap, EI): m/z (%) = 253 (100), 195 (46), 141 (36), 60 (67), 56 (36), 55 (53), 41 (49). IR (ATR) v = 3288 (m), 3079 (w), 2924 (s), 2853 (m), 1636 (vs), 1547 (vs), 1222 (w) cm^{-1}. CHN, berechnet für C$_{16}$H$_{29}$NO: C: 76.44 %, H: 11.63 %, N: 5.57 %. Gefunden: C: 76.60%, H 11.71%, N: 5.53%.

*(E)-N-Benzyl-4-decenamid (**4.3-2d**)*

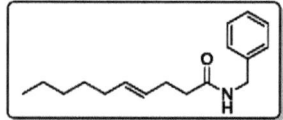

Die Synthese erfolgte analog zu (E)-N-Isopropyl-4-decenamid (**4.3-2a**) aus Benzylamin (1.09 g, 10.0 mmol) und (E)-4-Decenoylchlorid (1.89 g, 10.0 mmol) und lieferte **4.3-2d** als farblosen Feststoff (1.85 g, 71 %).

Schmp. 58-59 °C.

^{1}H-NMR (200 MHz, CDCl$_3$): δ = 7.25 - 7.40 (m, 5 H), 5.94 (br. s., 1 H), 5.31 - 5.62 (m, 2 H), 4.45 (d, J = 5.7 Hz, 2 H), 2.24 - 2.43 (m, 4 H), 1.90 - 2.10 (m, 2 H), 1.25 - 1.41 (m, 6 H), 0.84 - 0.99 (m, 3 H) ppm. ^{13}C-NMR (50 MHz, CDCl$_3$): δ = ppm 172.3, 132.1, 128.6, 128.2, 127.8, 127.4, 43.6, 36.7, 32.4, 31.4, 29.1,

28.6, 22.5, 13.9. MS (Ion trap, EI): m/z (%) = 260 (3), 230 (3), 149 (47), 106 (44), 91 (100), 65 (19), 41 (20). IR (ATR) v = 3290 (m), 3085 (w), 2921 (m), 2851 (w), 1635 (vs), 1548 (m), 1454 (m), 1221 (w) cm^{-1}. CHN, berechnet für $C_{17}H_{25}NO$: C: 78.72 %, H: 9.71 %, N: 5.4 %. Gefunden: C: 78.46 %, H 9.98 %, N: 5.39 %.

6.4.3 N-Sulfonierung ungesättigter Carbonsäureamide[240]

(E)-N-Tosyl-4-decenamid (**4.3-3a**)

(E)-4-Decenamid (**4.3-1a**, 1.48 g, 5.00 mmol) wurde bei 0 °C portionsweise zu einer Suspension von Natriumhydrid (60 %ige Dispersion in Mineralöl, 0.50 g, 12.5 mmol) in THF (10 mL) gegeben. Nach beendeter Wasserstoffentwicklung wurde die Mischung auf 25 °C erwärmt und es wurde Tosylchlorid (**4.3-6a**, 1.43 g, 7.50 mmol) zugegeben. Die Reaktionsmischung wurde für 16 h bei 20 °C gerührt, vorsichtig mit Wasser versetzt und mit EtOAc (3 × 50 mL) extrahiert. Die vereinigten organischen Phasen wurden mit ges. Kochsalzlösung (50 mL) gewaschen, mit $MgSO_4$ getrocknet und das Solvens *in vacuo* entfernt. Flash-Säulenchromatographie (SiO_2, EtOAc–Hexan 1:4) und Umkristallisieren (Toluol, 4 °C) lieferte das Produkt **4.3-3a** als farblosen Feststoff (200 mg, 12 %). Schmp. 69-70 °C.

^{1}H-NMR (400 MHz, $CDCl_3$): δ = 9.45 (br. s., 1 H), 7.93 (d, *J* = 8.3 Hz, 2 H), 7.31 (d, *J* = 8.3 Hz, 2 H), 5.21 - 5.47 (m, 2 H), 2.42 (s, 3 H), 2.32 (t, *J* = 6.8 Hz, 2 H), 2.22 (q, *J* = 6.8 Hz, 2 H), 1.87 (q, *J* = 6.6 Hz, 2 H), 1.17 - 1.29 (m, 8 H), 0.80 - 0.92 (m, 3 H) ppm. ^{13}C-NMR (101 MHz, $CDCl_3$): δ = 170.9, 144.8, 135.7, 132.4, 132.3, 129.4, 128.2, 127.0, 36.1, 32.3, 31.2, 28.9, 27.1, 22.4, 21.5, 14.0, 14.0, 13.9 ppm. IR (ATR) v = 3299 (m), 2960 (m), 2924 (m), 2855 (w), 1718 (vs), 1597 (w), 1432 (s), 1413 (s), 1338 (m), 1187 (w), 1169 (s), 1122 (s), 1087 (s) cm^{-1}.

6.4 ARBEITSVORSCHRIFTEN ZUR SYNTHESE UNGESÄTTIGTER CARBONSÄUREAMIDE

(E)-N-Mesyl-4-decenamid (**4.3-3b**)

Die Synthese erfolgte analog zu (*E*)-*N*-Tosyl-4-decenamid (**4.3-3a**) aus (*E*)-4-Decenamid (**4.3-1a**, 891 mg, 5.00 mmol) und Mesylchlorid (**4.3-6b**, 859 mg, 7.50 mmol) und lieferte nach Flash-Säulenchromatographie (SiO$_2$, EtOAc–Hexan 1:1) das Produkt **4.3-3b** als farblosen Feststoff (300 mg, 24 %).

Schmp. 35-36 °C.

^{1}H-NMR (400 MHz, CDCl$_3$): δ = 9.36 (br. s., 1 H), 5.44 - 5.55 (m, 1 H), 5.33 - 5.44 (m, 1 H), 3.28 (s, 3 H), 2.29 - 2.45 (m, 4 H), 1.93 - 2.02 (m, 2 H), 1.21 - 1.39 (m, 6 H), 0.84 - 0.93 (m, 3 H) ppm. ^{13}C-NMR (101 MHz, CDCl$_3$): δ = 172.0, 132.8, 127.0, 41.4, 36.3, 32.4, 31.3, 29.0, 27.4, 22.4, 14.0 ppm. IR (ATR) ν = 3238 (m), 2919 (vs), 2849 (s), 1701 (m), 1646 (m), 1466 (m), 1456 (m), 1441 (m), 1417 (m), 1402 (m), 1340 (w), 1323 (m), 1175 (w), 1133 (m) cm^{-1}.

(Z)-N-Tosyl-9-octadecenamid (**4.3-3c**)

Die Synthese erfolgte analog zu (*E*)-*N*-Tosyl-4-decenamid (**4.3-3a**) aus (*Z*)-9-Octadecenamid (**4.3-1d**, 1.48 g, 5.00 mmol) und Tosylchlorid (**4.3-6a**, 1.43 g, 7.5 mmol) und lieferte nach Flash-Säulenchromatographie (SiO$_2$, EtOAc–Hexan 1:2) **4.3-3c** als farbloses Wachs (1.03 g, 47 %).

CAS-Nr. 5663-99-0.

Schmp. 81-82 °C.

^{1}H-NMR (400 MHz, CDCl$_3$): δ = 7.94 (m, 2 H), 7.34 (m, 2 H), 5.32 (q, *J* = 6.1 Hz, 2 H), 2.44 (s, 3 H), 2.24 (t, *J* = 7.6 Hz, 2 H), 1.92 - 2.03 (m, 4 H), 1.48 - 1.60 (m, 2 H), 1.17 - 1.35 (m, 25 H), 0.87 (t, *J* = 6.8 Hz, 3 H) ppm. ^{13}C-NMR (101 MHz, CDCl$_3$): δ = 171.2, 145.0, 135.6, 130.0, 129.6, 129.5, 128.3, 36.2, 31.8, 29.7, 29.6, 29.6, 29.5, 29.3, 29.1, 29.0, 28.8, 27.1, 27.1, 24.3, 22.6, 21.6, 14.0

ppm. IR (ATR) ν = 3302 (w), 3003 (w), 2919 (s), 2851 (m), 1724 (s), 1597 (w), 1408 (m), 1385 (w), 1340 (w), 1188 (w), 1172 (vs), 1078 (s) cm^{-1}.

6.5 Arbeitsvorschriften zur isomerisierenden Michael-Addition

6.5.1 Synthese von (*E*)-2-Octadecensäureethylester (4.4-1b)

Synthese von Hexadecanal (**4.4-3**)

Einer Literaturvorschrift folgend[241] wurde Hexadecanol (**4.4-2**, 17.3 g, 70.0 mmol) unter Argon in Dichlormethan (300 mL) gelöst und auf 0 °C gekühlt. Nacheinander wurden DMSO (10.0 mL, 140 mmol) und P_2O_5 (40.6 g, 140 mmol) zugegeben, die Mischung für 45 min bei 25 °C gerührt und erneut auf 0 °C gekühlt. Triethylamin (34.1 mL, 245 mmol) wurde zugetropft und die Mischung erst für 45 min bei 0 °C und dann für 45 min bei 20 °C weitergerührt. Salzsäure (3 N, 150 mL) wurde zugegeben und das Gemisch mit EtOAc (3 x 100 mL) extrahiert. Um eine schnellere Phasentrennung zu erreichen, wurden Wasser (50 mL) und 2-Propanol (10 mL) zugegeben. Die vereinigten organischen Phasen wurden mit gesättigter Kochsalzlösung gewaschen, mit $MgSO_4$ getrocknet und das Solvens wurde *in vacuo* entfernt. Aldehyd **4.4-3** wurde als gelbes Öl erhalten, das sich beim Lagern unter Argon verfestigte. Ausbeute: 14.5 g, 86 %.

CAS-Nr. 629-80-1.

Schmp. 34-35 °C.

^{1}H-NMR (600 MHz, $CDCl_3$): δ 9.72 (s, 1 H) 2.38 (td, *J* = 7.3, 18 Hz, 2 H), 1.56 - 1.61 (m, 2 H), 1.28 - 1.34 (m, 2 H), 1.20 - 1.27 (m, 22 H), 1.12 - 1.20 (m, 2 H), 0.84 (t, *J* = 7.0 Hz, 3 H) ppm.

Synthese von (E)-2-Octadecensäureethylester (**4.4-1b**) *via Horner-Wadsworth-Emmons*

Zu einer Lösung von (Carbethoxymethylen)triphenylphosphoran (11.2 g, 34.0 mmol) in trockenem THF (15 mL) wurde eine Lösung von Hexadecanal (**4.4-3**, 7.50 g, 31.0 mmol) in trockenem THF (15 mL) unter Argon gegeben und die Mischung für 18 h zum Rückfluss erhitzt. Nach Abkühlen auf 20 °C wurde das Solvens *in vacuo* entfernt, der Rückstand in Hexan aufgenommen und durch gepresste Celite filtriert, um das TPPO zu entfernen. Das Filtrat wurde zur Trockene eingeengt und das Rohprodukt mittels Kugelrohrdestillation (140 °C, 0.01 mbar) aufgereinigt. **4.4-1b** wurde als farbloses, niedrigschmelzendes Wachs erhalten (4.80 g, 50 %).

CAS-Nr. 94874-12-1.

Schmp. 27-29 °C.

^{1}H-NMR (600 MHz, CDCl$_3$): δ = 6.85-7.03 (m, 1 H), 5.78 (d, *J* = 15.7 Hz, 1 H) ,4.15 (q, *J* = 7.3 Hz, 2 H), 2.12-2.21 (m, 2 H), 1.37-1.46 (m, 2 H), 1.20-1.20 (m, 27 H), 0.85 (t, *J* = 6.8 Hz, 3 H) ppm. ^{13}C-NMR (101 MHz, CDCl$_3$): δ = 166.7, 121.1, 60.0, 43.9, 32.2, 31.9, 29.6, 29.6, 29.5, 29.4, 29.4, 29.3, 29.3, 29.1, 29.0, 28.0, 22.7, 14.2, 14.1 ppm.

Synthese von (E)-2-Octadecensäureethylester (**4.4-1c**) *via Knoevenagel-Doebner*

(E)-2-Octadecensäure (**4.4-1b**)

Einer Literaturvorschrift folgend[172] wurde Hexadecanal (**4.4-3**, 6.96 g, 29.0 mmol) in Pyridin (50 mL) gelöst. Malonsäure (3.66 g, 34.8 mmol) und Piperidin (0.3 mL, 3.0 mmol) wurden zugegeben und das Gemisch über Nacht bei 50 °C gerührt. Nach Abkühlen der Reaktionslösung auf 20 °C wurde diese auf ein HCl-Eis-Gemisch (200 mL Eis, 150 mL konz. HCl) gegossen, um die Aminbasen zu neutralisieren, wobei ein farbloser Niederschlag ausfiel. Dieser wurde

6.5 ARBEITSVORSCHRIFTEN ZUR ISOMERISIERENDEN MICHAEL-ADDITION

abfiltriert, mit kaltem Wasser gewaschen und an Luft getrocknet. **4.4-1b** wurde als farbloser Feststoff in einer Ausbeute von 5.71 g (70 %) erhalten. Die erhaltenen NMR-Daten weisen auf ein *E*:*Z*-Isomerengemisch im Verhältnis 3:1 hin.

CAS-Nr. 2825-79-8.

^{1}H-NMR (600 MHz, CDCl$_3$): δ = 6.70 – 6.84 (m, 1 H), 5.70 (d, *J* = 15.4 Hz, 1 H), 5.46 (m, 1 H), 2.90 (m, 1 H), 2.12 (q, *J* = 7.3 Hz, 1 H), 1.96 (m, 1 H), 1.32 – 1.39 (m, 1 H), 1.29 (d, *J* = 6.6 Hz, 2 H), 1.18 – 1.25 (m, 26 H), 0.79–0.84 (m, 3 H) ppm. ^{13}C-NMR (151 MHz, CDCl$_3$): δ = 172.8, 167.0, 148.5, 133.1, 122.7, 121.9, 37.5, 31.9, 31.4, 31.4, 29.3, 29.2, 29.1, 29.0, 29.0, 28.9, 28.8, 28.7, 28.6, 27.6, 22.1, 13.8, 13.7 ppm.

(E)-2-Octadecensäureethylester (**4.4-1b**)

Eine Mischung aus (*E*)-2-Octadecensäure (**4.4-1c**, 5.71 g, 20.2 mmol), Ethanol (50 mL) und konzentrierter Schwefelsäure (1.0 mL) wurde 3 h zum Rückfluss erhitzt und anschließend weitere 16 h bei 50 °C gerührt. Nach Abkühlen auf 20 °C wurde Wasser (50 mL) zugegeben und mit Diethylether (100 mL) extrahiert. Die vereinigten organischen Phasen wurden mit wässriger Bicarbonatlösung (2 x 100 mL) gewaschen, getrocknet und filtriert. Nach Entfernen des Lösungsmittels *in vacuo* verblieb das Produkt **4.4-1b** als gelbliches Öl (5.29 g, 84 %).

Die erhaltenen NMR-Daten weisen auf ein E:Z-Isomerengemisch im Verhältnis 3:1 hin.

^{1}H-NMR (600 MHz, CDCl$_3$): δ = 6.85–7.01(m, 1 H), 5.78 (m, 1 H), 5.51 (m, 1 H), 4.12 (dq, *J* = 19.1, 7.2 Hz, 2 H), 2.11 – 2.20 (m, 1 H), 1.32 – 1.44 (m, 1 H), 1.20–1.30 (m, 28 H), 1.1 – 1.20 (m, 2 H,) 0.84 (t, *J* = 6.6 Hz, 3 H) ppm. ^{13}C-NMR (101 MHz, CDCl$_3$): δ = 172.1, 166.7, 149.3, 134.7, 121.2, 60.4, 60.0, 38.1, 34.4, 32.2, 31.9, 29.7, 29.5, 29.5, 29.3, 29.1, 28.0, 22.6, 14.2, 14.1, 14.0 ppm.

6.5.2 Synthese von (E)-2-Pentensäureethylester (4.4-1r)

Eine Mischung aus (E)-2-Pentensäure (29.4 g, 29.7 mL, 250 mmol), Ethanol (100 mL) und konz. Schwefelsäure (20.6 g, 11.2 mL, 200 mmol) wurde für 2 h bei 80 °C gerührt. Nach Abkühlen auf 20 °C wurde die Reaktionsmischung mit Diethylether (2 x 50 mL) extrahiert, mit wässr. Bicarbonatlösung (2 x 35 mL) und Wasser (80 mL) gewaschen. Die vereinigten organischen Phasen wurden mit MgSO$_4$ getrocknet, filtriert und das Solvens bei Raumdruck destillativ entfernt. Nach Vakuumdestillation (104 °C, 100 mbar) wurde das Produkt **4.4-1r** als farblose Flüssigkeit erhalten (16.6 g, 52 %).

CAS-Nr. 24410-84-2

^{1}H-NMR (200 MHz, CDCl$_3$): δ = 6.8 (dt, J = 15.65, 6.36 Hz, 1 H), 5.6 (dt, J = 15.65, 1.66 Hz, 1 H), 3.9 - 4.1 (m, 2 H), 2.0 - 2.1 (m, 2 H), 1.1 (t, J = 7.14 Hz, 3 H), 0.9 (t, J = 7.43 Hz, 3 H) ppm. ^{13}C-NMR (50 MHz, CDCl$_3$): δ = 166.2, 150.0, 120.1, 59.6, 24.9, 13.9, 11.8 ppm.

6.5.3 Synthese der Bisphosphitliganden

Synthese von 3,3'-Di-tert-butyl-2,2'-dihydroxy-5,5'-dimethoxybiphenyl (**4.4-7**)

Einer Literaturvorschrift folgend[174] wurde 2-tert-Butyl-4-methoxyphenol (**4.4-6**, 18.4 g, 100 mmol) in 0.5 M Natronlauge (1.0 L) gelöst und unter Durchleitung von Druckluft sechs Tage bei 20 °C gerührt, wobei das Produkt als hellbrauner Niederschlag ausfiel. Filtration der Reaktionsmischung lieferte **4.4-7** als hellbraunen, feinpulvrigen Feststoff (4.52 g, 25 %).

Schmp. >200 °C (Lit. 236-238 °C).

CAS-Nr. 14078-41-2.

¹H-NMR (400 MHz, CDCl₃): δ = 1.41 (s, 18 H), 3.76 (s, 6 H), 5.05 (s, 2 H), 6.62 (d, J = 3.07 Hz, 2 H), 6.96 (d, J = 3.07 Hz, 2 H) ppm. ¹³C-NMR (101 MHz, CDCl₃): δ = 153.4, 146.0, 139.0, 123.4, 115.3, 112.0, 55.8, 35.2, 29.6 ppm.

Synthese von 6-Chlordibenzo[d,f][1,3,2]dioxaphosphepin (**4.4-5**)

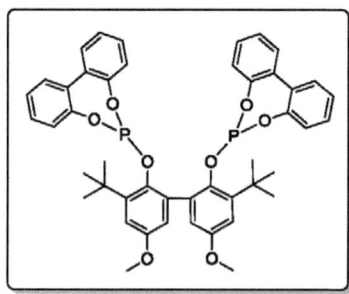

Einer Literaturvorschrift folgend[173] wurde eine Lösung von 2,2'-Bisphenol (**4.4-4**, 28.1 g, 151 mmol) in PCl₃ (50 mL) für 2 h zum Rückfluss erhitzt (ca. 75 °C). Überschüssiges PCl₃ wurde destillativ entfernt und das verbleibende Rohprodukt wurde unter vermindertem Druck destilliert. **4.4-5** wurde als farbloses, hochviskoses Öl erhalten (17.9 g, 47 %), das unter Argonatmosphäre bei -20 °C gelagert wurde.

CAS-Nr. 16611-68-0.

Sdp. 110 °C / 0.001 mbar (Lit. 140-143 °C / 0.5 mmHg).

¹H-NMR (200 MHz, CDCl₃): δ = 7.4-7.6 (m, 6 H), 7.3-7.4 (m, 2 H) ppm.
³¹P-NMR (81 MHz, CDCl₃): δ = 180.9 (s) ppm.

Synthese von Biphephos (**4.4-8**)

Einer Literaturvorschrift folgend[173] wurde eine Lösung von 6-Chlordibenzo[d,f][1,3,2]dioxaphosphepin (**4.4-5**, 1.40 g, 5.60 mmol) in Toluol (0.65 mL) unter Argonatmosphäre auf -40 °C gekühlt. Per Spritze wurde tropfenweise eine Lösung von 3,3'-Di-tert-butyl-2,2'-dihydroxy-5,5'-dimethoxybiphenyl (**4.4-7**, 1.00 g, 2.80 mmol) und Triethylamin (2.27 g, 3.11 mL, 22.4 mmol) in Toluol (12 mL) zugegeben. Die Reaktionsmischung wurde langsam auf 20 °C erwärmen gelassen (ca. 5 h), dann mit Wasser (6.5 mL) versetzt und der entstandene farblose Niederschlag durch Filtration gewonnen. Nach mehrmaligem Waschen des Rohproduktes mit Wasser und Trocknen *in vacuo* wurde **4.4-8** als farbloser, voluminöser Feststoff erhalten (616 mg, 28 %).

CAS-Nr. 121627-17-6.

Schmp. 149-150 °C.

^{1}H-NMR (600 MHz, CDCl$_3$): δ = 7.4 (d, *J* = 1.54 Hz, 2 H), 7.4 (dd, *J* = 7.55, 1.41 Hz, 2 H), 7.3 (s, 2 H), 7.3 (d, *J* = 1.79 Hz, 4 H), 7.1 - 7.2 (m, 5 H), 7.1 (d, *J* = 3.33 Hz, 1 H), 7.0 (s, 1 H), 6.8 (d, *J* = 3.07 Hz, 2 H), 6.8 (d, *J* = 7.94 Hz, 1 H), 3.8 (s, 6 H), 1.3 (s, 18 H) ppm. ^{13}C-NMR (151 MHz, CDCl$_3$): δ = 154.6, 143.2, 129.5, 129.3, 128.8, 128.6, 128.2, 124.9, 124.7, 123.0, 122.2, 115.4, 55.7, 35.4, 30.3 ppm. ^{31}P-NMR (243 MHz, CDCl$_3$): δ = 145.9 (s) ppm.

Synthese von 2,2'-Bis-dibenzo[d,f][1,3,2]dioxaphosphepin-6-yloxy-biphenyl (**4.4-9**)

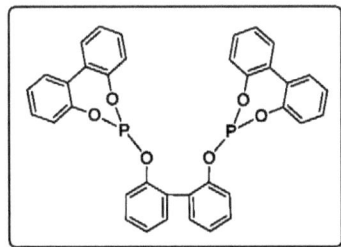

Die Synthese erfolgte analog zu Biphephos (**4.4-8**) aus 6-Chlor-dibenzo[d,f][1,3,2]dioxaphosphepin (**4.4-5**, 1.40 g, 5.6 mmol) und 2,2'-Bisphenol (**4.4-4**, 521 mg, 2.8 mmol). **4.4-9** wurde als farbloser Feststoff erhalten (1.8 g, 99 %).

CAS-Nr. 122605-42-9.

Schmp. >200 °C (Lit. 202 °C).[242]

^{1}H-NMR (400 MHz, CDCl$_3$): δ = 7.3-7.4 (m, 9 H), 7.2-7.3 (m, 10 H), 6.9 (m, 4 H) ppm. ^{13}C-NMR (101 MHz, CDCl$_3$): δ = 149.7, 149.7, 149.2, 132.3, 131.1, 130.3, 129.7, 129.0, 125.1, 124.1, 122.2, 120.7, 120.7, 120.6 ppm. ^{31}P-NMR (162 MHz, CDCl$_3$): δ = 145.4 (s) ppm.

6.5.4 Synthese der Edukte für Michael-Additionen

*(L)-Menthyl-(E)-2-hexenoat (**4.4-1f**)*

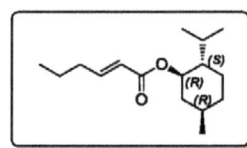

Eine Mischung aus (*E*)-2-Hexensäure (1.17 g, 1.21 mL, 10.0 mmol), (*L*)-Menthol (4.74 g, 30.0 mmol) und 4-(Dimethylamino)-pyridin (122 mg, 1.00 mmol) wurde mit Dichlormethan (10 mL) versetzt und auf 0 °C gekühlt. *N,N'*-Dicyclohexylcarbodiimid (2.29 g, 11.0 mmol) wurde portionsweise zugegeben und die Reaktionsmischung zunächst für 5 min bei 0 °C, dann für 3 h bei 25 °C gerührt. Der entstandene farblose Harnstoff-Niederschlag wurde abfiltriert und das Filtrat *in vacuo* vom Solvens befreit. Dieser Rückstand wurde in Dichlormethan (15 mL) aufgenommen und erneut filtriert, um Harnstoffreste zu entfernen. Das Filtrat wurde mit 0.5 N Salzsäure (2 x 10 mL) und wässr. Bicarbonatlösung (2 x 10 mL) gewaschen, mit MgSO$_4$ getrocknet und das Solvens wurde *in vacuo* entfernt. Das Produkt **4.4-1f** wurde nach Flash-Säulenchromatographie (SiO$_2$, Diethylether – Hexan 1:2) als farblose Flüssigkeit erhalten (1.25 g, 50 %).

^{1}H-NMR (400 MHz, CDCl$_3$): δ = 6.9 (dt, *J* = 15.55, 6.90 Hz, 1 H), 5.8 (d, *J* = 15.85 Hz, 1 H), 4.7 (td, *J* = 10.86, 4.40 Hz, 1 H), 2.1 – 2.2 (m, 2 H), 2.0 (dd, *J* = 7.19, 4.84 Hz, 1 H), 1.8 (qd, *J* = 6.94, 4.11 Hz, 1 H), 1.6 – 1.7 (m, 2 H), 1.4 – 1.5 (m, 3 H), 1.3-1.4 (m, 1 H), 0.8-0.9 (m, 12 H), 0.7 (d, *J* = 7.04 Hz, 3 H) ppm. ^{13}C-NMR (101 MHz, CDCl$_3$): δ = 166.3, 148.8, 121.7, 73.7, 47.1, 41.0, 34.3, 34.1, 31.3, 26.3, 23.5, 22.0, 21.2, 20.7, 16.4, 13.6 ppm. MS (Ion trap, EI): m/z (%) = 138 (41), 123 (29), 97 (100), 81 (76), 67 (32), 55 (98), 41 (36).

Ethyl-5-hexenoat (**4.4-1g**)

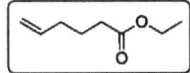

Eine Mischung aus 5-Hexensäure (576 mg, 600 µL, 5.00 mmol), Ethanol (5 mL) und konz. Schwefelsäure (392 mg, 213 µL, 4.00 mmol) wurde für 2 h zum Rückfluss erhitzt. Nach Abkühlen auf 20 °C wurde die Reaktionsmischung mit Diethylether (2 x 15 mL) extrahiert, mit wässr. Bicarbonatlösung (2 x 10 mL) und Wasser (10 mL) gewaschen. Die vereinigten organischen Phasen wurden mit MgSO4 getrocknet und das Solvens bei Raumdruck destillativ entfernt. Das Produkt **4.4-1g** wurde als farblose Flüssigkeit mit fruchtigem Geruch erhalten (691 mg, 97 %).

CAS-Nr. 54653-25-7.

^{1}H-NMR (400 MHz, CDCl$_3$): δ = 5.6 – 5.7 (m, 1 H), 4.8 – 4.9 (m, 2 H), 4.0 (q, J = 7.04 Hz, 2 H), 2.2 (t, J = 7.48 Hz, 2 H), 2.0 (q, J = 7.04 Hz, 2 H), 1.6 (m, 2 H), 1.1 (t, J = 7.04 Hz, 3 H) ppm. ^{13}C-NMR (101 MHz, CDCl$_3$): δ = 173.0, 137.4, 114.9, 59.8, 33.3, 32.8, 23.9, 14.0 ppm. MS (Ion trap, EI): m/z (%) = 143 (100), 96 (46), 69 (92), 68 (82), 67 (54), 55 (60), 41 (49).

Isopropyl-5-hexenoat (**4.4-1k**)

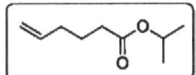

Die Synthese erfolgte analog zu Ethyl-5-hexenoat (**4.4-1g**) aus 5-Hexensäure (1.73 g, 1.80 mL, 15.0 mmol) und 6 mL Isopropanol. Das Produkt **4.4-1k** wurde als farblose Flüssigkeit mit intensivem Fruchtgeruch erhalten (2.33 g, 95 %).

CAS-Nr. 1046834-28-9.

^{1}H-NMR (600 MHz, CDCl$_3$): δ = 5.7 (dd, J = 16.99, 10.19 Hz, 1 H), 4.9 – 4.9 (m, 3 H), 2.2 (t, J = 7.56 Hz, 2 H), 2.0 (q, J = 7.02 Hz, 2 H), 1.6 (dq, J = 7.56, 7.42 Hz, 2 H), 1.1 (m, 6 H) ppm. ^{13}C-NMR (151 MHz, CDCl$_3$): δ = 172.9, 137.5, 115.1, 67.2, 33.7, 32.9, 24.0, 21.6 ppm. MS (Ion trap, EI): m/z (%) = 157 (8), 115 (60), 69 (100), 55 (46), 41 (69).

6.5 ARBEITSVORSCHRIFTEN ZUR ISOMERISIERENDEN MICHAEL-ADDITION

Ethyl-5-methyl-5-hexenoat (4.4-1p)

Zu einer Suspension von Methyltriphenylphosphoniumbromid (4.01 g, 11.0 mmol) in trockenem Toluol (15 mL) wurde bei -15 °C (Eis / Methanol) unter Argonatmosphäre eine Lösung von Kaliumbis(trimethylsilyl)amid (2.20 g, 10.5 mmol) in Toluol (25 mL) gegeben. Die Mischung wurde auf 0 °C erwärmt, für 1 h bei dieser Temperatur gerührt und dann erneut auf -15 °C gekühlt. Eine Lösung von Ethyl-5-oxohexanoat (1.63 g, 1.65 mL, 10.0 mmol) in Toluol (10 mL) wurde langsam zugegeben und die Mischung auf 0 °C erwärmen gelassen. Nach 3 h Rühren bei 0 °C wurde für weitere 24 h bei 20 °C gerührt, dann auf 0 °C gekühlt und wässrige NH$_4$Cl-Lösung (30 mL) zugegeben. Die Mischung wurde mit Diethylether (40 mL) verdünnt, die Phasen getrennt und die wässrige Phase mit Diethylether (3 x 35 mL) extrahiert. Die vereinigten organischen Phasen wurden mit ges. Kochsalzlösung gewaschen, mit MgO$_4$ getrocknet, filtriert, und *in vacuo* aufkonzentriert. Flash-Säulenchromatographie (SiO$_2$, Diethylether – Hexan 1:6) lieferte das Produkt **4.4-1p** als farblose Flüssigkeit (420 mg, 27 %).

^{1}H-NMR (600 MHz, CDCl$_3$): δ = 1.24 (t, *J* = 7.23 Hz, 3 H) 1.70 (s, 3 H) 1.72 – 1.79 (m, 2 H) 2.03 (t, *J* = 7.56 Hz, 2 H) 2.27 (t, *J* = 7.56 Hz, 2 H) 4.11 (q, *J* = 7.23 Hz, 2 H) 4.65 – 4.67 (m, 1 H) 4.71 (s, 1 H) ppm. ^{13}C-NMR (151 MHz, CDCl$_3$): δ = 173.6, 144.7, 110.5, 60.1, 36.9, 33.6, 22.7, 22.1, 14.2 ppm. MS (Ion trap, EI): m/z (%) = 157 [M$^+$] (100), 111 (24), 82 (46), 55 (5).

6.5.5 Michael-Addition von 4.4-14a an (*L*)-Menthyl-5-hexenoat (4.4-1f)

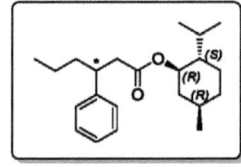

Ein ausgeheiztes Bördelrandgefäß mit Rührstäbchen wurde mit Acetylacetonato(1,5-cyclooctadienyl)rhodium(I) (1.6 mg, 5 µmol, 0.01 Äquiv.), Biphephos

(**4.4-8**, 6.2 mg, 7.5 µmol, 0.01 Äquiv.) und Natriumtetraphenylborat (**4.4-14a**, 343 mg, 1.00 mmol, 2.0 Äquiv.) befüllt, mit einem Teflonseptum verschlossen und dreimal mit Argon gespült. Nacheinander wurden per Spritze Toluol (2.0 mL), (*L*)-Menthyl-(*E*)-2-hexenoat (**4.4-1f**, 133 mg, 0.5 mmol, 1.0 Äquiv.) und Wasser (100 µL) zugegeben und die Mischung wurde für 20 h bei 100 °C gerührt. Nach Abkühlen auf 20 °C wurde das Solvens *in vacuo* entfernt und der Ester **4.4-15b** wurde nach Flash-Säulenchromatographie (SiO$_2$, EtOAc – Hexan 1:15) als farblose Flüssigkeit erhalten (150 mg, 91 %).

Die NMR-Daten weisen auf eine Diastereomerenmischung im Verhältnis von ca. 1:1 hin.

^{1}H-NMR (600 MHz, CDCl$_3$): δ = 7.2 – 7.3 (m, 2 H), 7.1 – 7.2 (m, 3 H), 4.6 (qd, *J* = 11.25, 4.40 Hz, 1 H), 3.1 – 3.1 (m, 1 H), 2.5 – 2.6 (m, 2 H), 1.7 (m, 1 H), 1.6 (m, 4 H), 1.4 (m, 1 H), 1.2 – 1.3 (m, 2 H), 1.2 (m, 2 H), 0.9 – 1.0 (m, 1 H), 0.8 – 0.9 (m, 9 H), 0.7 – 0.8 (m, 2 H), 0.7 (d, *J* = 7.04 Hz, 2 H), 0.5 (d, *J* = 7.04 Hz, 1 H) ppm. ^{13}C-NMR (151 MHz, CDCl$_3$): δ = 172.1, 172.0, 144.1, 144.0, 128.3, 127.5, 126.3, 126.3, 73.9, 73.9, 46.9, 42.3, 42.2, 42.1, 41.9, 40.8, 40.6, 38.7, 38.6, 34.2, 31.6, 31.4, 31.3, 31.3, 26.0, 25.8, 23.2, 22.6, 22.0, 21.9, 20.8, 20.7, 20.5, 20.4, 16.1, 16.0, 14.1, 14.0 ppm. MS (Ion trap, EI): m/z (%) = 193 (5), 138 (19), 132 (67), 91 (70), 82 (100), 67 (22), 55 (54).

6.5.6 Isomerisierung von Ethyloleat (4.4-1d)

Ein ausgeheiztes Bördelrandgefäß mit Rührstäbchen wurde mit Rhodium(III)chlorid-Trihydrat (1.32 mg, 0.02 Äquiv.) befüllt, mit einem Teflonseptum verschlossen und dreimal mit Argon gespült. Nacheinander wurden per Spritze Ethanol (0.5 mL) und Ethyloleat (**4.4-1d**, 98 % Reinheit, 0.25 mmol, 79 mg, 92 µL) zugegeben, und die Mischung wurde für 30 min bei 80 °C gerührt. Nach Abkühlen auf 20 °C wurde die Reaktionsmischung mit EtOAc (3 mL) verdünnt, eine Probe (0.25 mL) genommen, diese mit EtOAc (3 mL) extrahiert und mit Wasser (3 mL) gewaschen. Die organische Phase wurde mit MgSO$_4$ getrocknet, durch eine Pipette in ein GC-Probengefäß filtriert und per GC analysiert.

Das erhaltene Chromatogramm wurde mit Literaturdaten[62] verglichen und die Konzentration des α,β-ungesättigten Isomers Ethyl-(*E*)-2-octadecenoat (**4.4-1b**) zu 3.5 % bestimmt. Die ^{1}H-NMR- und ^{13}C-NMR-Spektren der Reaktionsmi-

6.5 ARBEITSVORSCHRIFTEN ZUR ISOMERISIERENDEN MICHAEL-ADDITION

schung zeigten ebenfalls zweifelsfrei das Vorliegen von **4.4-1b** durch Vergleich mit einer authentischen Substanzprobe von **4.4-1b**.[243]

Spektren der Reaktionsmischung:

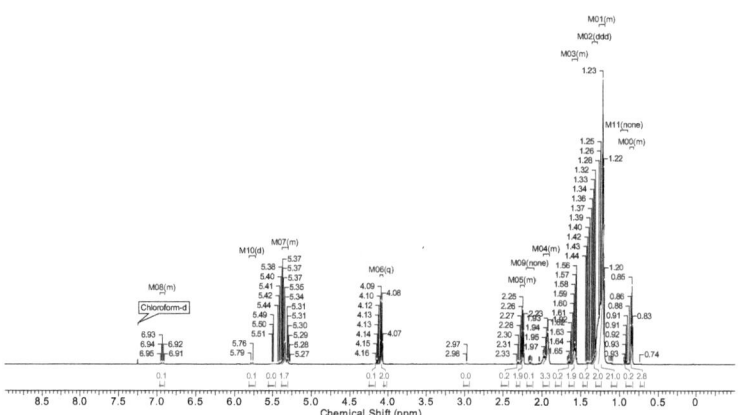

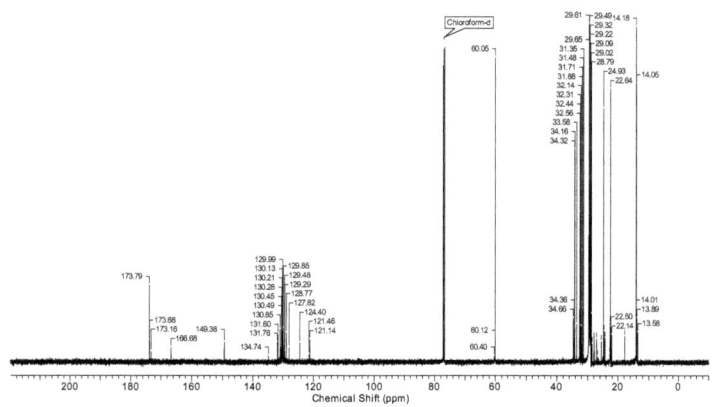

6.5.7 Synthese β-arylierter Carbonsäureester

Allgemeine Arbeitsvorschrift zur Isomerisierenden Michael-Addition von Arylboraten

Ein ausgeheiztes Bördelrandgefäß mit Rührstäbchen wurde mit Acetylacetonato(1,5-cyclooctadien)rhodium(I) (1.5 mol%), Biphephos (**4.4-8**, 1.5 mol%) und dem Arylboratsalz **4.4-14** (2.0 Äquiv.) befüllt, mit einem Teflonseptum verschlossen und dreimal mit Argon gespült. Nacheinander wurden per Spritze Toluol (3 mL / mmol Ester), Ester **4.4-1** (0.5-1.00 mmol) und Wasser (150 µL / mmol Ester) zugegeben und die Mischung wurde für 20 h bei 100 °C gerührt. Nach Abkühlen auf 20 °C wurde das Solvens *in vacuo* entfernt und der β-Arylester **4.4-15** wurde nach Flash-Säulenchromatographie (SiO$_2$, EtOAc – Hexan oder Diethylether – Hexan) erhalten.

*Ethyl-3-phenylhexanoat (**4.4-15a**)*

Die Synthese erfolgte nach der allgemeinen Arbeitsvorschrift aus Ethyl-5-hexenoat (**4.4-1g**, 75.0 mg, 0.50 mmol) und Natriumtetraphenylborat (**4.4-14a**, 343 mg, 1.00 mmol). Flash-Säulenchromatographie (SiO$_2$, EtOAc – Hexan 1:8) lieferte das Produkt **4.4-15a** als farblose Flüssigkeit (98 mg, 89 %).

CAS-Nr. 99903-38-5.[244]

^{1}H-NMR (600 MHz, CDCl$_3$): δ = 7.23 - 7.29 (m, 2 H), 7.14 - 7.18 (m, 3 H), 4.00 (q, *J* = 7.1 Hz, 2 H), 3.06 - 3.11 (m, 1 H), 2.51 - 2.62 (m, 2 H), 1.54 - 1.64 (m, 2 H), 1.09 - 1.20 (m, 5 H), 0.80 - 0.88 (m, 3 H) ppm. ^{13}C-NMR (101 MHz, CDCl$_3$): δ = 172.3, 144.1, 128.3, 127.4, 126.3, 60.1, 41.9, 41.8, 38.4, 20.4, 14.0, 13.9 ppm. MS (Ion trap, EI): m/z (%) = 221 [M$^+$] (86), 174 (55), 135 (68), 132

(92), 118 (37), 105 (27), 91 (100). HRMS (EI) m/z 220.1488 ($C_{14}H_{20}O_2$ theor. 220.1463). IR (NaCl) v = 3083 (w), 2957 (vs), 2871 (m), 1735 (vs), 1453 (m), 1162 (s) cm^{-1}.

*Synthese von Ethyl-3-phenylhexanoat (**4.4-15a**) im Gramm-Maßstab*

Ein ausgeheiztes Bördelrandgefäß mit Rührstäbchen wurde mit Acetylacetonato(1,5-cyclooctadiene)rhodium(I) (46.5 mg, 0.15 mmol), Biphephos (**4.4-8**, 124 mg, 0.15 mmol) und Natriumtetraphenylborat (**4.4-14a**, 6.86 g, 19.9 mmol) befüllt, mit einem Teflonseptum verschlossen und dreimal mit Argon gespült. Nacheinander wurden per Spritze Toluol (30 mL), Ethyl-5-hexenoat (**4.4-1g**, 1.48 g, 10.0 mmol) und Wasser (1.5 mL) zugegeben, und die Mischung wurde für 20 h bei 100 °C gerührt. Nach Abkühlen auf 20 °C wurde das Solvens *in vacuo* entfernt und das Produkt **4.4-15a** wurde nach Flash-Säulenchromatographie (SiO_2, EtOAc – Hexan 1:9) als farblose Flüssigkeit erhalten (1.75 g, 80 %).

*Ethyl-3-phenylpentanoat (**4.4-15c**)*

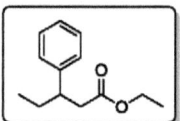

Die Synthese erfolgte nach der allgemeinen Arbeitsvorschrift aus Ethyl-5-pentenoat (**4.4-15h**, 65 mg, 0.50 mmol) und Natriumtetraphenylborat (**4.4-14a**, 343 mg, 1.00 mmol). Flash-Säulenchromatographie (SiO_2, EtOAc – Hexan 1:8) lieferte das Produkt **4.4-15c** als farblose Flüssigkeit (168 mg, 81 %).

CAS-Nr. 2845-23-0.[245]

^{1}H-NMR (400 MHz, $CDCl_3$) δ: = 7.23 - 7.31 (m, 2 H), 7.14 - 7.21 (m, 3 H), 4.01 (q, *J* = 7.0 Hz, 2 H), 2.95 - 3.04 (m, 1 H), 2.50 - 2.66 (m, 2 H), 1.54 - 1.74 (m, 2 H), 1.12 (t, *J* = 7.2 Hz, 3 H), 0.78 (t, *J* = 7.4 Hz, 3 H) ppm. ^{13}C-NMR (101 MHz, $CDCl_3$): δ = 172.5, 143.9, 128.3, 127.5, 126.3, 60.1, 43.9, 41.5, 29.1, 14.1, 11.9 ppm. MS (Ion trap, EI): m/z (%) = 207 [M$^+$] (9), 160 (36), 135 (51), 132 (57), 119 (45), 117 (40), 91 (100). IR (NaCl) v = 3085 (w), 2965 (s), 1735 (vs), 1164 (m) cm^{-1}.

*Ethyl-3-phenylundecanoat (**4.4-15d**)*

Die Synthese erfolgte nach der allgemeinen Arbeitsvorschrift aus Ethyl-10-undecenoat (**4.4-1i**, 112 mg, 0.50 mmol) und Natriumtetraphenylborat (**4.4-14a**, 343 mg, 1.00 mmol). Kombination zweier identischer Ansätze und Flash-Säulenchromatographie (SiO$_2$, EtOAc – Hexan 1:8) lieferte das Produkt **4.4-15d** als farblose Flüssigkeit (183 mg, 63 %).

CAS-Nr. 1071576-03-8.[246]

^{1}H-NMR (200 MHz, CDCl$_3$): δ = 7.14 - 7.33 (m, 5 H), 4.03 (q, J = 7.1 Hz, 2 H), 3.02 - 3.17 (m, 1 H), 2.59 (dd, J = 7.6, 4.5 Hz, 2 H), 1.52 - 1.73 (m, 2 H), 1.09 - 1.31 (m, 15 H), 0.87 (t, J = 6.4 Hz, 3 H) ppm. ^{13}C-NMR (51 MHz, CDCl$_3$): δ = 172.3, 144.1, 128.2, 127.4, 126.2, 60.0, 42.2, 41.8, 36.1, 31.8, 29.4, 29.3, 29.2, 27.2, 22.5, 14.0 ppm. MS (Ion trap, EI): m/z (%) = 291 [M$^+$] (2), 202 (67), 135 (57), 118 (66), 105 (48), 104 (100), 91 (70). IR (NaCl) ν = 3082 (m), 2923 (vs), 2853 (s), 1735 (s), 1453 (m), 1158 (m) cm^{-1}.

*Ethyl-3-phenyldecanoat (**4.4-15e**)*

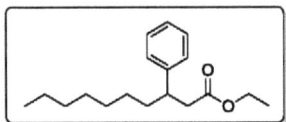

Die Synthese erfolgte nach der allgemeinen Arbeitsvorschrift aus Ethyl-(E)-4-decenoat (**4.4-1j**, 204 mg, 1.00 mmol) und Natriumtetraphenylborat (**4.4-14a**, 686 mg, 2.00 mmol). Flash-Säulenchromatographie (SiO$_2$, Diethylether – Hexan 1:9) lieferte das Produkt **4.4-15e** als farblose Flüssigkeit (166 mg, 60 %).

Beilstein Registry: 11203198.[247]

^{1}H–NMR (400 MHz, CDCl$_3$): δ = 7.25 - 7.33 (m, 2 H), 7.16 - 7.23 (m, 3 H), 4.03 (q, J = 7.0 Hz, 2 H), 3.05 - 3.13 (m, 1 H), 2.59 (qd, J = 14.8, 7.6 Hz, 2 H), 1.63 (ddd, J = 14.8, 9.1, 5.9 Hz, 2 H), 1.19 - 1.33 (m, 9 H), 1.14 (t, J = 7.0 Hz, 4 H), 0.86 (t, J = 6.8 Hz, 3 H) ppm. ^{13}C–NMR (101 MHz, CDCl$_3$): δ = 172.4, 144.2, 128.3, 128.2, 127.6, 127.4, 126.3, 60.1, 42.2, 41.9, 36.2, 31.8, 29.4, 29.1,

27.3, 22.6, 14.1, 14.0 ppm. MS (Ion trap, EI): m/z (%) = 277 [M$^+$] (2), 230 (14), 188 (74), 135 (58), 118 (68), 104 (100), 91 (82). HRMS (EI) *m/z* 276.2091 (C$_{18}$H$_{28}$O$_2$ theor. 276.2089). IR (NaCl) v = 3083 (w), 2925 (vs), 2855 (s), 1735 (s), 1453 (m), 1158 (m) cm^{-1}.

*Ethyl-3-phenyloctadecanoat (**4.4-15f**)*

Die Synthese erfolgte nach der allgemeinen Arbeitsvorschrift aus Ethyloleat (**4.4-1d**, 98 % Reinheit, 158 mg, 0.50 mmol) und Natriumtetraphenylborat (**4.4-14a**, 343 mg, 1.00 mmol). Kombination zweier identischer Ansätze und Flash-Säulenchromatographie (SiO$_2$, Et$_2$O – Hexan 1:9) lieferte das Produkt **4.4-15f** als farblosen, niedrigschmelzenden Feststoff (118 mg, 30 %).

Schmp. < 30 °C.

^{1}H-NMR (400 MHz, CDCl$_3$): δ = 7.26 - 7.33 (m, 2 H), 7.16 - 7.23 (m, 3 H), 4.03 (q, *J* = 7.2 Hz, 2 H), 3.04 - 3.13 (m, 1 H), 2.59 (qd, *J* = 14.8, 7.7 Hz, 2 H), 1.58 - 1.67 (m, 2 H), 1.19 - 1.33 (m, 25 H), 1.14 (t, *J* = 7.2 Hz, 4 H), 0.89 (t, *J* = 6.6 Hz, 3 H) ppm. ^{13}C–NMR (101 MHz, CDCl$_3$): δ = 172.4, 144.2, 128.3, 127.4, 126.3, 60.1, 42.2, 41.9, 36.2, 31.9, 29.7, 29.7, 29.6, 29.6, 29.6, 29.5, 29.4, 29.3, 27.3, 22.7, 14.2, 14.1 ppm. MS (Ion trap, EI): m/z (%) = 301 (58), 177 (21), 135 (43), 117 (35), 104 (100), 91 (68). HRMS (EI) *m/z* 388.3349 (C$_{26}$H$_{44}$O$_2$ theor. 388.3341). IR (KBr) v = 3083 (w), 2923 (vs), 2851 (s), 1733 (s), 1457 (w), 1168 (m) cm^{-1}.

Isopropyl-3-phenylhexanoat (4.4-15g)

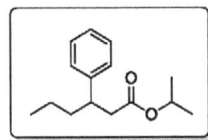

Die Synthese erfolgte nach der allgemeinen Arbeitsvorschrift aus Isopropyl-5-hexenoat (**4.4-1k**, 82 mg, 0.50 mmol) und Natriumtetraphenylborat (**4.4-14a**, 343 mg, 1.00 mmol). Kombination zweier identischer Ansätze und Flash-Säulenchromatographie (SiO$_2$, Diethylether – Hexan 1:8) lieferte das Produkt **4.4-15g** als farblose Flüssigkeit (145 mg, 62 %).

Beilstein Registry: 8408738.[248]

^{1}H-NMR (600 MHz, CDCl$_3$): δ = 7.26 - 7.31 (m, 2 H), 7.17 - 7.21 (m, 3 H), 4.91 (dt, *J* = 12.5, 6.2 Hz, 1 H), 3.07 - 3.14 (m, 1 H), 2.51 - 2.63 (m, 2 H), 1.58 - 1.65 (m, 2 H), 1.13 - 1.28 (m, 5 H), 1.06 (d, *J* = 6.4 Hz, 3 H), 0.87 (t, *J* = 7.3 Hz, 3 H) ppm. ^{13}C–NMR (151 MHz, CDCl$_3$): δ = 171.9, 144.0, 128.2, 127.5, 126.2, 67.3, 42.1, 38.5, 21.6, 21.6, 20.4, 13.9 ppm. MS (Ion trap, EI): m/z (%) = 235 [M$^+$] (13), 191(16), 132 (94), 117 (32), 107 (58), 91 (100), 43 (33). HRMS (EI) *m/z* 234.1609 (C$_{15}$H$_{22}$O$_2$ theor. 234.1620). IR (NaCl) ν = 3083 (w), 2977 (s), 1729 (vs), 1493 (m), 1453 (s), 1260 (s), 1108 (vs) cm^{-1}.

Ethyl-2-methyl-3-phenylpentanoat (4.4-15h)

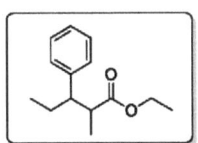

Die Synthese erfolgte nach der allgemeinen Arbeitsvorschrift aus Ethyl-2-methyl-4-pentenoat (**4.4-1l**, 72.5 mg, 0.50 mmol) und Natriumtetraphenylborat (**4.4-14a**, 343 mg, 1.00 mmol). Kombination zweier identischer Ansätze und Flash-Säulenchromatographie (SiO$_2$, Diethylether – Hexan 1:9) lieferte das Produkt **4.4-15h** als farblose Flüssigkeit (100 mg, 45 %).

CAS-Nr. 92300-80-6.[249]

Die NMR-Daten zeigen eine nicht auftrennbare Diastereomerenmischung im Verhältnis 1:9. Daten für das Hauptdiastereomer.

¹H-NMR (600 MHz, CDCl₃): δ = 7.24 - 7.30 (m, 2 H), 7.15 - 7.22 (m, 3 H), 4.06 (q, J = 7.1 Hz, 2 H), 2.92 (dd, J = 13.6, 8.4 Hz, 1 H), 2.61 - 2.70 (m, 1 H), 1.60 - 1.70 (m, 1 H), 1.48 (dd, J = 6.1, 5.1 Hz, 1 H), 1.20 - 1.40 (m, 3 H), 1.14 (t, J = 7.0 Hz, 3 H), 0.90 (t, J = 7.3 Hz, 3 H) ppm. ¹³C–NMR (151 MHz, CDCl₃): δ = 175.7, 139.5, 128.9, 128.3, 126.2, 60.0, 47.5, 38.6, 34.3, 20.5, 14.2, 13.9 ppm. MS (Ion trap, EI): m/z (%) = 221 [M⁺] (10), 146 (93), 131 (43), 117 (35), 104 (30), 91 (100), 65 (20). IR (NaCl) ν = 3085 (w), 2959 (s), 1731 (vs), 1453 (m), 1162 (s) cm⁻¹.

*Ethyl-3-(4-chlorphenyl)hexanoat (**4.4-15i**)*

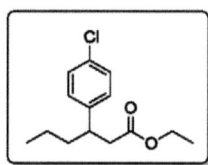

Die Synthese erfolgte nach der allgemeinen Arbeitsvorschrift aus Ethyl-5-hexenoat (**4.4-1g**, 75.0 mg, 0.50 mmol) und Kaliumtetrakis(4-chlorphenyl)borat (**4.4-14b**) (1.10 g, 2.00 mmol) in Gegenwart von 18-Krone-6 (529 mg, 2.0 mmol). Flash-Säulenchromatographie (SiO₂, Diethylether – Hexan 1:9) lieferte das Produkt **4.4-15i** als farblose Flüssigkeit (144 mg, 56 %).

Beilstein Registry: 9398501.[250]

¹H-NMR (400 MHz, CDCl₃): δ = 7.28 (m, 2 H) 7.15 (m, 2 H) 4.05 (q, J = 7.2 Hz, 2 H), 3.07 - 3.16 (m, 1 H), 2.50 - 2.67 (m, 2 H), 1.51 - 1.70 (m, 2 H), 1.13 - 1.23 (m, 5 H), 0.88 (t, J = 7.3 Hz, 3 H) ppm. ¹³C–NMR (101 MHz, CDCl₃): δ = 172.1, 142.6, 131.9, 128.8, 128.4, 60.2, 41.7, 41.4, 38.3, 20.3, 14.1, 13.9 ppm. MS (Ion trap, EI): m/z (%) = 254 [M⁺] (10), 208 (21), 169 (82), 166 (75), 145 (44), 125 (100), 103 (52). HRMS (EI) m/z 254.1069 (C₁₄H₁₉O₂Cl theor. 254.1074). IR (NaCl) ν = 2959 (s), 1733 (vs), 1491 (s), 1164 (s), cm⁻¹.

*Ethyl-3-(2-naphthyl)hexanoat (**4.4-15j**)*

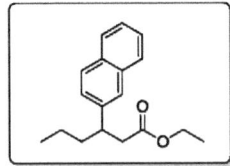

Die Synthese erfolgte nach der allgemeinen Arbeitsvorschrift aus Ethyl-5-hexenoat (**4.4-1g**, 75.0 mg, 0.50 mmol) und Natriumtetrakis(2-naphthyl)borat (**4.4-14c**) (541 mg, 1.00 mmol). Flash-Säulenchromatographie (SiO$_2$, Diethylether – Hexan 1:8) lieferte das Produkt **4.4-15j** als farblose Flüssigkeit (59 mg, 44 %).

^{1}H-NMR (400 MHz, CDCl$_3$): δ = 7.78 - 7.89 (m, 3 H), 7.67 (s, 1 H), 7.35 - 7.53 (m, 3 H), 4.05 (qt, *J* = 7.1, 3.5 Hz, 2 H), 3.28 - 3.38 (m, 1 H), 2.65 - 2.79 (m, 2 H), 1.74 (q, *J* = 7.8 Hz, 2 H), 1.11 - 1.37 (m, 5 H), 0.86 - 0.97 (m, 3 H) ppm. ^{13}C–NMR (101 MHz, CDCl$_3$): δ = 172.4, 141.6, 133.4, 132.3, 128.0, 127.6, 127.5, 126.1, 125.8, 125.7, 125.2, 60.2, 42.1, 41.8, 38.3, 20.5, 14.0, 13.9 ppm. MS (Ion trap, EI): m/z (%) = 270 [M$^+$] (66), 196 (47), 185 (75), 168 (22), 154 (29), 141 (100), 115 (18). HRMS (EI) *m/z* 270.1613 (C$_{18}$H$_{22}$O$_2$ theor. 270.1620). IR (NaCl) ν = 2957 (s), 1731 (vs), 1369 (m), 1154 (m) cm^{-1}.

*Ethyl-3-(4-tolyl)hexanoat (**4.4-15k**)*

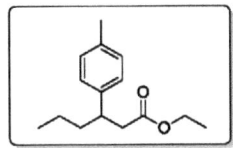

Die Synthese erfolgte nach der allgemeinen Arbeitsvorschrift aus Ethyl-5-hexenoat (**4.4-1g**, 75.0 mg, 0.50 mmol) und Natriumtetrakis(4-tolyl)borat (**4.4-14d**) (397 mg, 1.00 mmol). Flash-Säulenchromatographie (SiO$_2$, Diethylether – Hexan 1:8) lieferte das Produkt **4.4-15k** als farblose Flüssigkeit (109 mg, 92 %).

^{1}H-NMR (600 MHz, CDCl$_3$): δ = 7.09 (q, *J* = 8.2 Hz, 4 H), 4.01 - 4.08 (m, 2 H), 3.05 - 3.10 (m, 1 H), 2.52 - 2.63 (m, 2 H), 2.32 (s, 3 H), 1.54 - 1.66 (m, 2 H), 1.13 - 1.24 (m, 5 H), 0.86 (t, *J* = 7.3 Hz, 3 H) ppm. ^{13}C–NMR (151 MHz,

CDCl$_3$): δ = 172.6, 141.1, 135.7, 129.0, 127.3, 60.1, 41.9, 41.5, 38.4, 21.0, 20.4, 14.1, 13.9 ppm. MS (Ion trap, EI): m/z (%) = 235 [M$^+$] (22), 182 (100), 167 (49), 149 (76), 115 (25), 105 (95), 91 (23). HRMS (EI) m/z 234.1618 (C$_{15}$H$_{22}$O$_2$ theor. 234.1620). IR (NaCl) v = 2957 (s), 1735 (vs), 1256 (w), 1162 (m) cm^{-1}.

Ethyl-3-(3-trifluormethylphenyl)hexanoat (4.4-15l)

Die Synthese erfolgte nach der allgemeinen Arbeitsvorschrift aus Ethyl-5-hexenoat (**4.4-1g**, 75.0 mg, 0.50 mmol) und Natriumtetrakis(3-trifluormethylphenyl)borat (**4.4-14e**) (632 mg, 1.00 mmol). Flash-Säulenchromatographie (SiO$_2$, EtOAc – Hexan 1:9) lieferte das Produkt **4.4-15l** als farblose Flüssigkeit (101 mg, 70 %).

^{1}H-NMR (400 MHz, CDCl$_3$): δ = 7.35 - 7.51 (m, 4 H), 4.02 (q, J = 7.15 Hz, 2 H), 3.14 - 3.23 (m, 1 H), 2.51 - 2.70 (m, 2 H), 1.56 - 1.71 (m, 2 H), 1.17 - 1.31 (m, 2 H), 1.12 (t, J = 7.15 Hz, 3 H), 0.84 - 0.90 (m, 3 H) ppm. ^{13}C-NMR (101 MHz, CDCl$_3$): δ = 171.9, 145.1, 130.9 (d, J = 1.85 Hz), 130.1 - 131.1 (m), 128.8, 124.2 (q, J = 3.70 Hz), 123.2 - 123.4 (m), 124.2 (q, J = 271.80 Hz), 60.3, 41.9, 41.5, 38.3, 20.4, 14.0, 13.8 ppm. ^{19}F-NMR (376 MHz, CDCl$_3$): δ = -62.55 (s) ppm. MS (Ion trap, EI): m/z (%) = 288 [M$^+$] (4), 242 (14), 199 (53), 186 (48), 175 (38), 172 (41), 159 (100), 88 (61). IR (NaCl) v = 2960 (m), 1737 (s), 1327 (vs), 1126 (vs) cm^{-1}.

*Ethyl-3-(4-methoxyphenyl)hexanoat (**4.4-15m**)*

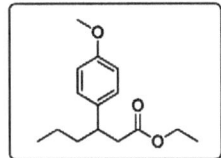

Die Synthese erfolgte nach der allgemeinen Arbeitsvorschrift aus Ethyl-5-hexenoat (**4.4-1g**, 75.0 mg, 0.50 mmol) und Natriumtetrakis(4-methoxyphenyl)borat (**4.4-14f**) (462 mg, 1.00 mmol). Flash-Säulenchromatographie (SiO$_2$, EtOAc – Hexan 1:10) lieferte das Produkt **4.4-15m** als farblose Flüssigkeit (56 mg, 50 %).

^{1}H-NMR (400 MHz, CDCl$_3$): δ = 7.10 (m, J = 8.61 Hz, 2 H), 6.83 (m, J = 8.61 Hz, 2 H), 4.03 (q, J = 7.04 Hz, 2 H), 3.78 (s, 3 H), 3.06 (t, J = 6.65 Hz, 1 H), 2.48 – 2.63 (m, 2 H), 1.50 – 1.65 (m, 2 H), 1.11 – 1.25 (m, 5 H), 0.82 – 0.91 (m, 3 H) ppm. ^{13}C–NMR (101 MHz, CDCl$_3$): δ = 172.5, 157.9, 136.1, 128.3, 113.6, 60.1, 55.1, 42.0, 41.1, 38.5, 20.4, 14.1, 13.9 ppm. MS (Ion trap, EI): m/z (%) = 250 [M$^+$] (26), 207 (43), 165 (85), 134 (19), 121 (100), 91 (16), 77 (9). IR (NaCl) ν = 2956 (s), 1734 (s), 1513 (s), 1248 (s) cm^{-1}.

*Ethyl-3-(2-thienyl)hexanoat (**4.4-15n**)*

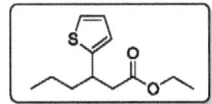

Bei der Umsetzung von Ethyl-5-hexenoat (**4.4-1c**, 75.0 mg, 0.50 mmol) mit Kaliumtetrakis(2-thienyl)borat (**4.4-14g**, 393 mg, 1.00 mmol) nach der allgemeinen Arbeits-vorschrift wurde das Produkt **4.4-15n** mittels GC-MS nachgewiesen: MS (Ion trap, EI): m/z (%) = 226 [M+] (1), 168 (100), 135 (64), 123 (14), 91 (44), 84 (14), 45 (39).

Reaxys Registry-ID: 21703004.

6.5.8 Synthese β-aminierter Carbonsäureester

Allgemeine Arbeitsvorschrift zur isomerisierenden Michael-Addition von Aminen

Ein ausgeheiztes Bördelrandgefäß mit Rührstäbchen wurde mit Acetylacetonato(dicarbonyl)rhodium(I) (1.5 mol%) und Biphephos (**4.4-8**, 1.5 mol%) befüllt, mit einem Teflonseptum verschlossen und dreimal mit Argon gespült. Nacheinander wurden per Spritze Toluol (2.0 mL / mmol Ester), Ester **4.4-1** (0.50-1.00 mmol) und Amin **4.4-16** (5.00-10.0 Äquiv.) zugegeben und die Mischung wurde für 20 h bei 100 °C gerührt. Nach Abkühlen auf 20 °C wurde das Solvens *in vacuo* entfernt und der β-Aminoester **4.4-17** wurde nach Flash-Säulenchromatographie (SiO$_2$, EtOAc – Hexan oder Diethylether – Hexan) erhalten.

*Ethyl-3-(pyrrolidin-1-yl)pentanoat (**4.4-17a**)*

Die Synthese erfolgte nach der allgemeinen Arbeitsvorschrift aus Ethyl-4-pentenoat (**4.4-1h**, 131 mg, 1.00 mmol) und Pyrrolidin (**4.4-16a**, 718 mg, 830 µL 10.0 mmol). Flash-Säulenchromatographie (SiO$_2$, Diethylether – Hexan 1:1) lieferte das Produkt **4.4-17a** als farblose Flüssigkeit (178 mg, 89 %).

^{1}H-NMR (600 MHz, CDCl$_3$): δ = 4.11 (q, J = 7.2 Hz, 2 H), 2.82 (ddd, J = 12.2, 6.8, 5.4 Hz, 1 H), 2.50 - 2.56 (m, 5 H), 2.34 (dd, J = 14.7, 7.2 Hz, 1 H), 1.70 - 1.75 (m, 4 H), 1.53 - 1.59 (m, 1 H), 1.50 (dt, J = 14.3, 7.1 Hz, 1 H), 1.24 (t, J = 7.1 Hz, 3 H), 0.91 (t, J = 7.5 Hz, 3 H) ppm. ^{13}C–NMR (151 MHz, CDCl$_3$): δ = 173.1, 60.5, 60.2, 50.0, 36.6, 25.5, 23.5, 14.2, 9.9 ppm. MS (Ion trap, EI): m/z (%) = 200 [M$^+$] (33), 170 (59), 142 (39), 112 (100), 96 (14), 70 (14). CHN, berechnet für C$_{11}$H$_{21}$NO$_2$: Berechnet: C: 66.29 %, N: 7.03 %, H: 10.62 %. Gefunden: C: 66.12 %, N: 6.99 %, H: 10.50 %. IR (NaCl) ν = 2965 (vs), 1735 (s), 1154 (m) cm^{-1}.

Ethyl-3-(cyclohexylamino)pentanoat (**4.4-17b**)

Die Synthese erfolgte nach der allgemeinen Arbeitsvorschrift aus Ethyl-4-pentenoat (**4.4-1h**, 131 mg, 1.00 mmol) und Cyclohexylamin (**4.4-17b**, 992 mg, 1145 µL, 10.0 mmol). Flash-Säulenchromatographie (SiO$_2$, Diethylether – Hexan 1:1) lieferte das Produkt **4.4-17b** als farblose Flüssigkeit (100 mg, 44 %).

^{1}H-NMR (400 MHz, CDCl$_3$): δ = 4.12 (q, J = 7.0 Hz, 2 H), 3.00 (quin, J = 6.1 Hz, 1 H), 2.28 - 2.51 (m, 3 H), 1.83 (d, J = 11.0 Hz, 2 H), 1.70 (d, J = 12.9 Hz, 2 H), 1.58 (d, J = 11.7 Hz, 1 H), 1.44 (tq, J = 14.2, 6.9 Hz, 2 H), 1.14 - 1.30 (m, 6 H), 0.97 - 1.09 (m, 2 H), 0.89 (t, J = 7.4 Hz, 3 H) ppm. ^{13}C-NMR (101 MHz, CDCl$_3$): δ = 172.7, 60.2, 53.6, 52.8, 39.7, 34.1, 27.7, 26.1, 25.1, 14.2, 10.0 ppm. MS (Ion trap, EI): m/z (%) = 228 [M$^+$] (100), 198 (37), 184 (16), 140 (38), 110 (21), 96 (20), 55 (20). HRMS (EI) m/z 227.1869 (C$_{13}$H$_{25}$NO$_2$ theor. 227.1885). IR (NaCl) ν = 2927 (vs), 1731 (s), 1178 (m) cm^{-1}.

Ethyl-3-butylaminopentanoat (**4.4-17c**)

Die Synthese erfolgte nach der allgemeinen Arbeitsvorschrift aus Ethyl-4-pentenoat (**4.4-1h**, 131 mg, 1.00 mmol) und *n*-Butylamin (**4.4-16c**) (731 mg, 988 µL, 10.0 mmol). Flash-Säulenchromatographie (SiO$_2$, Diethylether – Hexan 1:1) lieferte das Produkt **4.4-17c** als leicht gelbliche Flüssigkeit (122 mg, 62 %).

^{1}H-NMR (400 MHz, CDCl$_3$): δ = 4.11 (qd, J = 7.1, 1.8 Hz, 2 H), 2.82 - 2.93 (m, 1 H), 2.49 - 2.64 (m, 2 H), 2.32 - 2.43 (m, 2 H), 1.29 - 1.48 (m, 6 H), 1.23 (td, J = 7.2, 2.0 Hz, 3 H), 0.83 - 0.98 (m, 6 H) ppm. ^{13}C–NMR (101 MHz, CDCl$_3$): δ = 172.7, 60.2, 56.1, 46.5, 38.8, 32.4, 26.9, 20.4, 14.1, 13.9, 9.9 ppm. MS (Ion trap, EI): m/z (%) = 202 [M⁺] (100), 172 (29), 126 (13), 114 (39), 70 (20), 57 (22). HRMS (EI) *m/z* 201.1730 ($C_{11}H_{23}NO_2$ theor. 201.1729). IR (NaCl) ν = 2929 (vs), 1735 (s), 1184 (m) cm⁻¹.

*Ethyl-3-(piperidin-1-yl)pentanoat (**4.4-17d**)*

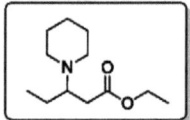

Die Synthese erfolgte nach der allgemeinen Arbeitsvorschrift aus Ethyl-4-pentenoat (**4.4-1h**, 131 mg, 1.00 mmol) und Piperidin (**4.4-16d**, 851 mg, 988 µL 10.0 mmol). Flash-Säulenchromatographie (SiO₂, Diethylether – Hexan 1:1) lieferte das Produkt **4.4-17d** als farblose Flüssigkeit (158 mg, 74 %).

Beilstein registry: 143452.[251]

¹H-NMR (400 MHz, CDCl₃): δ = 4.05 - 4.16 (m, 2 H), 2.79 - 2.89 (m, 1 H), 2.34 - 2.55 (m, 5 H), 2.13 - 2.23 (m, 1 H), 1.44 - 1.57 (m, 5 H), 1.19 - 1.40 (m, 6 H), 0.82 - 0.95 (m, 3 H) ppm. ¹³C–NMR (101 MHz, CDCl₃): δ = 173.4, 63.7, 60.0, 49.4, 35.3, 26.5, 24.9, 23.7, 14.2, 11.4 ppm. MS (Ion trap, EI): m/z (%) = 214 [M⁺] (70), 184 (80), 156 (26), 126 (100), 110 (10), 96 (16), 42 (12). HRMS (EI) *m/z* 213.1742 ($C_{12}H_{23}NO_2$ theor. 213.1729). IR (NaCl) ν = 2931 (vs), 1735 (vs), 1158 (s) cm⁻¹.

*Ethyl-3-(4-methyl-piperidin-1-yl)pentanoat (**4.4-17e**)*

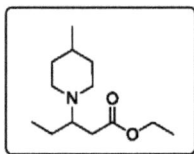

Die Synthese erfolgte nach der allgemeinen Arbeitsvorschrift aus Ethyl-4-pentenoat (**4.4-1h**, 131 mg, 1.00 mmol) und 4-Methylpiperidin (**4.4-16e**, 1.01 g, 1.21 mL 10.0 mmol). Flash-Säulenchromatographie (SiO₂, Diethylether – Hexan 1:1) lieferte das Produkt **4.4-17e** als farblose Flüssigkeit (162 mg, 71 %).

¹H-NMR (400 MHz, CDCl₃): δ = 4.10 (q, J = 7.0 Hz, 2 H), 2.88 (quin, J = 6.9 Hz, 1 H), 2.68 (t, J = 10.8 Hz, 2 H), 2.47 (dd, J = 14.1, 6.7 Hz, 1 H), 2.08 - 2.29 (m, 3 H), 1.45 - 1.66 (m, 3 H), 1.21 - 1.35 (m, 5 H), 1.04 - 1.18 (m, 2 H), 0.84 - 0.96 (m, 6 H) ppm. ¹³C-NMR (101 MHz, CDCl₃): δ = 173.4, 63.3, 60.1, 47.9, 35.3, 34.9, 31.3, 23.8, 22.0, 14.2, 11.4 ppm. MS (Ion trap, EI): m/z (%) =228 [M⁺] (94), 198 (85), 170 (14), 140 (100), 110 (26), 42 (14). HRMS (EI) m/z 227.1873 ($C_{13}H_{26}NO_2$ theor. 227.1885). IR (NaCl) ν = 2921 (vs), 1735 (vs), 1166 (m) cm⁻¹.

*Ethyl-3-(4-carboxyethyl-piperidin-1-yl)pentanoat (**4.4-17f**)*

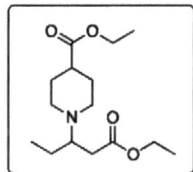

Die Synthese erfolgte nach der allgemeinen Arbeitsvorschrift aus Ethyl-4-pentenoat (**4.4-1h**, 131 mg, 1.00 mmol) und Ethylisonipecotat (**4.4-16f**, 1.60 g, 1.57 mL 10.0 mmol). Flash-Säulenchromatographie (SiO₂, Diethylether – Hexan 1:1) lieferte das Produkt **4.4-17f** als farblose Flüssigkeit (135 mg, 47 %).

¹H-NMR (400 MHz, CDCl₃): δ = 4.04 - 4.14 (m, 4 H), 2.88 (quin, J = 7.0 Hz, 1 H), 2.68 - 2.78 (m, 2 H), 2.42 (dd, J = 14.1, 7.0 Hz, 1 H), 2.14 - 2.29 (m, 4 H), 1.76 - 1.87 (m, 2 H), 1.46 - 1.68 (m, 3 H), 1.17 - 1.34 (m, 7 H), 0.86 (t, J = 7.2 Hz, 3 H) ppm. ¹³C-NMR (101 MHz, CDCl₃): δ = 175.2, 173.1, 63.3, 60.1, 48.3, 47.3, 41.6, 35.5, 28.8, 23.5, 14.2, 14.1, 11.4 ppm. MS (Ion trap, EI): m/z (%) =286 [M⁺] (22), 257 (15), 256 (100), 210 (57), 199 (22), 170 (31), 55 (20). HRMS (EI) m/z 285.1952 ($C_{15}H_{27}NO_4$ theor. 285.1940). IR (NaCl) ν = 2935 (vs), 1733 (s), 1375 (m), cm⁻¹.

*Ethyl-3-(pyrrolidin-1-yl)undecanoat (**4.4-17g**)*

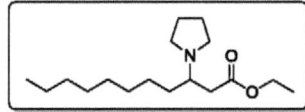

Die Synthese erfolgte nach der allgemeinen Arbeitsvorschrift aus Ethyl-10-undecenoat (**4.4-1i**, 224 mg, 255 µL, 1.00 mmol) und Pyrrolidin (**4.4-16a**, 718 mg, 830 µL, 10.0 mmol). Flash-Säulenchromatographie (SiO$_2$, Diethylether – Hexan 1:1) lieferte das Produkt **4.4-17g** als farblose, viskose Flüssigkeit (72 mg, 25 %).

^{1}H-NMR (600 MHz, CDCl$_3$): δ = 4.12 (qd, J = 7.1, 1.2 Hz, 2 H), 2.90 (t, J = 5.6 Hz, 1 H), 2.50 - 2.57 (m, 5 H), 2.33 (dd, J = 14.8, 7.1 Hz, 1 H), 1.72 (dt, J = 6.4, 3.3 Hz, 4 H), 1.49 - 1.55 (m, 1 H), 1.40 - 1.46 (m, 1 H), 1.30 - 1.33 (m, 2 H), 1.22 - 1.29 (m, 13 H), 0.86 (t, J = 7.0 Hz, 3 H) ppm. ^{13}C-NMR (151 MHz, CDCl$_3$): δ = 173.1, 60.2, 59.1, 49.7, 36.9, 32.9, 31.9, 29.9, 29.5, 29.3, 25.6, 23.5, 22.7, 14.2, 14.1 ppm. MS (Ion trap, EI): m/z (%) = 285 [M$^+$] (100), 196 (73), 170 (100), 142 (31), 110 (46), 84 (16), 42 (32). HRMS (EI) m/z 283.2507 (C$_{17}$H$_{33}$NO$_2$ theor. 283.2511). IR (NaCl) ν = 2955 (vs), 2853 (s), 1733 (s), 1162 (m) cm^{-1}.

*Ethyl-3-(pyrrolidin-1-yl)octadecanoat (**4.4-17h**)*

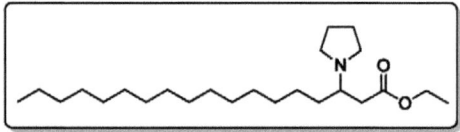

Die Synthese erfolgte nach der allgemeinen Arbeitsvorschrift aus Ethyloleat (**4.4-1d**, 98 % Reinheit, 317 mg, 368 µL, 1.00 mmol) und Pyrrolidin (**4.4-16a**, 718 mg, 830 µL, 10.0 mmol). Flash-Säulenchromatographie (SiO$_2$, Diethylether – Hexan 1:1) lieferte das Produkt **4.4-17h** als farblose, viskose Flüssigkeit (65 mg, 17 %).

^{1}H-NMR (600 MHz, CDCl$_3$): δ = 4.12 (qd, J = 7.2, 1.1 Hz, 2 H), 2.88 - 2.93 (m, 1 H), 2.55 (s, 4 H), 2.52 (d, J = 5.7 Hz, 1 H), 2.33 (dd, J = 14.7, 7.0 Hz, 1 H), 1.73 (s, 4 H), 1.49 - 1.56 (m, 1 H), 1.40 - 1.47 (m, 1 H), 1.31 - 1.33 (m, 1 H), 1.23 - 1.30 (m, 28 H), 0.87 (t, J = 7.0 Hz, 3 H) ppm. ^{13}C–NMR (151 MHz,

CDCl$_3$): δ = 173.1, 60.2, 59.1, 49.8, 36.9, 32.9, 31.9, 29.9, 29.7, 29.7, 29.6, 29.4, 25.6, 23.5, 22.7, 14.2, 14.1 ppm. MS (Ion trap, EI): m/z (%) = 381 [M$^+$] (1), 295 (59), 171 (100), 142 (11), 70 (6), 41 (7). HRMS (EI) *m/z* 381.3602 (C$_{24}$H$_{47}$NO$_2$ theor. 381.3607). IR (NaCl) v = 2923 (vs), 2851 (s), 1737 (m), 1238 (w), 1178 (w) cm^{-1}.

*Ethyl-3-morpholinopentanoat (**4.4-17i**)*

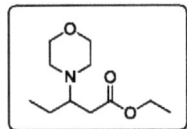

Bei der Umsetzung von Ethyl-4-pentenoat (**4.4-1h**, 65 mg, 0.50 mmol) mit Morpholin (**4.4-16g**, 440 mg, 5.00 mmol) nach der allgemeinen Arbeitsvorschrift wurde das Produkt **4.4-17i** in einer Ausbeute von 49 % per GC detektiert und mittels GC-MS nachgewiesen. MS (Ion trap, EI): m/z (%) = 216 [M$^+$] (2), 186 (100), 153 (23), 123 (39), 114 (15), 42 (10).

*Ethyl-3-benzylaminopentanoat (**4.4-17j**)*

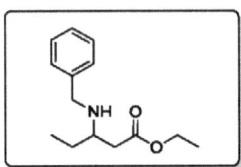

Bei der Umsetzung von Ethyl-4-pentenoat (**4.4-1h**, 65 mg, 0.50 mmol) mit Benzylamin (**4.4-16h**, 547 mg, 10.0 mmol) nach der allgemeinen Arbeitsvorschrift wurde das Produkt **4.4-17j** in einer Ausbeute von 48 % per GC detektiert und mittels GC-MS nachgewiesen. MS (Ion trap, EI): m/z (%) = 236 [M$^+$] (12), 206 (39), 148 (33), 106 (22), 91 (100), 65 (11).

6.5 ARBEITSVORSCHRIFTEN ZUR ISOMERISIERENDEN MICHAEL-ADDITION

Ethyl-3-(dodecylamino)pentanoat (4.4-17k)

Bei der Umsetzung von Ethyl-4-pentenoat (**4.4-1h**, 65 mg, 0.50 mmol) mit Dodecylamin (**4.4-16i**, 936 mg, 10.0 mmol) nach der allgemeinen Arbeitsvorschrift wurde das Produkt **4.4-17k** in einer Ausbeute von 58 % per GC detektiert und mittels GC-MS nachgewiesen. MS (Ion trap, EI): m/z (%) = 315 (24), 285 (100), 197 (57), 112 (20), 83 (15), 70 (38), 43 (55).

Ethyl-3-(pyrrolidin-1-yl)hexanoat (4.4-17l)

Bei der Umsetzung von Ethyl-5-hexenoat (**4.4-1g**, 71 mg, 0.50 mmol) mit Pyrrolidin (**4.4-16a**, 359 mg, 10.0 mmol) nach der allgemeinen Arbeitsvorschrift wurde das Produkt **4.4-17l** in einer Ausbeute von 55 % per GC detektiert und mittels GC-MS nachgewiesen. MS (Ion trap, EI): m/z (%) = 214 [M$^+$] (74), 170 (60), 142 (29), 126 (100), 96 (12), 84 (13), 42 (12). CAS-Nr. 127137-05-7.[252]

Ethyl-3-((2-(pyrrolidin-1-yl)ethyl)amino)pentanoat (4.4-17m)

Bei der Umsetzung von Ethyl-4-pentenoat (**4.4-1h**, 65 mg, 0.50 mmol) mit *N*-(2-Aminoethyl)piperidin (**4.4-16j**, 654 mg, 10.0 mmol) nach der allgemeinen Arbeitsvorschrift wurde das Produkt **4.4-17m** in einer Ausbeute von 50 % per GC detektiert und mittels GC-MS nachgewiesen. MS (Ion trap, EI): m/z (%) = 243 [M$^+$] (11), 98 (9), 84 (100), 70 (12), 55 (22), 42 (25).

*Ethyl-3-(1H-pyrazol-1-yl)pentanoat (**4.4-17u**)*

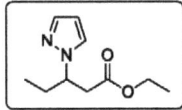

Bei der Umsetzung von Ethyl-4-pentenoat (**4.4-1h**, 33 mg, 0.25 mmol) mit Kaliumtetrakis(1-pyrazolyl)borat (**4.4-14i**, 167 mg, 2.00 mmol) nach der allgemeinen Arbeitsvorschrift wurde das Produkt **4.4-17u** in einer Ausbeute von 7 % per GC detektiert und mittels GC-MS nachgewiesen. MS (Ion trap, EI): m/z (%) = 197 [M$^+$] (18), 167 (100), 151 (24), 121 (62), 109 (38), 81 (42), 69 (42).

*Ethyl-3-(2-oxopiperidin-1-yl)pentanoat (**4.4-17v**)*

Die Synthese erfolgte nach der allgemeinen Arbeitsvorschrift aus Ethyl-4-pentenoat (**4.4-1h**, 131 mg, 1.00 mmol) und 2-Piperidinon (**4.4-16p**, 506 mg, 5.00 mmol). Flash-Säulenchromatographie (SiO$_2$, EtOAc – Hexan 1:1) lieferte das Produkt **4.4-17v** als farblose Flüssigkeit (82 mg, 36 %).

Reaxys registry: 21703013.

^{1}H-NMR (400 MHz, CDCl$_3$): δ = 4.64 - 4.74 (m, 1 H), 4.03 (qd, *J* = 7.2, 2.3 Hz, 2 H), 3.05 - 3.17 (m, 2 H), 2.46 - 2.57 (m, 1 H), 2.25 - 2.44 (m, 3 H), 1.64 - 1.76 (m, 4 H), 1.44 - 1.63 (m, 2 H), 1.17 (td, *J* = 7.1, 2.5 Hz, 3 H), 0.80 (td, *J* = 7.3, 2.2 Hz, 3 H) ppm. ^{13}C-NMR (101 MHz, CDCl$_3$): δ = 171.2, 169.9, 60.3, 52.4, 42.6, 37.1, 32.4, 24.5, 23.0, 20.7, 14.0, 10.5 ppm. MS (Ion trap, EI): m/z (%) = 228 [M$^+$] (52), 182 (41), 170 (55), 152 (100), 140 (79), 100 (74), 55 (53). HRMS (EI) *m/z* 227.1517 (C$_{12}$H$_{21}$NO$_3$ theor. 227.1521). IR (NaCl) ν = 2959 (vs), 1729 (vs), 1637 (vs), 1294 (s), 1174 (s) cm^{-1}.

6.6 Arbeitsvorschriften zur isomerisierenden Olefinmetathese

6.6.1 Isomerisierende Selbstmetathese

Isomerisierende Selbstmetathese von (E)-3-Hexen (4.5-3)

Ein ausgeheiztes Bördelrandgefäß mit Rührstäbchen wurde mit **4.5-C1** (4.09 mg, 5.0 µmol, 0.005 Äquiv.) und **Ru-6** (3.77 mg, 6.0 µmol, 0.006 Äquiv.) befüllt, mit einem Teflonseptum verschlossen und dreimal mit Argon gespült. Nacheinander wurden per Spritze Toluol (1.0 mL) und (E)-3-Hexen (**4.5-3**, 86.0 mg, 127 µL, 1.00 mmol) zugegeben und die Mischung wurde für 16 h bei 45 °C gerührt. Nach Abkühlen auf 20 °C wurde die Mischung mit Toluol verdünnt, durch basisches Aluminiumoxid filtriert und per GC analysiert. Es resultierte die in Tabelle 37 angegebene Kettenlängenverteilung der Olefine (siehe auch Abbildung 30, S. 149):

Tabelle 37. Kettenlängenverteilung nach der isomerisierenden Selbstmetathese von **4.5-3**.

Kettenlänge	Fläche%	rel. Fläche%
*C5	0.747	22.52
C6	0.865	26.10
C7	0.655	19.76
C8	0.433	13.07
C9	0.277	8.37
C10	0.160	4.81
C11	0.092	2.76
C12	0.043	1.29
C13	0.016	0.48
C14	0.012	0.37
C15	0.006	0.18
C16	0.004	0.11
C17	0.006	0.18

*C_5-Fraktion enthält C_4- und C_3-Olefine.

Isomerisierende Selbstmetathese von Ölsäure (4.5-1b)

Ein ausgeheiztes Bördelrandgefäß mit Rührstäbchen wurde mit **4.5-C1** (0.005-0.025 Äquiv.) und einem Metathesekatalysator (0.005-0.05 Äquiv.) befüllt, mit einem Teflonseptum verschlossen und dreimal mit Argon gespült. Nacheinander wurden per Spritze Solvens (2.0 mL, sofern gewünscht) und Ölsäure (**4.5-1b**, 90 % Reinheit, 157 mg, 177 µL, 0.50 mmol) zugegeben und die Mischung wurde für 2-20 h bei 50-70 °C gerührt. Nach Abkühlen auf 20 °C wurde eine Probe (0.20 mL) mit Methanol (1.5 mL) sowie vier Tropfen konz. Schwefelsäure versetzt und für 1.5 h bei 65 °C gerührt. Nach Abkühlen wurde die Mischung mit Hexan extrahiert, mit wässr. Natriumbicarbonatlösung gewaschen, zur Trocknung durch $MgSO_4$ filtriert und per GC analysiert.

Die Abtrennung der Olefinfraktion erfolgte durch Versetzen der Reaktionsmischung mit Methanol (2.0 mL), Wasser (0.6 mL) und gepulvertem NaOH (200 mg). Dieses Gemisch wurde für 4 h bei 80 °C gerührt. Nach Extraktion mit Hexan und Filtration durch basisches Aluminiumoxid erfolgte die Analyse per GC.

Für die Reaktion in Gegenwart von **4.5-C1** (4.09 mg, 5.0 µmol, 0.005 Äquiv), **Ru-8** (2.53 mg, 3.0 µmol, 0.006 Äquiv.), Hexan (2.0 mL) für 16 h bei 60 °C resultierte die in Tabelle 38 angegebene Kettenlängenverteilung der Olefine (siehe auch Abbildung 29, S. 146):

Tabelle 38. Kettenlängenverteilung der Olefinfraktion nach der isomerisierenden Selbstmetathese von **4.5-1b**.

Kettenlänge	Fläche%	rel. Fläche%
C8	0.131	0.14
C9	0.411	0.43
C10	0.705	0.73
C11	1.250	1.29
C12	1.981	2.05
C13	3.133	3.24
C14	4.658	4.82
C15	5.969	6.18
C16	8.792	9.10
C17	10.608	10.98
C18	11.544	11.95
C19	11.275	11.67
C20	10.067	10.42
C21	7.570	7.84
C22	6.056	6.27
C23	4.193	4.34
C24	2.846	2.95
C25	1.863	1.93
C26	1.438	1.49
C27	0.797	0.83
C28	0.590	0.61
C29	0.274	0.28

Kettenlänge	Fläche%	rel. Fläche%
C30	0.158	0.16
C31	0.125	0.13
C32	0.094	0.10
C33	0.051	0.05

6.6.2 Isomerisierende Ethenolyse von Ölsäure (4.5-1b)

Ein ausgeheiztes Bördelrandgefäß mit Rührstäbchen wurde mit **4.5-C1** (3.07 mg, 3.8 µmol, 0.0075 Äquiv.) und **Ru-10** (6.66 mg, 7.5 µmol, 0.015 Äquiv.) befüllt, mit einem Teflonseptum verschlossen und dreimal mit Ethen (Reinheit N30) gespült. Nacheinander wurden per Spritze Hexan (3.0 mL) und Ölsäure (**4.5-1b**, 99 % Reinheit, 143 mg, 161 µL, 0.50 mmol) zugegeben, die Ethenzufuhr unterbrochen, und die Mischung wurde für 16 h bei 50 °C gerührt. Nach Abkühlen auf 20 °C wurde eine Probe (0.20 mL) mit Methanol (1.5 mL) sowie vier Tropfen konz. Schwefelsäure versetzt und für 1.5 h bei 65 °C gerührt. Nach Abkühlen wurde die Mischung mit Hexan extrahiert, mit wässr. Natriumbicarbonatlösung gewaschen, zur Trocknung durch $MgSO_4$ filtriert und per GC analysiert.

Die Abtrennung der Olefinfraktion erfolgte durch Versetzen der Reaktionsmischung mit Methanol (2.0 mL), Wasser (0.6 mL) und gepulvertem NaOH (200 mg). Dieses Gemisch wurde für 4 h bei 80 °C gerührt. Nach Extraktion mit Hexan und Filtration durch basisches Aluminiumoxid erfolgte die Analyse per GC.

Es resultierte die in Tabelle 39 angegebene Kettenlängenverteilung der Olefine (siehe auch Abbildung 33, S. 154):

Tabelle 39. Kettenlängenverteilung nach der isomerisierenden Ethenolyse von **4.5-1b**.

Kettenlänge	Fläche%	rel. Fläche%
C7	8.610	13.51
C8	9.411	14.77
C9	9.861	15.47
C10	9.590	15.05
C11	8.051	12.63
C12	5.467	8.58
C13	3.923	6.16
C14	2.689	4.22
C15	1.904	2.99

Kettenlänge	Fläche%	rel. Fläche%
C16	1.500	2.35
C17	1.037	1.63
C18	0.839	1.32
C19	0.474	0.74
C20	0.201	0.32
C21	0.116	0.18
C22	0.056	0.09

6.6.3 Sequentielle Isomerisierung von 1-Octadecen (4.5-2a) und Kreuzmetathese mit (E)-3-Hexen (4.5-3)

Ein ausgeheiztes Bördelrandgefäß mit Rührstäbchen wurde mit **4.5-C1** (4.1 mg, 5 µmol, 0.01 Äquiv.) befüllt, mit einem Teflonseptum verschlossen und dreimal mit Argon gespült. Per Spritze wurde Toluol (1.0 mL) und 1-Octadecen (**4.5-2a**, 66 mg, 84 µL, 0.25 mmol, 0.50 Äquiv.) zugegeben, und die Mischung wurde für 1.5 h bei 45 °C gerührt. Nach Abkühlen auf 20 °C wurde das Gefäß geöffnet und die Mischung für 3 min kräftig an Luft gerührt, bis eine deutliche Rot-Braunfärbung die Desaktivierung des Palladium-Isomerisierungskatalysators anzeigte. Die Lösung wurde durch basisches Aluminiumoxid in ein neues Bördelrandgefäß filtriert und für 2 min mittels Durchleiten von Argon entgast. Diese Lösung wurde per Spritze in ein Argon-befülltes Bördelrandgefäß mit Rührstäbchen gegeben, indem sich eine Lösung von **Ru-6** (3.77 mg, 6 µmol, 0.012 Äquiv.) und (E)-3-Hexen (**4.5-3**, 43 mg, 63 µL, 0.50 mmol) in Toluol (0.5 mL) befand, und die Mischung wurde für 22 h bei 45 °C gerührt. Nach Abkühlen auf 20 °C wurde die Mischung mit Toluol verdünnt, durch basisches Aluminiumoxid filtriert und per GC analysiert.

Es resultierte die in Tabelle 40 angegebene Kettenlängenverteilung der Olefine (siehe auch Abbildung 32, S. 151):

Tabelle 40. Kettenlängenverteilung nach der sequentiellen Isomerisierung von **4.5-2a** und Kreuzmetathese mit **4.5-3**.

Kettenlänge	Fläche%	rel. Fläche%
*C5	5.128	10.46
C6	5.723	11.68
C7	3.511	7.16
C8	0.844	1.72
C9	1.440	2.94

6.6 ARBEITSVORSCHRIFTEN ZUR ISOMERISIERENDEN OLEFINMETATHESE

Kettenlänge	Fläche%	rel. Fläche%
C10	1.289	2.63
C11	0.733	1.50
C12	0.316	0.64
C13	0.164	0.33
C14	0.126	0.26
C15	0.546	1.11
C16	1.161	2.37
C17	2.093	4.27
C18	3.630	7.41
C19	4.600	9.39
C20	4.343	8.86
C21	3.103	6.33
C22	1.798	3.67
C23	0.875	1.79
C24	0.427	0.87
C25	0.140	0.29
C26	0.269	0.55
C27	0.140	0.29
C28	0.583	1.19
C29	0.823	1.68
C30	1.037	2.12
C31	1.135	2.32
C32	1.058	2.16
C33	0.859	1.75
C34	0.653	1.33
C35	0.465	0.95

*C_5-Fraktion enthält C_4- und C_3-Olefine.

6.6.4 Isomerisierende Kreuzmetathese

Isomerisierende Kreuzmetathese von (E)-3-Hexen (**4.5-3**) *und 1-Octadecen* (**4.5-2a**)

Ein ausgeheiztes Bördelrandgefäß mit Rührstäbchen wurde mit **4.5-C1** (4.1 mg, 5 µmol, 0.01 Äquiv.) und **Ru-6** (3.77 mg, 6 µmol, 0.012 Äquiv.) befüllt, mit einem Teflonseptum verschlossen und dreimal mit Argon gespült. Nacheinander wurden per Spritze Toluol (1.0 mL), (*E*)-3-Hexen (**4.5-3**, 43 mg, 63 µL, 0.50 mmol) und 1-Octadecen (**4.5-2a**, 0.50-2.00 Äquiv.) zugegeben, und die Mischung wurde für 24 h bei 45 °C gerührt. Nach Abkühlen auf 20 °C wurde die Mischung mit Toluol verdünnt, durch basisches Aluminiumoxid filtriert und per GC analysiert.

Für die Reaktion in Gegenwart von 0.5 Äquiv. an 1-Octadecen (**4.5-2a**) resultierte die in Tabelle 41 angegebene Kettenlängenverteilung der Olefine (siehe auch Abbildung 31, S. 150):

Tabelle 41. Kettenlängenverteilung der Olefinfraktion aus der isomerisierenden Kreuzmetathese von **4.5-3** und **4.5-2a**.

Kettenlänge	Fläche%	rel. Fläche%
*C5	2.269	2.73
C6	2.963	3.56
C7	4.465	5.36
C8	5.008	6.02
C9	5.749	6.91
C10	5.818	6.99
C11	6.079	7.30
C12	5.866	7.05
C13	5.699	6.85
C14	5.319	6.39
C15	4.944	5.94
C16	4.247	5.10
C17	3.739	4.49
C18	3.074	3.69
C19	2.432	2.92
C20	1.970	2.37
C21	1.426	1.71
C22	1.295	1.55
C23	1.053	1.27
C24	1.306	1.57
C25	0.808	0.97
C26	0.694	0.83
C27	0.598	0.72
C28	0.774	0.93
C29	0.679	0.82
C30	0.802	0.96
C31	0.716	0.86
C32	0.704	0.85
C33	0.891	1.07
C34	0.673	0.81
C35	0.693	0.83
C36	0.499	0.60
C37	0.804	0.97
C38	0.394	0.47
C39	0.390	0.47

6.6 ARBEITSVORSCHRIFTEN ZUR ISOMERISIERENDEN OLEFINMETATHESE

*Isomerisierende Kreuzmetathese von Ölsäure (**4.5-1b**) und (E)-3-Hexendisäure (**4.5-11b**)*

Ein ausgeheiztes Bördelrandgefäß mit Rührstäbchen wurde mit (*E*)-3-Hexendisäure (**4.5-11b**, 73.5 mg, 0.50 mmol, 2.0 Äquiv.), **4.5-C1** (5.1 mg, 6.3 µmol, 0.025 Äquiv.) und **Ru-6** (7.9 mg, 12.5 µmol, 0.05 Äquiv.) befüllt, mit einem Teflonseptum verschlossen und dreimal mit Argon gespült. Nacheinander wurden per Spritze THF (1.0 mL) und Ölsäure (**4.5-1b**, 99 % Reinheit, 71.3 mg, 80 µL, 0.25 mmol) zugegeben, und die Mischung wurde für 16 h bei 60 °C gerührt. Nach Abkühlen auf 20 °C wurde eine Probe (0.20 mL) mit Methanol (1.5 mL) sowie vier Tropfen konz. Schwefelsäure versetzt und für 1.5 h bei 65 °C gerührt. Nach Abkühlen wurde die Mischung mit Hexan extrahiert, mit wässr. Natriumbicarbonatlösung gewaschen, zur Trocknung durch $MgSO_4$ filtriert und per GC analysiert.

Die Abtrennung der Olefinfraktion erfolgte durch Versetzen der Reaktionsmischung mit Methanol (2.0 mL), Wasser (0.6 mL) und gepulvertem NaOH (200 mg). Dieses Gemisch wurde für 4 h bei 80 °C gerührt. Nach Extraktion mit Hexan und Filtration durch basisches Aluminiumoxid erfolgte die Analyse per GC.

Es resultierte die in Tabelle 40 angegebene Kettenlängenverteilung der Olefine (siehe auch Abbildung 36, S. 161).

Tabelle 42. Kettenlängenverteilung der Olefinfraktion aus der isomerisierenden Kreuzmetathese von von **4.5-1b** mit **4.5-11b**.

Kettenlänge	Fläche%	rel. Fläche%
C7	0.008	8.54
C8	0.011	11.76
C9	0.011	11.63
C10	0.011	10.94
C11	0.010	10.33
C12	0.009	9.32
C13	0.007	6.76
C14	0.008	8.08
C15	0.006	6.03
C16	0.004	4.61
C17	0.004	3.98
C18	0.003	2.85
C19	0.002	2.07
C20	0.002	1.72
C21	0.001	1.37

Ketten <C_7 sind aufgrund überlappender Signale nicht aufgelöst.

6.7 Arbeitsvorschriften zur katalytischen Alkylierung

6.7.1 Synthese von (Z)-9-Octadecensäure-n-octylester (4.7-3)

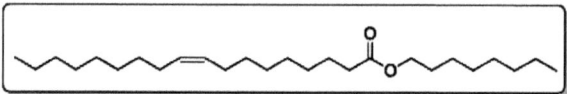

Eine Mischung aus Ölsäure (2.97 g, 3.35 mL, 10.0 mmol), n-Octanol (7.0 mL) und konz. Schwefelsäure (785 mg, 426 µL, 8.00 mmol) wurde für 4 h bei 75 °C gerührt. Nach Abkühlen auf 20 °C wurde die Reaktionsmischung mit Diethylether (2 x 35 mL) extrahiert, mit wässr. Bicarbonatlösung (2 x 20 mL) und Wasser (20 mL) gewaschen. Die vereinigten organischen Phasen wurden mit MgSO$_4$ getrocknet, filtriert und das Solvens bei Raumdruck destillativ entfernt. Nach Kugelrohrdestillation (0.04 mbar, Ofentemperatur 180 °C) wurde das Produkt **4.7-3** als farblose Flüssigkeit erhalten (3.63 g, 91 %).

CAS-Nr. 32953-65-4.

^{1}H-NMR (400 MHz, CDCl$_3$): δ = 5.3 (t, J = 6.06 Hz, 2 H), 4.0 (t, J = 6.85 Hz, 2 H), 2.3 (t, J = 7.43 Hz, 2 H), 1.9 - 2.1 (m, 4 H), 1.5 - 1.7 (m, 4 H), 1.2 - 1.4 (m, 30 H), 0.8 - 0.9 (m, 6 H) ppm. ^{13}C-NMR (101 MHz, CDCl$_3$): δ = 173.8, 129.9, 129.6, 64.3, 34.3, 31.9, 31.7, 29.7, 29.6, 29.5, 29.3, 29.2, 29.1, 29.1, 29.1, 29.1, 28.6, 27.2, 27.1, 25.9, 25.0, 22.6, 22.6, 14.0, 14.0 ppm.

6.7.2 Synthese von Nonansäureisopropylester (4.7-4b)

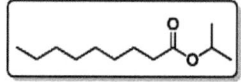

Die Synthese erfolgte analog zu (Z)-9-Octadecensäure-n-octylester (**4.7-3**) aus Pelargonsäure (8.33 g, 9.26 mL, 50.0 mmol) und Isopropanol (16 mL) in Gegenwart von konz. Schwefelsäure (2.94 g, 1.60 mL, 30.0 mmol) bei 65 °C für 2 h. Das Produkt **4.7-4b** lag nach der wässrigen Aufarbeitung bereits in ausreichender Reinheit als farblose Flüssigkeit vor, sodass keine Destillation erforderlich war (10.4 g, >99 %).

CAS-Nr. 28267-32-5.

^{1}H-NMR (400 MHz, CDCl$_3$): δ = 4.9 (dt, J = 12.49, 6.24 Hz, 1 H), 2.2 (t, J = 7.51 Hz, 2 H), 1.6 (t, J = 7.32 Hz, 2 H), 1.2 - 1.3 (m, 10 H), 1.2 (d, J = 6.24

Hz, 6 H), 0.8 - 0.9 (m, 3 H) ppm. ^{13}C-NMR (101 MHz, CDCl$_3$): δ = 173.2, 67.1, 34.6, 31.7, 29.1, 29.0, 29.0, 24.9, 22.5, 21.7, 13.9 ppm. MS (Ion trap, EI): m/z (%) = 201 [M$^+$] (6), 159 (100), 141 (31), 115 (21), 81 (18), 71 (17), 60 (35).

6.7.3 Synthese von Nonansäure-*tert*-butylester (4.7-4c)

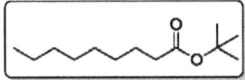

Eine Lösung aus *tert*-Butanol (4.12 g, 5.28 mL, 55.0 mmol) und Pyridin (4.77 g, 4.88 mL, 60.0 mmol) in THF (10 mL) wurde auf 0 °C gekühlt. Eine Lösung von Pelargonsäurechlorid (8.92 g, 9.11 mL, 50.0 mmol) in THF (10 mL) wurde tropfenweise zugegeben und die Mischung wurde für 5 min bei 0 °C gerührt. Hierbei fiel ein farbloser Niederschlag aus. Die Reaktionsmischung wurde für 16 h bei 20 °C gerührt. Der Reaktionsverlauf lässt sich ideal mit einer DC-Anfärbelösung aus schwefelsaurem Anisaldehyd in Ethanol verfolgen. Die Reaktionsmischung wurde mit Hexan (60 mL) extrahiert und mit 1 N wässr. Salzsäure (2 x 20 mL), Wasser (20 mL) und wässr. Bicarbonatlösung (2 x 20 mL) gewaschen. Nach Trocknung mit MgSO$_4$ und Filtration wurde das Solvens *in vacuo* entfernt und das Rohprodukt wurde durch Kugelrohrdestillation (0.01 mbar, Ofentemperatur 75-85 °C) gereinigt. Das Produkt **4.7-4c** wurde als farblose Flüssigkeit erhalten (8.10 g, 74 %).

CAS-Nr. 28405-52-9.

^{1}H-NMR (400 MHz, CDCl$_3$): δ = 2.2 (t, *J* = 7.51 Hz, 2 H), 1.6 (t, *J* = 7.22 Hz, 2 H), 1.4 (s, 9 H), 1.2 - 1.3 (m, 10 H), 0.9 (t, *J* = 6.83 Hz, 3 H) ppm. ^{13}C-NMR (101 MHz, CDCl$_3$): δ = 173.2, 79.8, 35.6, 31.8, 29.2, 29.1, 29.1, 28.1, 25.1, 22.6, 14.0 ppm. MS (Ion trap, EI): m/z (%) = 197 (2), 159 (35), 141 (100), 123 (6), 57 (34), 41 (9).

6.7 ARBEITSVORSCHRIFTEN ZUR KATALYTISCHEN ALKYLIERUNG

6.7.4 Synthese von Ölsäuremethylester-O-trimethylsilylketenacetal (4.7-7)

In Abwandlung einer Literaturvorschrift[215] wurde eine Lösung von N,N-Diisopropylamin (1.12 g, 1.57 mL, 11.0 mmol) in THF (20 mL) unter Argonatmosphäre auf -15 °C (Eis / Methanol) gekühlt. Per Spritze wurde n-Butyllithium (1.5 M in Hexan, 6.31 g, 7.33 mL, 11.0 mmol) zugegeben und die Lösung wurde auf -78 °C gekühlt (Trockeneis / Ethanol). Per Spritze wurde langsam Methyloleat (**4.7-1**, 90 % Reinheit, 3.29 g, 3.76 mL, 10.0 mmol) zugegeben und die Mischung wurde für 10 min gerührt. Per Spritze wurde zügig Chlortrimethylsilan (1.70 g, 2.00 mL, 15.6 mmol) zugegeben und die Mischung wurde für 3 h unter langsamem Erwärmen auf 20 °C gerührt. Das Solvens wurde *in vacuo* entfernt, Hexan (20 mL) wurde zugegeben und die Mischung filtriert. Der Filtrierrückstand wurde mit Hexan (20 mL) gewaschen und das Filtrat *in vacuo* vom Solvens befreit. Das verbleibende blassgelbe, flüssige Rohprodukt (4.15 g) wurde destillativ gereinigt (0.02 mbar, 160-170 °C) und lieferte das Produkt **4.7-7** als farblose Flüssigkeit (3.51 g, 95 %).

Die ^{1}H-NMR- und ^{13}C-NMR-Daten weisen auf das Vorliegen eines E/Z-Gemisches hin, wobei keine Zuordnung der Isomeren erfolgen kann; lediglich das Verhältnis kann zu 1:5 bestimmt werden. Im Folgenden sind die Daten des Hauptisomers angegeben, soweit unterscheidbar:

^{1}H-NMR (400 MHz, CDCl$_3$): δ = 5.4 (t, J = 4.70 Hz, 3 H), 3.7 (t, J = 7.34 Hz, 1 H), 3.5 (s, 3 H), 2.0 - 2.1 (m, 5 H), 1.3 (d, J = 6.75 Hz, 28 H), 0.9 (t, J = 6.75 Hz, 4 H), 0.2 (s, 9 H) ppm. ^{13}C-NMR (101 MHz, CDCl$_3$): δ = 153.5, 129.9, 129.8, 85.3, 54.8, 31.9, 30.9, 30.7, 29.8, 29.8, 29.7, 29.5, 29.3, 29.2, 29.1, 27.2, 27.2, 24.6, 24.4, 22.7, 14.1, -0.3 ppm.

6.7.5 Synthese von α-Allylölsäuremethylester (4.7-5d)

In Abwandlung einer Literaturvorschrift[123] wurde ein ausgeheiztes Bördelrandgefäß mit Rührstäbchen mit Tris(dibenzylidenaceton)dipalladium(0) (11.4 mg, 12.5 µmol, 0.025 Äquiv.) und 1,2-Bis-(diphenylphosphino)ethan (19.9 mg, 50.0 µmol, 0.10 Äquiv.) befüllt, mit einem Teflonseptum verschlossen und dreimal mit Argon gespült. Nacheinander wurden per Spritze trockenes Dioxan (2.0 mL), Allylmethylcarbonat (118 mg, 116 µL, 1.0 mmol, 2.00 Äquiv.) und Ölsäuremethylester-O-trimethylsilylketenacetal (4.7-7, 184 mg, 0.50 mmol, 1.00 Äquiv.) zugegeben und die Mischung wurde für 20 h bei 110 °C gerührt. Nach Abkühlen auf 20 °C wurde die Reaktionsmischung mit Hexan (3 x 5 mL) extrahiert, mit Wasser (10 mL) und ges. Kochsalzlösung (10 mL) gewaschen, mit MgSO$_4$ getrocknet, filtriert, und das Solvens *in vacuo* entfernt. Es verblieb eine gelbliches Flüssigkeit (175 mg, >99%). Die ^{1}H-NMR- und ^{13}C-NMR-Spektren weisen minimale Verunreinigungen durch Reste des Phosphinliganden auf. Das Rohprodukt zersetzt sich bei Destillation.

^{1}H-NMR (400 MHz, CDCl$_3$): δ = 5.6 - 5.8 (m, 1 H), 5.3 - 5.4 (m, 2 H), 4.9 - 5.1 (m, 2 H), 3.6 (s, 3 H), 2.4 (br. s., 1 H), 2.3 (s, 1 H), 2.2 (s, 1 H), 2.0 (q, *J* = 6.65 Hz, 4 H), 1.5 - 1.7 (m, 1 H), 1.5 (dd, *J* = 13.89, 5.67 Hz, 1 H), 1.2 - 1.4 (m, 21 H), 0.8 - 0.9 (m, 3 H) ppm. ^{13}C-NMR (101 MHz, CDCl$_3$): δ = 176.0, 135.4, 129.9, 129.6, 116.5, 51.2, 45.2, 36.4, 34.0, 31.8, 31.8, 29.7, 29.6, 29.6, 29.4, 29.3, 29.2, 29.0, 29.0, 27.2, 27.1, 27.1, 24.8, 22.6, 14.0 ppm. MS (Ion trap, EI): m/z (%) = 336 [M$^+$] (11), 305 (11), 127 (100), 114 (82), 95 (42), 81 (47), 67 (42).

7 Verzeichnis der Abbildungen, Schemata und Tabellen

7.1 Abbildungsverzeichnis

Abbildung 1. Übersicht der Grund- und Rohstoffgewinnung aus nachwachsenden Rohstoffen.[2,3] 6

Abbildung 2. Wertschöpfungsketten ausgehend von CO_2 als Kohlenstoffquelle. 7

Abbildung 3. Strategische Möglichkeiten der Eingliederung nachwachsender Rohstoffe in die Wertschöpfungskette. 8

Abbildung 4. Strukturausschnitte von Stärke, Lignin und Pflanzenölen. 10

Abbildung 5. Strukturelle Komplexitäten von fossilen Rohstoffen und Biomasse. 11

Abbildung 6. Strukturelle Diversität pflanzlicher Fettsäuren 17

Abbildung 7. Wertschöpfungsketten ausgehend von Ölpflanzen. 19

Abbildung 8. Katalyse als Schlüsseltechnologie. 22

Abbildung 9. Manipulation diverser Fettsäure-Kettenpositionen durch direkte Methoden. 27

Abbildung 10. Isomerisierende Funktionalisierung ungesättigter Fettsäurederivate an bisher unzugänglichen Positionen (angestrebte katalytische Umsetzungen sind mit Fragezeichen markiert). 32

Abbildung 11. Wichtige homogene Wolframkatalysatoren für die Fettsäuremetathese. 40

Abbildung 12. Ruthenium-Metathesekatalysatoren der ersten Generation. 42

Abbildung 13. Neuere Rutheniumkatalysatoren für die Fettsäuremetathese. 43

Abbildung 14. Beispiele für neue Polymerstrukturen auf Fettsäurebasis. 52

Abbildung 15. Phosphorhaltiges Polymer auf Basis von 10-Undecensäure. 53

Abbildung 16. Schrittweise Entwicklung isomerisierender Transformationen. .. 65

Abbildung 17. Schemazeichnung des Reaktorprototyps zur Lactonisierung (**G**: Glaswolle; **K**: Katalysatorschüttung; **L**: Lösemittel; **S**: Septumkappe). 80

Abbildung 18. Illustration der Silber-katalysierten isomerisierenden Lactonisierung. 81

7.1 ABBILDUNGSVERZEICHNIS

Abbildung 19. ^{1}H-NMR-Spektren (600 MHz, CDCl$_3$) der Isomerisierung des ungesättigten Fettsäureamids **4.3-1c** mit Palladiumkatalysator **4.3-10** (0.5 mol% Kat., Toluol, 16 h): a) Edukt **4.3-1c**; b) Reaktionsmischung nach Einwirkung des Katalysators. 93

Abbildung 20. ^{13}C-NMR-Spektren (600 MHz, CDCl$_3$) der Isomerisierung des ungesättigten Fettsäureamids **4.3-1c** mit Palladiumkatalysator **4.3-10** (0.5 mol%, Toluol, 16 h). a) Edukt **4.3-1c**; b) Reaktionsmischung nach Einwirkung des Katalysators. 94

Abbildung 21. Konzentrationsverlauf der Fe(CO)$_5$-katalysierten Isomerisierung von Ethyl-4-pentenoat (**4.4-1h**). *Reaktionsbedingungen*: 1.0 mmol Ester, 20 mol% Fe(CO)$_5$, Octan, 120 °C, Argonatmosphäre. Die Konzentrationen der Verbindungen wurden mittels GC und internem Standard *n*-Tetradecan bestimmt. Die Massenbilanz wird durch die anderen Isomere (*E*)- und (*Z*)-3-Pentenoat vervollständigt. 103

Abbildung 22. Gaschromatogramme der katalytischen Isomerisierung von Ethyloleat (**4.4-1d**): a) Reines Edukt **4.4-1d** vor der Reaktion; b) Isomerenmischung nach Gleichgewichtseinstellung durch RhCl$_3$·3 H$_2$O (5 mol% in Ethanol) nach 5 min bei 80 °C. Für Details zur GC-Methode siehe Experimenteller Teil, Kapitel 6.1.2. 105

Abbildung 23. ^{1}H-NMR-Signale (600 MHz, CDCl$_3$) des α,β-ungesättigten Isomers **4.4-1b** in der Gleichgewichtsmischung nach Reaktion von Ethyloleat (**4.4-1d**) mit RhCl$_3$·3 H$_2$O (5 mol% in Ethanol) nach 5 min bei 80 °C. R = *n*-C$_{15}$H$_{31}$.................. 106

Abbildung 24. Dreidimensionales Modell des postulierten aktiven Rhodium-Bisphosphit-Komplexes für die Olefinisomerisierung. Weitere Liganden (cod, acac) sind nicht dargestellt.................. 121

Abbildung 25. Wertschöpfung aus Olefingemischen als zentrale Intermediate. 135

Abbildung 26. Schematische Darstellung möglicher Produktfraktionen durch isomerisierende Metathese von Fettsäuren. Als Abszisse wurde hierbei im Hinblick auf die spätere GC-Analytik der Siedepunkt der Verbindungen gewählt. Die Ordinate wurde aus Gründen der Übersichtlichkeit weggelassen; sie stellt die relativen Konzentrationen der Verbindungen dar.................. 137

Abbildung 27. Potentielle Katalysatoren und Liganden für die Isomerisierung funktionalisierter Olefine unter Metathese-Reaktionsbedingungen. 138

Abbildung 28. Potentielle Ruthenium-Metathesekatalysatoren für die isomerisierende Olefinmetathese. 139

Abbildung 29. Zeitlicher Verlauf der isomerisierenden Selbstmetathese von Ölsäure (**4.5-1b**) anhand der Kettenlängenverteilungen der Olefinfraktionen. *Reaktionsbedingungen*: **4.5-1b** (0.5 mmol), **4.5-C1** (0.5 mol%), **Ru-8** (0.6 mol%), Hexan (2.0 mL), 60 °C, Argonatmosphäre. 146

Abbildung 30. Kettenlängenverteilung bei der isomerisierenden Selbstmetathese von (*E*)-3-Hexen (**4.5-3**). *C_5-Fraktion enthält C_4- und C_3-Olefine. 149

Abbildung 31. Produktverteilungen aus der isomerisierenden Kreuzmetathese von **4.5-3** und **4.5-2a** in Abhängigkeit von der Reaktandenstöchiometrie. *C_5-Fraktion enthält C_4- und C_3-Olefine. 150

Abbildung 32. Unterschied zwischen sequentiellem und kooperativem Prozess anhand der isomerisierenden Kreuzmetathese von **4.5-3** und **4.5-2a**. 151

Abbildung 33. Kettenlängenverteilung der Olefinfraktion aus der isomerisierenden Ethenolyse von **4.5-1b**. 154

Abbildung 34. Vergleich der Olefinfraktionen aus der isomerisierenden Selbstmetathese von **4.5-1b** und aus der isomerisierenden Ethenolyse von **4.5-1b**. 155

Abbildung 35. Produktverteilung der isomerisierenden Kreuzmetathese von **4.5-1b** mit **4.5-10b** (siehe Tabelle 27, Eintrag 4). 159

Abbildung 36. Kettenlängenverteilung der Olefinfraktion aus der isomerisierenden Kreuzmetathese von **4.5-1b** mit **4.5-11b** (siehe Tabelle 27, Eintrag 7) im Vergleich mit der Olefinfraktion aus der isomerisierenden Selbstmetathese von **4.5-1b** (*Reaktionsbedingungen*: **4.5-1b** (0.5 mmol), **4.5-C1** (0.5 mol%), **Ru-8** (0.6 mol%), Hexan (2.0 mL), 60 °C, Argonatmosphäre, 16 h). Ketten <C_7 sind aufgrund überlappender Signale nicht aufgelöst. 161

Abbildung 37. Tieftemperatur-NMR-Spektren der Reaktionsmischung aus **4.5-C1** und **4.5-3** (laut Schema 71). a) $^1H\{^{31}P\}$-NMR-Spektrum (CDCl$_2$, -60 °C, 600 MHz); b) ^{1}H-NMR-Spektrum (CDCl$_2$, -60 °C, 600 MHz). 165

Abbildung 38. Metathesekatalysatoren für die isomerisierende Ethenolyse. 169

Abbildung 39. Hydroxystilbene mit biologischer Aktivität. 171

Abbildung 40. Zehnfach-Heizblock mit Rührwerk und Anschluss an einen Vakuumverteiler. 197

7.2 Schemaverzeichnis

Schema 1. In dieser Arbeit entwickelte isomerisierende Funktionalisierungen ungesättigter Fettsäurederivate: Isomerisierende Lactonisierung (**A**); Isomerisierende Michael-Addition von Aryl- oder Stickstoffnucleophilen (**B**); Isomerisierende Olefinmetathese (**C**). 2

Schema 2. Atomselektivitäten unkatalysierter und katalytischer Reduktionen im Vergleich. 23

Schema 3. Atomselektivitäten unkatalysierter und katalytischer C-C-Knüpfungen im Vergleich. 23

Schema 4. Unkatalysierte *versus* katalytische Synthese von Vitamin-K$_3$. 24

Schema 5. Fermentative ω-Funktionalisierung von Ölsäure (**2.4-1a**). 27

Schema 6. Direkte allylische Substitutionen an Methyloleat (**2.4-2a**) (TPPor = Tetraphenylporphin). 28

Schema 7. Additionen an die Doppelbindung ungesättigter Fettsäurederivate **2.4-1a** und **2.4-2a**. *Reaktionsbedingungen*: **a**: CO/H$_2$ (20 bar), Rh/Bisphosphit-Kat., 115 °C; **b**: CO/H$_2$/R'R''NH (10 bar), Rh-Kat., 140 °C; **c**: ClCOO^{i}Pr, Et$_3$Al$_2$Cl$_3$, DCM, -15 °C, dann H$_2$O; **d**: Malonsäure, Mn(OAc)$_3$/KOAc/HOAc, 70-100 °C; **e**: R'CO-Cl, EtAlCl$_2$, DCM, 20 °C, dann H$_2$O; **f**: (CH$_2$O)$_n$, AlCl$_3$, DCM, 20 °C, dann H$_2$O 29

Schema 8. Funktionalisierung ungesättigter Fettstoffe durch Oxidationsreaktionen. 30

Schema 9. α-Silylierung von Methyloleat (**2.4-2a**). 31

Schema 10. Isomerisierende terminale Methoxycarbonylierung von Methyloleat (**2.4-2a**). 33

Schema 11. Isomerisierende Hydroborierung von Methyloleat (**2.4-2a**). 33

Schema 12. Isomerisierende Hydroformylierung von Methyloleat (**2.4-2a**) 34

Schema 13. Darstellung des α,β-ungesättigten Esters **2.4-3a** *via* UV-Photolyse von Methyloleat (**2.4-2a**). 35

Schema 14. Prinzip der isomerisierenden Cyclisierung ungesättigter Fettsäurederivate. Beschrieben: X = O; angestrebt: X = NH, N-Alkyl, N-Sulfonyl; R = Alkyl. 36

Schema 15. Mögliche Lactamsynthese *via* isomerisierende Cyclisierung ungesättigter Fettsäureamide. 38

Schema 16. Direkte Cyclisierung von (*E*)-3-Pentensäureamid zum γ-Lactam. ...38

Schema 17. Erstes Verfahren zur Selbstmetathese von **2.4-2a**. 40

Schema 18. Zweistufige Synthese von 9-Octadecendisäuredimethylester (**2.4-9a**) *via* Ethenolyse und Selbstmetathese. 42

Schema 19. Synthese von **Ru-5** nach Hoveyda *et al.*[101].......................................44

Schema 20. Ethenolyse von Methyloleat (**2.4-2a**) mit **Ru-5** in einer ionischen Flüssigkeit. 44

Schema 21. Kreuzmetathese von **2.4-2a** mit funktionalisierten Olefinen. 45

Schema 22. Isomerisierende Selbstmetathese von (*E*)-3-Hexen. 46

Schema 23. Mehrstufiger Prozess zur Gerüstverzweigung von Ölsäure (**2.4-1a**). 48

Schema 24. Synthese α-allylierter Carbonsäureester *via* Silylketenacetale. 49

Schema 25. Zugang zu Polymeren ausgehend von ungesättigten Fettsäuren. 50

Schema 26. Thiol-En-Addition an Fettsäureester zur Synthese α,ω-funktionalisierter Monomere.[127] 51

Schema 27. Ethenolyse von Methyloleat mit der neuesten Katalysatorgeneration. 54

Schema 28. En-In-Kreuzmetathese von Methyloleat mit einem terminalen Alkin. DMC = Dimethylcarbonat. 55

Schema 29. Osmium-katalysierte Spaltung von Ölsäure zu Pelargonsäure und Azelainsäure. 56

Schema 30. Jacobsen-Dihydroxylierung von Methyloleat mit anschließender Sulfonierung und Verseifung. 56

Schema 31. Epoxidierung von Methyloleat und Ringöffnung durch Oligoethylenglycole. 57

7.2 SCHEMAVERZEICHNIS

Schema 32. Kreuzmetathese ungesättigter natürlicher Fettsäureester mit 1-Hexen zur Erzeugung Biodiesel-ähnlicher Gemische. 59

Schema 33. Sequentielle und gekoppelte Isomerisierung-Funktionalisierung. ... 63

Schema 34. Erschließung einzelner Kettenpositionen durch isomerisierende Transformationen. 64

Schema 35. Katalytische isomerisierende Lactonisierung ungesättigter Fettsäuren. 67

Schema 36. Isomerisierende Lactonisierung der freien Ölsäure (**4.2-1a**) zu γ-Stearolacton (**4.2-2a**). 70

Schema 37. Synthese von Zirkonium(IV)triflat. 73

Schema 38. Postulierter Mechanismus der Silber-katalysierten isomerisierenden Lactonisierung. 76

Schema 39. Bildung von Estoliden durch intermolekulare Addition der Carboxylgruppe an die C=C-Doppelbindung. 77

Schema 40. Im Rahmen dieser Arbeit durchgeführte Folgereaktionen des γ-Stearolactons (**4.2-2a**). 78

Schema 41. Angestrebte Ringöffnung von **4.2-2a** mit Bromwasserstoffsäure. ... 78

Schema 42. Mögliche Lactonisierung und Polymerisation mehrfach ungesättigter Fettsäuren. 83

Schema 43. Hypothetischer Zugang zu 4-Oxofettsäuren aus ungesättigten γ-Lactonen. 83

Schema 44. Säurekatalysierte Ringöffnungs-Polymerisation gesättigter Lactone. 84

Schema 45. Konzept der isomerisierenden Lactamsynthese. 86

Schema 46. Versuche zur Cyclisierung *N*-alkylierter (*E*)-4-Decenamide. 90

Schema 47. Synthese des Palladium-Dimers **4.3-10**. 92

Schema 48. Palladium-katalysierte Isomerisierung ungesättigter Fettsäureamide. 92

Schema 49. Angestrebte isomerisierende Michael-Addition von Nucleophilen an ungesättigte Ester. 96

Schema 50. Synthese von (*E*)-2-Octadecensäureethylester (**4.4-1b**) *via* Oxidation und Olefinierung. 98

Schema 51. Synthese von (*E*)-2-Octadecensäureethylester (**4.4-1b**) *via* Malonsäure-Kondensation und Veresterung.[172] 99

Schema 52. Konvergente Synthese des Bisphosphitliganden Biphephos (**4.4-8**). 100

Schema 53. Synthese des unsubstituierten Bisphosphitliganden **4.4-9**. 101

Schema 54. Katalytische Isomerisierung von **4.4-1d** in das thermodynamische Gleichgewicht. 101

Schema 55. Diastereomerenbildung bei der Michael-Addition von **4.4-14a** an den chiralen Ester **4.4-1f**. 110

Schema 56. Isomerisierende Michael-Addition von **4.4-14a** an den terminal ungesättigten Ester **4.4-1p**. 118

Schema 57. Angestrebte Rhodium-katalysierte Michael-Addition von Alkylnucleophilen. 118

Schema 58. Postulierter Mechanismus der isomerisierenden Michael-Addition von Arylnucleophilen. [Rh] = L_nRh, X = acac. 120

Schema 59. Amidbildung bei der Umsetzung des Esters **4.4-1a** mit dem langkettigen Amin **4.4-16i**. 128

Schema 60. Rhodium-katalysierte isomerisierende C-N-Bindungsknüpfung mit aromatischem *N*-Nucleophil. 129

Schema 61. Aktivierung von 2-Piperidinon (**4.4-16p**) für die isomerisierende Michael-Addition an **4.4-1h**. 129

Schema 62. Mögliche enantioselektive isomerisierende Michael-Addition mit chiralem Liganden. 131

Schema 63. Mögliche Erweiterung der isomerisierenden Michael-Addition auf Schwefel-, Sauerstoff- und aliphatische Kohlenstoffnucleophile. 132

Schema 64. Selektive katalytische Isomerisierung von **4.5-1b** ohne Bildung von γ-Lactonen. 142

Schema 65. Anwendung der isomerisierenden Selbstmetathese auf die Fettsäuren **4.5-5** und **4.5-6**. 147

Schema 66. Isomerisierende Selbstmetathese von (*E*)-3-Hexen (**4.5-3**). 148

7.2 SCHEMAVERZEICHNIS

Schema 67. Isomerisierende Kreuzmetathese von (*E*)-3-Hexen (**4.5-3**) und 1-Octadecen (**4.5-2a**). 150

Schema 68. Isomerisierung von **4.5-2a** und nachfolgende Kreuzmetathese mit **4.5-3**. 151

Schema 69. Versuche zur isomerisierenden Kreuzmetathese von Ölsäurederivaten mit Acrylsäurederivaten. 157

Schema 70. Mechanismus der Olefinmetathese am Beispiel der gekreuzten Reaktion zweier terminaler Olefine. 163

Schema 71. Tieftemperatur-NMR-Experimente zum Nachweis der Hydridbildung aus **4.5-C1** und **4.5-3**. 164

Schema 72. Postulierter Mechanismus der Palladium-katalysierten Doppelbindungsmigration. 166

Schema 73. Isomerisierende Ethenolyse zur Synthese funktionalisierter Styrole. 168

Schema 74. Synthese von Vinylgruppen aus Allylgruppen *via* isomerisierende Ethenolyse am Beispiel von Allyldiethylmalonat. 172

Schema 75. Geplante Zimtsäuresynthese *via* isomerisierende Kreuzmetathese. 173

Schema 76. Strategien zur Kettenverzweigung von Fettsäuren durch Alkylierung oder Allylierung. 178

Schema 77. Bildung von Olefinen aus potentiellen Kohlenstoffelektrophilen. X = Halogenid, O-SO_2R. 179

Schema 78. Synthesewege zu α-Allylölsäuremethylester (**4.7-5d**). 184

Schema 79. Mögliche isomerisierende Baylis-Hillman-Reaktion von Fettsäurederivaten (Y = O, NTs, NCO_2R; R´, R´´ = H, Alkyl, Aryl). 187

Schema 80. Mögliche isomerisierende Decarboxylierung zur Synthese von α-Olefinen aus ungesättigten Fettsäuren. 189

Schema 81. Mögliche isomerisierende Cyclisierung ungesättigter Fettsäurehydroxylamide. 189

7.3 Tabellenverzeichnis

Tabelle 1. Nutzung landwirtschaftlicher Rohstoffe in der deutschen chemischen Industrie (2009). ...5

Tabelle 2. Bereits aus nachwachsenden Rohstoffen produzierte oder zugängliche Chemikalien mit momentanen und voraussichtlichen Marktvolumina (2011).[8] .12

Tabelle 3. Zusammensetzungen wichtiger pflanzlicher Öle (Gehaltsangaben in %). ...15

Tabelle 4. Ausgewählte Methoden zur isomerisierenden Cyclisierung ungesättigter Fettsäuren. ...37

Tabelle 5. Wichtige Katalysatorentwicklungen für die Metathese von Ölsäure (**2.4-1a**) und Alkyloleaten. ...41

Tabelle 6. Eigenschaften verzweigter und unverzweigter Fettsäuren im Vergleich. ...47

Tabelle 7. Optimierung der isomerisierenden Lactonisierungsreaktion. ...68

Tabelle 8. Untersuchung Palladium- oder Rhodium-basierter Katalysatoren für die isomerisierende Lactonisierung.[a] ...71

Tabelle 9. Untersuchung von Silbertosylat als Katalysator für die isomerisierende Lactonisierung.[a] ...72

Tabelle 10. Anwendungsbreite der katalytischen isomerisierenden Lactonisierung.[a] ...74

Tabelle 11. Parameter zur Optimierung eines technischen Lactonisierungsprozesses. ...85

Tabelle 12. Synthese primärer Fettsäureamide *via* Aminolyse der Säurechloride. ...87

Tabelle 13. Synthese *N*-alkylierter (*E*)-4-Decensäureamide. ...88

Tabelle 14. Synthese *N*-sulfonierter Fettsäureamide. ...88

Tabelle 15. Stichversuche zur direkten Cyclisierung von (*E*)-4-Decenamid (**4.3-1a**). ...89

Tabelle 16. Vergleich von Katalysatoren und Reaktionsbedingungen für die Isomerisierung von Ethyloleat (**4.4-1d**). ...102

7.3 Tabellenverzeichnis

Tabelle 17. Evaluierung von Arylborverbindungen als Nucleophile für Rhodium-katalysierte Michael-Additionen an das C_6-Modellsubstrat **4.4-1e**.. 108

Tabelle 18. Optimierung der isomerisierenden Michael-Addition von Arylnucleophilen an ungesättigte Ester. 111

Tabelle 19. Anwendungsbreite der isomerisierenden Michael-Addition von Arylnucleophilen. 114

Tabelle 20. Katalysatorevaluierung für die Aza-Michael-Addition an den α,β-ungesättigten Ester **4.4-1r**. 122

Tabelle 21. Anwendungsbreite der isomerisierenden Michael-Addition von Aminen an ungesättigte Ester. 124

Tabelle 22. Evaluierung optimaler Katalysatorkombinationen für die isomerisierende Selbstmetathese der Ölsäurederivate **4.5-1a** und **4.5-1b**. 140

Tabelle 23. Durch isomerisierende Selbstmetathese von **4.5-1b** zugängliche Produktverteilungen. 144

Tabelle 24. Vergleich der Metathesekatalysatoren für die isomerisierende Selbstmetathese von **4.5-1b**. 147

Tabelle 25. Optimierung der isomerisierenden Ethenolyse von Ölsäurederivaten. 153

Tabelle 26. Optimierung der isomerierenden Kreuzmetathese von Ölsäurederivaten mit Maleinsäure (**4.5-10**). 157

Tabelle 27. Optimierung der isomerisierenden Kreuzmetathese von **4.5-1b** mit **4.5-11b**. 159

Tabelle 28. Entwicklung der isomerisierenden Ethenolyse. 170

Tabelle 29. Vorläufige Anwendungsbreite der isomerisierenden Ethenolyse von Allylbenzolen. 171

Tabelle 30. Eignung der Isomerisierungskatalysatoren für ungesättigte Fettsäurederivate. 174

Tabelle 31. Eignung und Selektivität der Isomerisierungskatalysatoren für Tandemreaktionen. 175

Tabelle 32. Stabilitäten und Recyclingpotential der Isomerisierungskatalysatoren. 176

Tabelle 33. Kosten der Isomerisierungskatalysatorkomponenten im Vergleich. 177

Tabelle 34. Stichversuche zur Heck-Alkylierung von Methyloleat (**4.7-1**). 180

Tabelle 35. Direkte katalytische α-Allylierung aliphatischer Carbonsäureester. 182

Tabelle 36. Stichversuche zur direkten α-Allylierung von Methyloleat (**4.7-1**) mit Allylmethylcarbonat (2 Äquiv.) zum Produkt **4.7-5d**.................................184

Tabelle 37. Kettenlängenverteilung nach der isomerisierenden Selbstmetathese von **4.5-3**...244

Tabelle 38. Kettenlängenverteilung der Olefinfraktion nach der isomerisierenden Selbstmetathese von **4.5-1b**...245

Tabelle 39. Kettenlängenverteilung nach der isomerisierenden Ethenolyse von **4.5-1b**..246

Tabelle 40. Kettenlängenverteilung nach der sequentiellen Isomerisierung von **4.5-2a** und Kreuzmetathese mit **4.5-3**. 247

Tabelle 41. Kettenlängenverteilung der Olefinfraktion aus der isomerisierenden Kreuzmetathese von **4.5-3** und **4.5-2a**..249

Tabelle 42. Kettenlängenverteilung der Olefinfraktion aus der isomerisierenden Kreuzmetathese von von **4.5-1b** mit **4.5-11b**...251

8 Referenzen und Anmerkungen

1. M. Menner, K. Müller, C. Pickardt, P. Eisner, *Chem. Ing. Techn.* **2009**, *81*, 1743–1756.

2. R. A. van Santen in *Catalysis for Renewables* (Hrsg.: G. Centi, R. A. van Santen), Wiley-VCH, Weinheim, **2007**, S. 1–19.

3. G. Centi, R. A. van Santen in *Catalysis for Renewables* (Hrsg.: G. Centi, R. A. van Santen), Wiley-VCH, Weinheim, **2007**, S. 387–422.

4. Fachagentur für nachwachsende Rohstoffe (FNR), Internetquelle: http://www.nachwachsenderohstoffe.de/projekte-foerderung/nachwachsende-rohstoffe/foerderziele/, Abfragedatum: 15.11.2011.

5. H. Frank, L. Campanella, F. Dondi, J. Mehlich, E. Leitner, G. Rossi, K. Ndjoko Ioset, G. Bringmann, *Angew. Chem.* **2011**, *123*, 8632–8641; *Angew. Chem. Int. Ed.* **2011**, *50*, 8482–8490.

6. Übersichtsartikel: A.-L. Marshall, P. J. Alaimo, *Chem. Eur. J.* **2010**, *16*, 4970–4980.

7. C. H. Christensen, J. Rass-Hansen, C. C. Marsden, E. Taarning, K. Egeblad, *ChemSusChem* **2008**, *1*, 283–289.

8. P. N. R. Vennestrøm, C. M. Osmundsen, C. H. Christensen, E. Taarning, *Angew. Chem.* **2011**, *123*, 10686–10694; *Angew. Chem. Int. Ed.* **2011**, *50*, 10502–10509.

9. Firma Braskem, Internetquelle: http://www.braskem.com/plasticoverde/EN_HOME.html, Abfragedatum 15.11.2011.

10. W. A. Herrmann, Vortragsreihe "Großbothener Gespräche", *57*, 13.10.2001.

11. Statusreport der European Renewable Resources & Materials Association (ERRMA), *Current Situation and Future Prospects of EU Industry using Renewable Raw Materials*, (Hrsg.: J. Ehrenberg), DG Enterprise, Brüssel, **2002**, S. 10.

12. Positionspapier *Einsatz nachwachsender Rohstoffe in der chemischen Industrie*, DECHEMA/DGMK/GDCh/VCI, Frankfurt, **2008**.

13. Landwirtschaftsministerium der Vereinigten Staaten (*United States Department of Agriculture*), Internetquelle der Abteilung Foreign Agricultural Service, Office of Global Analysis: http://www.fas.usda.gov, Abfragedatum 15.11.2011.

14. A. Behr, J. Pérez Gomes, *Eur. J. Lipd Sci. Technol.* **2010**, *112*, 31–50.

15. U. Biermann, U. Bornscheuer, M. A. R. Meier, J. O. Metzger, H. J. Schäfer, *Angew. Chem.* **2011**, *123*, 3938–3956; *Angew. Chem. Int. Ed.* **2011**, *50*, 3854–3871.

16. J. F. Miller, D. C. Zimmermann, B. A. Vick, *Crop Sci.* **1987**, *27*, 923–926.

17 The AOCS Lipid Library, Internetquelle: http://lipidlibrary.aocs.org/Lipids/, Abfragedatum 15.11.2011.

18 Diese ungewöhnliche Fettsäure dient als Modellsubstanz für biologische Untersuchungen: E. M. Abdel-M Oety, *Fette, Seifen, Anstrichmittel* **1981**, *83*, 65–70.

19 M. S. F. Lie Ken Jie, K. M. Pasha, M. S. K. Syed-Rahmatulla, *Nat. Prod. Rep.* **1997**, *14*, 163–189.

20 N. Holst, FNR-Fachgespräch vom 05.10.2004 in Gülzow, Protokoll als pdf-Datei erhältlich von http://www.fnr.de.

21 A. S. Carlsson, J. Lindberg Yilmaz, A. G. Green, S. Stymne, P. Hofvander, *Eur. J. Lipid Sci. Technol.* **2011**, *113*, 812–831.

22 a) K. Hill, *Pure Appl. Chem.* **2000**, *72*, 1255–1264. b) K. Hill, *Pure Appl. Chem.* **2007**, *79*, 1999–2011.

23 K. F. Noweck, *Konferenzvortrag*, 4th Workshop on Fats and Oils as Renewable Feedstock for the Chemical Industry, Karlsruhe, 20.–22.03.2011.

24 F. D. Gunstone, *Eur. J. Lipid Sci. Technol.* **2011**, *113*, 3–7.

25 a) L. Lloyd, *Handbook of Industrial Catalysts*, Springer, **2011**. b) I. Chorkendorff, J. W. Niemantsverdriet, *Concepts of Modern Catalysis and Kinetics*, Wiley-VCH, **2007**. c) M. Sinnott (Hrsg.) *Comprehensive Biological Catalysis*, Bd. 1 bis 4, Academic Press, San Diego, **1998**. d) G. Ertl, H. Knözinger, J. Weitkamp (Hrsg.) *Handbook of Heterogeneous Catalysis*, Bd. 1 bis 5, Wiley-VCH, Weinheim, **2008**. e) B. Cornils, W. A. Herrmann, R. Schlögl, C.-H. Wong (Hrsg.): *Catalysis from A to Z – A Concise Encyclopedia*, Wiley-VCH, Weinheim, **2000**.

26 J. Weitkamp, R. Gläser in *Winnacker/Küchler, Chemische Technik: Prozesse und Produkte, Band 1* (Hrsg.: R. Dittmeyer *et al.*), Wiley-VCH, Weinheim, **2004**, S. 3–5.

27 F. Schüth, *Chem. Unserer Zeit* **2006**, *40*, 92–103.

28 A. Behr, *Angewandte homogene Katalyse*, Wiley-VCH, Weinheim **2008**, S. 26.

29 Acmite Market Intelligence, *Market Report: Global Catalyst Market, 2nd Edition*, **2011**.

30 V. Smil, *Enriching the Earth: Fritz Haber, Carl Bosch, and the Transformation of World Food Production*, MIT Press, **2001**.

31 L. S. Hegedus, *Transition Metals in the Synthesis of Complex Organic Molecules* 2nd ed., Univ. Sci. Books, Sausalito, **1999**, S. 2.

32 B. M. Trost in *Transition Metals for Organic Synthesis*, Bd. 1 (Hrsg.: M. Beller, C. Bolm), Wiley-VCH, Weinheim, **2004**, S. 11.

33 R. A. Sheldon, *J. Chem. Tech. Biotechnol.* **1997**, *68*, 381–388.

34 W. Adam, W. A. Herrmann, J. Lin, C. R. Saha-Möller, R. W. Fischer, J. D. G. Correia, *Angew. Chem.* **1994**, *106*, 2545–2546; *Angew. Chem. Int. Ed. Engl.* **1994**, *33*, 2475–2477.

35 M. Beller, *Eur. J. Lipid Sci. Technol.* **2008**, *110*, 789–796.

36 A. Behr, *Angewandte homogene Katalyse*, Wiley-VCH, Weinheim **2008**, S. 11.

37 a) L. J. Gooßen, F. Rudolphi, *Chem. Unserer Zeit* **2011**, *45*, 56–57. b) F. Rudolphi, L. J. Gooßen, *Nachr. Chem.* **2010**, *5*, 548–550.

38 Review-Artikel: a) U. Biermann, J. O. Metzger, *Top. Catal.* **2004**, *27*, 119–130. b) J. O. Metzger, U. Bornscheuer, *Appl. Microbiol. Biotechnol.* **2006**, *71*, 13–22. c) A. Behr, A. Westfechtel, J. Pérez Gomes, *Chem. Eng. Technol.* **2008**, *31*, 700–714.

39 Z. Tang, S. G. Salamanca-Pinzón, Z.-L. Wu, Y. Xiao, F. P. Guengerich, *Arch. Biochem. Biophys.* **2010**, *494*, 86–93.

40 S. Zibek, S. Huf, W. Wagner, T. Hirth, S. Rupp *Chem. Ing. Techn.* **2009**, *81*, 1797–1808.

41 U. Biermann, S. Fürmeier, J. O. Metzger, *Fett/Lipid* **1998**, *6*, 236–246.

42 C. Kalk, H. J. Schäfer, *Ol. Corps Gras Lipides* **2001**, *8*, 89–91.

43 O. D. Dailey Jr., N. Prevost, *J. Am. Oil Chem. Soc.* **2007**, *84*, 565–571.

44 a) E. N. Frankel, S. Metlin, W. K. Rohwedder, J. Wender, *J. Am. Oil Chem. Soc.* **1969**, *46*, 133–138. b) A. Behr, D. Obst, A. Westfechtel, *Eur. J. Lip. Sci. Technol.* **2005**, *107*, 213–219.

45 a) A. Behr, R. Roll, *J. Mol. Catal. A Chem.* **2005**, *239*, 180–184. b) A. Behr, M. Fiene, C. Buß, P. Eilbracht, *Eur. J. Lipid Sci. Technol.* **2000**, *102*, 467–471.

46 a) U. Biermann, J. O. Metzger, *J. Am. Chem. Soc.* **2004**, *126*, 10319–10330. b) U. Biermann, J. O. Metzger, *Angew. Chem.* **1999**, *111*, 3874–3876; *Angew. Chem. Int. Ed.* **1999**, *38*, 3675–3677.

47 a) J. O. Metzger, U. Linker, *Fat Sci. Technol.* **1991**, *93*, 244–249. b) R. Shundo, J. Nishigushi, Y. Matsubara, M. Toyoshima, T. Harashima, *Chem. Lett.* **1991**, *20*, 185–188.

48 a) U. Biermann, J. O. Metzger, *Fat Sci. Technol.* **1992**, *94*, 329–332. b) J. O. Metzger, U. Biermann, *Liebigs Ann.* **1993**, 645–650.

49 J. O. Metzger, U. Biermann, *Bull. Soc. Chim. Belg.* **1994**, *103*, 393–397.

50 F. D. Gunstone in *Fatty Acids* (Hrsg.: E. H. Pryde). The American Oil Chemists' Society, Champaign, **1979**, S. 379–390.

51 J. M. Sobczak, J. J. Ziolkowski, *Appl. Catal. A Gen.* **2003**, *248*, 261–268.

52 a) S. Warwel, M. Rüsch gen. Klaas, *J. Mol. Catal. B* **1995**, *1*, 29–35. b) M. Rüsch gen. Klaas, S. Warwel, *J. Am. Oil Chem. Soc.* **1996**, *73*, 1453–1457. c) M. Rüsch gen. Klaas, S. Warwel, *J. Mol. Catal. A Chem.* **1997**, *117*, 311–319. d) M. Rüsch gen. Klaas, S. Warwel, *Lipid Technol.* **1996**, 77–80.

53 T. M. Luong, H. Schriftman, D. Swern, *J. Am. Oil. Chem. Soc.* **1967**, *44*, 316–320.

54 W. A. Herrmann, *J. Organomet. Chem.* **1990**, *382*, 1–18.

55 H. Baumann, M. Bühler, H. Fochem, F. Hirsinger, H. Zoebelein, J. Falbe, *Angew. Chem.* **1988**, *100*, 42–62.

56 a) S. Warwel, M. Rüsch gen. Klaas, *Lipid Technol.* **1997**, *9*, 10–14. b) W. A. Herrmann, D. Marz, J. G. Kuchler, G. Weichselbaumer, R. W. Fischer, *Patent DE A3902357A1*, **1998**.

57 A. El Kadib, S. Asgatay, F. Delpech, A. Castel, P. Riviere, *Eur. J. Org. Chem.* **2005**, 4699–4704.

58 F. D. Gunstone, *Eur. J. Lipid Sci. Technol.* **2001**, *103*, 307–314.

59 a) C. Jiménez-Rodriguez, G. R. Eastham, D. J. Cole-Hamilton, *Inorg. Chem. Commun.* **2005**, *8*, 878–881. b) C. Jiménez-Rodriguez, G. R. Eastham, D. J. Cole-Hamilton, *Chem. Commun.* **2004**, 1720–1721.

60 D. J. Cole-Hamilton, *Angew. Chem. Int. Ed.* **2010**, *49*, 8564–8566.

61 D. Quinzler, S. Mecking, *Angew. Chem.* **2010**, *122*, 4402–4404; *Angew. Chem. Int. Ed.* **2010**, *49*, 4306–4308.

62 K. Y. Ghebreyessus, R. J. Angelici, *Organometallics* **2006**, *25*, 3040–3044.

63 K.-C. Shih, R. J. Angelici, *J. Org. Chem.* **1996**, *61*, 7784–7792.

64 Y. Zhu, S. H. A. Jang, Y. H. Tham, O. B. Algin, J. A. Maguire, N. S. Hosmane, *Organometallics* **2012**, Article ASAP, doi: 10.1021/om200379c.

65 Fe(CO)$_5$ ist durch die starke Affinität zu 1,3-cisoiden Dien-Strukturen in der Lage, heteroannulare *trans*-ständige Steroid-Diene in ihre thermodynamisch weniger stabilen homoannularen *cis*-Isomere zu überführen, siehe hierzu: H. Alper, J. T. Edward, *J. Organomet. Chem.* **1968**, *14*, 411–415.

66 J. K. Weil, F. D. Smith, W. M. Linfield, *J. Am. Oil Chem. Soc.* **1972**, *49*, 383–386.

67 G. Herzner *et al.*, unveröffentlichte Ergebnisse.

68 J. S. Showell, D. Swern, W. R. Noble, *J. Org. Chem.* **1968**, *33*, 2697–2704.

69 J. R. Long, *Chem. Health Saf.* **2002**, *9*, 12–18.

70 R. Stern, G. Hillion, *Patent FR 1987/2623499*.

71 S. C. Cermak, T. A. Isbell, *J. Am. Oil Chem. Soc.* **2000**, *77*, 243–248.

72 Y. Zhou, K. Woo, R. Angelici, *J. Appl. Catal. A* **2007**, *333*, 238–244.

73 D. D. Zope, S. G. Patnekar, V. R. Kanetkar, *Flavour Fragr. J.* **2006**, *21*, 395–399.

74 D. M. Ohlmann, *Diplomarbeit*, Technische Universität Kaiserslautern, **2008**.

75 C. E. Augelli-Szafran, C. J. Blankley, B. D. Roth, B. K. Trivedi, R. F. Bousley, A. D. Essenburg, K. L. Hamelehle, B. R. Krause, R. L. Stanfield, *J. Med. Chem.* **1993**, *36*, 2943–2949.

76 C. M. Marson, A. Fallah, *Tetrahedron Lett.* **1994**, *35*, 293–296.

77 J. L. Herisson, Y. Chauvin, *Makromol. Chem.* **1971**, *141*, 161–176.

78 Internetquelle: "The Nobel Prize in Chemistry 2005". Nobelprize.org. 11. Okt. 2011, http://www.nobelprize.org/nobel_prizes/chemistry/laureates/2005/.

79 a) A. H. Hoveyda, A. R. Zhugralin, *Nature* **2007**, *450*, 243–250. b) T. M. Trnka, R. H. Grubbs, *Acc. Chem. Res.* **2001**, *34*, 18–29. c) S. J. Malcolmson, S. J. Meek, E. S. Sattely, R. R. Schrock, A. H. Hoveyda, *Nature* **2008**, *456*, 933–937. d) A. Fürstner, *Angew. Chem. Int. Ed.* **2000**, *39*, 3012–3043. e) R. H. Grubbs, *Angew. Chem. Int. Ed.* **2006**, *45*, 3760–3765. f) Y. Chauvin, *Angew. Chem. Int. Ed.* **2006**, *45*, 3741–3747.

80 Übersichtsartikel: a) G. C. Vougiokalakis, R. H. Grubbs, *Chem. Rev.* **2010**, *110*, 1746–1787. b) J. W. Herndon, *Coord. Chem. Rev.* **2009**, *253*, 1517–1595. c) S. J. Connon, S. Blechert, *Angew. Chem. Int. Ed.* **2003**, *42*, 1900–1923. d) R. H. Grubbs, *Handbook of Metathesis*, Bd. 1-3, Wiley-VCH, Weinheim, **2003**. e) C. Samojlowicz, M. Bieniek, K. Grela, *Chem. Rev.* **2009**, *109*, 3708–3742.

81 a) Y. M. Choo, K. E. Ooi, I. H. Ooi, D. D. H. Tan, *J. Am. Oil Chem. Soc.* **1996**, *73*, 333–336. b) Y. Tanabe, A. Makita, S. Funakoshi, R. Hamasaki, T. Kawakusu, *Adv. Synth. Catal.* **2002**, *344*, 507–510. c) J. Tsuji, S. Hashiguchi, *Tetrahedron Lett.* **1980**, *21*, 2955–2958. d) J. C. Mol, *Green Chem.* **2002**, *4*, 5–13. e) S. Warwel, F. Bruse, C. Demes, M. Kunz, M. Rüsch gen. Klaas, *Chemosphere* **2001**, *43*, 39–48.

82 Übersichtsartikel: a) J. C. Mol, *Top. Catal.* **2004**, *27*, 97–104. b) B. B. Marvey, *Int. J. Mol. Sci.* **2008**, *9*, 1393–1406. c) A. Corma, S. Iborra, A. Velty, *Chem. Rev.* **2007**, *107*, 2411–2502. d) Dixneuf *et al.* in *Green Metathesis Chemistry* (Hrsg.: Dragutan *et al.*), Springer, **2010**, S. 185–206.

83 a) P. B. van Dam, M. C. Mittelmeijer, C. Boelhouwer, *J. Chem Soc., Chem. Commun.* **1972**, 1221–1222. b) E. Verkuijlen, C. Boelhouwer, *Fette/Seifen/Anstrichmittel* **1976**, *78*, 444–447.

84 E. Verkuijlen, F. Kapteijn, J. C. Mol, C. Boelhouwer, *J. Chem Soc., Chem. Commun.* **1977**, 198–199.

85 W. A. Herrmann, W. Wagner, U. N. Flessner, U. Volkhardt, H. Komber, *Angew. Chem.* **1991**, *103*, 1704–1706.

86 C. J. Schaverien, J. C. Dewan, R. R. Schrock, *J. Am. Chem. Soc.* **1986**, *108*, 2771–2773.

87 J.-L. Couturier, C. Paillet, M. Leconte, J.-M. Basset, K. Weiss, *Angew. Chem., Int. Ed. Engl.* **1992**, *31*, 622–624.

88 a) J. C. Mol, *J. Mol. Catal.* **1994**, *90*, 185–199. b) J. C. Mol, *Catal. Lett.* **1994**, *23*, 113–118.

89 a) S. Warwel, H.-G. Jägers, S. Thomas, *Fat Sci. Technol.* **1992**, *94*, 323–328. b) S. Warwel, H.-G. Jägers, A. Deckers, *Patent EP 444264*, **1990**. c) S. Warwel, *Fat Sci. Technol.* **1992**, *94*, 512–523.

90 R. Buffon, I. J. Marochio, C. B. Rodella, J. C. Mol, *J. Mol. Catal.* **2002**, *190*, 171–176.

91 a) S. T. Nguyen, L. K. Johnson, R. H. Grubbs, *J. Am. Chem. Soc.* **1992**, *114*, 3974–3975. b) S. T. Nguyen, R. H. Grubbs, *J. Am. Chem. Soc.* **1993**,

115, 9858–9859. c) P. Schwab, R. H. Grubbs, J. W. Ziller, *J. Am. Chem. Soc.* **1996**, *118*, 100–110. d) P. Schwab, M. B. France, J. W. Ziller, R. H. Grubbs, *Angew. Chem.* **1995**, *107*, 2179–2181; *Angew. Chem. Int. Ed. Engl.* **1995**, *34*, 2039–2041.

92 R. H. Grubbs, S. T. Nguyen, *US Patent 5,750,815*, **1996**.

93 W. Buchowicz, J. C. Mol, M. Lutz, A. L. Spek, *J. Organomet. Chem.* **1999**, *588*, 205–210.

94 W. Buchowicz, J. C. Mol, *J. Mol. Catal. A Chem.* **1999**, *148*, 97–103.

95 a) K. A. Burdett, L. D. Harris, P. Margl, B. R. Maughon, T. Mokhtar-Zadeh, P. C. Saucier, E. P. Wasserman, *Organometallics* **2004**, *23*, 2027–2047. b) T. H. Newman, C. L. Rand, K. A. Burdett, B. R. Maughon, D. L. Morrison, E. P. Wasserman, *Patent US 7,119,216*, **2006**.

96 G. S. Forman, R. M. Bellabarba, R. P. Tooze, A. M. Z. Slawin, R. Karch, R. Winde, *J. Organomet. Chem.* **2006**, *691*, 5513–5516.

97 a) M. Scholl, S. Ding, C. W. Lee, R. H. Grubbs, *Org. Lett.* **1999**, *1*, 953–956. b) M. Scholl, T. M. Trnka, J. P. Morgan, R. H. Grubbs, *Tetrahedron Lett.* **1999**, *40*, 2247–2250.

98 M. Dinger, J. C. Mol, *Adv. Synth. Catal.* **2002**, *344*, 671–677.

99 H. L. Ngo, K. Jones, T. A. Foglia, *J. Am. Oil Chem. Soc.* **2006**, *83*, 629–634.

100 G. S. Forman, A. E. McConnell, M. J. Hanton, A. M. Z. Slawin, R. P. Tooze, W. J. van Rensburg, W. H. Meyer, C. Dwyer, M. M. Kirk, D. W. Serfontein, *Organometallics* **2004**, *23*, 4824–4827.

101 J. S. Kingsbury, J. P. A. Harrity, P. J. Bonitatebus, Jr., A. H. Hoveyda, *J. Am. Chem. Soc.* **1999**, *121*, 791–799.

102 a) H. Olivier-Bourbigou, C. Vallee, G. Hillion, *Patent US 2007/0179307A1*. b) C. Thurier, C. Fischmeister, C. Bruneau, H. Olivier-Bourbigou, P. Dixneuf, *ChemSusChem* **2008**, *1*, 118–122. c) C. Thurier, H. Olivier-Bourbigou, P. Dixneuf, G. Hillion, *Patent US 7,678,932*, **2010**.

103 S. B. Garber, J. S. Kingsbury, B. L. Gray, A. H. Hoveyda, *J. Am. Chem. Soc.* **2000**, *122*, 8168–8179.

104 a) J. Patel, S. Mujcinovic, W. R. Jackson, A. J. Robinson, A. K. Serelis, C. Such, *Green Chem.* **2006**, *8*, 450–454. b) J. Patel, J. Elaridi, W. R. Jackson, A. J. Robinson, A. K. Serelis, C. Such, *Chem. Commun.* **2005**, 5546–5547.

105 T. Jacobs, A. Rybak, M. A. R. Meier, *Appl. Catal. A Gen.* **2009**, *353*, 32–35.

106 A. Rybak, M. A. R. Meier, *Green Chem.* **2007**, *9*, 1356–1361.

107 A. Behr, J. Pérez Gomes, Z. Bayrak, *Eur. J. Lipid Sci. Technol.* **2011**, *113*, 189–196.

108 R. Malacea, C. Fischmeister, C. Bruneau, J.-L. Dubois, J.-L. Couturier, P. H. Dixneuf, *Green Chem.* **2009**, *11*, 152–155.

109 M. Samorski, M. Dierker, *Patent EP 2157076*, **2008**.

110 A. K. Chatterjee, T.-L. Choi, D. P. Sanders, R. H. Grubbs, *J. Am. Chem. Soc.* **2003**, *125*, 11360–11370.

111 Übersichtsartikel: a) J. O. Krause, O. Nuyken, K. Wurst, M. R. Buchmeiser, *Chem. Eur. J.* **2004**, *10*, 777–784. b) M. R. Buchmeiser, *New. J. Chem.* **2004**, *28*, 549–557. c) J. M. Basset, *J. Mol. Catal. A Chem.* **2004**, *213*, 47–57. d) S. T. Nguyen, R. H. Grubbs, *J. Organomet. Chem.* **1995**, *497*, 195–200. e) D. Fischer, S. Blechert, *Adv. Synth. Catal.* **2005**, *347*, 1329–1332.

112 V. Dragutan, I. Dragutan, *J. Organomet. Chem.* **2006**, *691*, 5129–5147 und darin zitierte Referenzen.

113 B. Schmidt, *Eur. J. Org. Chem.* **2004**, 1865–1880.

114 C. S. Consorti, G. L. P. Aydos, J. Dupont, *Chem. Commun.* **2010**, *46*, 9058–9060.

115 M. B. France, J. Feldman, R. H. Grubbs, *J. Chem. Soc., Chem. Commun.* **1994**, 1307–1308.

116 Y. Zhu, J. Patel, S. Mujcinovic, W. R. Jackson, A. J. Robinson, *Green Chem.* **2006**, *8*, 746–749.

117 Z. C. Zhang, M. Dery, S. Zhang, D. Steichen, *J. Surfac. Deterg.* **2004**, *7*, 211–215 und darin zitierte Referenzen.

118 U. Biermann, J. O. Metzger, *Eur. J. Lipid Sci. Technol.* **2008**, *110*, 805–811.

119 J. Baltes, *Fette und Seifen* **1950**, *52*, 41–50.

120 H. L. Ngo, A. Nunez, W. Lin, T. A. Foglia, *Eur. J. Lipid Sci. Technol.* **2007**, *108*, 214–224.

121 a) J. O. Metzger, U. Linker, *Fat Sci. Technol.* **1991**, *93*, 244–249. b) J. O. Metzger, U. Linker, *Liebigs Ann. Chem.* **1992**, 209–216.

122 a) D. L. Boger, H. Miyauchi, M. P. Hedrick, *Bioorg. Med. Chem. Lett.* **2001**, *11*, 1517–1520. b) R. A. Mueller, R. A. Partis, *Patent US 4,551,279*, **1985**.

123 J. Tsuji, K. Takahashi, I. Minami, I. Shimizu, *Tetrahedron Lett.* **1984**, *25*, 4783–4786.

124 Übersichtsartikel: a) J. C. Ronda, G. Lligadas, M. Galià, V. Cádiz, *Eur. J. Lipid Sci. Technol.* **2011**, *113*, 46–58. b) M. A. R. Meier, J. O. Metzger, U. S. Schubert, *Chem. Soc. Rev.* **2007**, *36*, 1788–1802.

125 F. Stempfle, D. Quinzler, I. Heckler, S. Mecking, *Macromol.* **2011**, *44*, 4159–4166.

126 M. R. L. Furst, R. Le Goff, D. Quinzler, S. Mecking, C. H. Botting, D. J. Cole-Hamilton, *Green Chem.* **2012**, *14*, 472–477.

127 O. Türünç, M. A. R. Meier, *Macromol. Rapid Commun.* **2010**, *31*, 1822–1826.

128 a) T. Posner, *Chem. Ber.* **1905**, *38*, 646–657. Übersichtsartikel: b) C. N. Bowman, C. E. Hoyle, *Angew. Chem.* **2010**, *122*, 1584–1617.

129 M. Sacristan, J. C. Ronda, M. Galià, V. Cádiz, *Biomacromol.* **2009**, *10*, 2678–2685.

130 L. Montero de Espinosa, J. C. Ronda, M. Galià, V. Cádiz, *J. Polym. Sci., Part A Polym. Chem.* **2008**, *46*, 6843–6850.

131 L. Montero de Espinosa, M. A. R. Meier, J. C. Ronda, M. Galià, V. Cádiz, *J. Polym. Sci., Part A Polym. Chem.* **2010**, *48*, 1649–1660.

132 R. M. Thomas, B. K. Keitz, T. M. Champagne, R. H. Grubbs, *J. Am. Chem. Soc.* **2011**, *133*, 7490–7496.

133 B. K. Keitz, R. H. Grubbs, *J. Am. Chem. Soc.* **2011**, *133*, 16277–16284.

134 C. Pil Park, M. M. Van Wingerden, S.-Y. Han, D.-P. Kim, R. H. Grubbs, *Org. Lett.* **2011**, *13*, 2398–2401.

135 V. Le Ravalec, C. Fischmeister, C. Bruneau, *Adv. Synth. Catal.* **2009**, *351*, 1115–1122.

136 C. Fischmeister, C. Bruneau, *Beilstein J. Org. Chem.* **2011**, *7*, 156–166.

137 a) A. Köckritz, A. Martin, *Eur. J. Lipid Sci. Technol.* **2011**, *113*, 83–91. b) S. E. Dapurkar, H. Kawanami, T. Yokoyama, Y. Ikushima, *Top. Catal.* **2009**, *52*, 707–713.

138 A. Köckritz, M. Blumenstein, A. Martin, *Eur. J. Lipid Sci. Technol.* **2010**, *112*, 58–63.

139 M. Dierker, H. J. Schäfer, *Eur. J. Lipid Sci. Technol.* **2010**, *112*, 122–136.

140 G. Knothe, *Energy Environ. Sci.* **2009**, *2*, 759–766.

141 Übersichtsartikel: a) M. Zabeti, W. Mohd Ashri, W. Daud, M. Kheireddine Aroua, *Fuel Proc. Technol.* **2009**, *90*, 770–777. b) S. Semwal, A. K. Arora, R. P. Badoni, D. K. Tuli, *Biores. Technol.* **2011**, *102*, 2151–2161.

142 M. J. Haas, K. Wagner, *Eur. J. Lipid Sci. Technol.* **2011**, *113*, 1219–1229.

143 C. A. R. M. Junior, C. E. R. Albuquerque, J. S. A. Carneiro, C. Dariva, M. Fortuny, A. F. Santos, S. M. S. Egues, A. L. D. Ramos, *Ind. Eng. Chem. Res.* **2010**, *49*, 12135–12139.

144 Y. Wang, X. Dong, R. C. Larock, *J. Org. Chem.* **2003**, *68*, 3090–3098.

145 T. A. Isbell, H. B. Frykman, T. P. Abbott, Joseph E. Lohr, J. C. Drozd, *J. Am Oil Chem. Soc.* **1997**, *74*, 473–477.

146 a) P. A. Grieco, N. Marinovic, *Tetrahedron Lett.* **1978**, *19*, 2545–2548. b) Rhodium-Hydride: M. J. Zacuto, F. Xu, *J. Org. Chem.* **2007**, *72*, 6298–6300. c) A. Bakac, *Dalton Trans.* **2006**, 1589–1596.

147 T. C. Morrill, C. A. D'Souza, *Organometallics* **2003**, *22*, 1626–1629.

148 a) P. A. Grieco, M. Nishizawa, N. Marinovic, W. J. Ehmann, *J. Am. Chem. Soc.* **1976**, *98*, 7102–7104. b) J. Andrieux, D. H. R. Barton, H. Patin, *J. Chem. Soc., Perkin Trans. 1* **1977**, 359–363.

149 M. Schmeißer, P. Sartori, B. Lippsmeier, *Chem. Ber.* **1970**, *103*, 868–879.

150 T. A. Isbell, B. A. Plattner, *J. Am. Oil Chem. Soc.* **1997**, *74*, 153–158.

151 M. F. Ansell, M. H. Palmer, *J. Chem. Soc.* **1963**, 2640–2644.

152 S. C. Cermak, T. A. Isbell, *J. Am. Oil Chem. Soc.* **2001**, *78*, 557–565.

153 a) P. W. Clutterbuck, *J. Chem. Soc.* **1924**, *125*, 2330–2333. b) T. A. Isbell, B. A. Steiner, *J. Am. Oil Chem. Soc.* **1998**, *75*, 63–66.

154 B. V. S. K. Rao, R. Subbarao, *J. Lipid Sci. Technol.* **2006**, *38*, 185–191.

155 a) J. K. Well, F. D. Smith, W. M. Linfield, *J. Am. Oil Chem. Soc.* **1972**, *49*, 383–386. b) R. Lagerman, S. Clancy, D. Tanner, N. Johnston, B. Callian, F. Friedli, *J. Am. Oil Chem. Soc.* **1994**, *71*, 97–100.

156 A. Granata, F. Sauriol, A. S. Perlin, *Can. J. Chem.* **1994**, *72*, 1684–1690.

157 L. J. Gooßen, D. M. Ohlmann, M. Dierker, *Green Chem.* **2010**, *12*, 197–200.

158 J. E. Baldwin, *J. Chem. Soc., Chem. Commun.* **1976**, 734–736.

159 S. Robin, G. Rousseau, *Tetrahedron* **1998**, *54*, 13681–13736.

160 a) Palladium: L. S. Hegedus, J. M. McKearin, *J. Am. Chem. Soc.* **1982**, *104*, 2444–2451. b) Trifluormethansulfonsäure: Z. Li, J. Zhang, C. Brouwer, C.-G. Yang, N. W. Reich, C. He, *Org. Lett.* **2006**, *8*, 4175–4178. c) Eisen: K. Komeyama, T. Morimoto, K. Takaki, *Angew. Chem. Int. Ed.* **2006**, *45*, 2938–2941.

161 H. Qian, R. A. Widenhoefer, *Org. Lett.* **2005**, *7*, 2635–2638.

162 C-C-Knüpfungen: a) J. Huang, E. Bunel, M. M. Faul, *Org. Lett.* **2007**, *9*, 4343–4346. b) J. P. Stambuli, R. Kuwano, J. F. Hartwig, *Angew. Chem. Int. Ed.* **2002**, *41*, 4746–4748. c) T. Hama, X. Liu, D. A. Culkin, J. F. Hartwig, *J. Am. Chem. Soc.* **2003**, *125*, 11176–11177. d) T. Hama, J. F. Hartwig, *Org. Lett.* **2008**, *10*, 1545–1548. e) T. Hama, J. F. Hartwig, *Org. Lett.* **2008**, *10*, 1549–1552.

163 C-N- und C-S-Knüpfungen: a) P. Ryberg, *Org. Process Res. Dev.* **2008**, *12*, 540–543. b) M. Prashad, X. Y. Mak, Y. Liu, O. Repic, *J. Org. Chem.* **2003**, *68*, 1163–1164. c) C. C. Eichmann, J. P. Stambuli, *J. Org. Chem.* **2009**, *74*, 4005–4008.

164 Kürzlich entwickelte C-Si-Knüpfungen: M. Hemgesberg, D. M. Ohlmann, Y. Schmitt, M. Wolfe, M. K. Müller, B. Erb, Y. Sun, L. J. Gooßen, M. Gerhards, W. R. Thiel, *Eur. J. Org. Chem.* **2012**, im Druck, doi: 10.1002/ejoc.201200076.

165 Synthese und Eigenschaften: a) R. Vilar, D. M. P. Mingos, C. J. Cardin, *J. Chem. Soc., Dalton Trans.* **1996**, *23*, 4313–4314. b) T. J. Colacot, *Platinum Metals Rev.* **2009**, *53*, 183–188. c) V. Durá-Vilá, D. M. P. Mingos, R. Vilar, A. J. P. White, D. J. Williams, *J. Organomet. Chem.* **2000**, *600*, 198–205. d) T. J. Colacot, M. W. Hooper, G. A. Grasa, *Patent WO 2011/012889A1*, **2011**. e) L. J. Gooßen, P. Mamone, M. Grünberg, M. Arndt, *Europäisches Patent*, **2011**.

166 R. Laï, E. Ucciani, M. Naudet, *Bull. Soc. Chim. Fr.* **1969**, *3*, 793–797.

167 a) P. Kocovsky, D. Dvorak, *Tetrahedron Lett.* **1986**, *27*, 5015–5018. b) C. Chuit, R. J. P. Corriu, R. Perz, C. Reye, *Tetrahedron* **1986**, *42*, 2293–2301.

168 a) J. Christoffers, G. Koripelly, A. Rosiak, M. Rössle, *Synthesis* **2007**, 1279–1300. b) T. Hayashi, *Bull. Chem. Soc. Jpn.* **2004**, *77*, 13–21. c) J.-F.

Paquin, C. R. J. Stephenson, C. Defieber, E. M. Carreira, *Org. Lett.* **2005**, *7*, 3821–3824. d) K. Fagnou, M. Lautens, *Chem. Rev.* **2003**, *103*, 169–196. e) C. Bolm, J. P. Hildebrand, K. Muñiz, N. Hermanns, *Angew. Chem. Int. Ed.* **2001**, *40*, 3284–3308. f) T. Hayashi, K. Yamasaki, *Chem. Rev.* **2003**, *103*, 2829–2844.

169 G. Zou, J. Guo, Z. Wang, W. Huang, J. Tang, *Dalton Trans.* **2007**, 3055–3064.

170 a) Ytterbiumtriflat: S. Matsubara, M. Yoshioka, K. Utimoto, *Chem. Lett.* **1994**, 827–830. b) Indiumtrichlorid: T. P. Loh, L.-L. Wei, *Synlett* **1998**, 975–976. c) Rutheniumtrichlorid: Zhang, Y. Zhang, L. Liu, H. Xu, Y. Wang, *Synthesis* **2005**, *13*, 2129–2136. d) Bismuthtriflat: N. Srivastava, B. K. Banik, *J. Org. Chem.* **2003**, *68*, 2109–2114.

171 R. A. Fernandes, P. Kumar, *Eur. J. Org. Chem.* **2000**, 3447–3449.

172 E. F. Jenny, C. A. Grob, *Helv. Chim. Acta* **1953**, 36, 1936–1944.

173 G. D. Cuny, S. L. Buchwald, *J. Am. Chem. Soc.* **1993**, *115*, 2066–2068.

174 Y. Butsugan, M. Muto, M. Kawai, S. Araki, Y. Murase, K. Saito, *J. Org. Chem.* **1989**, *54*, 4215–4217.

175 T. G. Meyer, A. Fischer, P.G. Jones, R. Schmutzler, *Z. Naturforsch. B* **1993**, *48*, 659–671.

176 a) G. Cecchi, R. Cerrato, E. Ucciani, *Rev. Fr. Corps Gras* **1982**, 437–443. b) Stochastische Berechnung der Isomerenverteilung: b) Y. Kubota, *Fette, Seifen, Anstrichmittel* **1976**, *78*, 118–123 und c) P. van der Plank, *Fette, Seifen, Anstrichmittel* **1978**, *80*, 386–388.

177 S. Patai, Z. Rappoport: *The Chemistry of Organic Silicon Compounds*. Wiley-VCH, Weinheim, **1998**.

178 H. Wakamatsu, M. Nishida, N. Adachi, M. Mori, *J. Org. Chem.* **2000**, *65*, 3966–3970 und darin zitierte Referenzen.

179 a) J. Tan, Z. Zhang, Z. Wang, *Org. Biomol. Chem.* **2008**, *6*, 1344–1348. b) Aktuelle Anwendungen von Pd-Hydriden: D. Gauthier, A. T. Lindhardt, E. P. K. Olsen, J. Overgaard, T. Skrydstrup, *J. Am. Chem. Soc.* **2010**, *132*, 7998–8009 und darin zitierte Referenzen.

180 a) R. Damico, *J. Org. Chem.* **1968**, *33*, 1550–1556. b) M. A. Schroeder, M. S. Wrighton, *J. Am. Chem. Soc.* **1976**, *98*, 551–558. c) E. N. Frankel, E. A. Emken, V. L. Davison, *J. Am. Oil Chem. Soc.* **1966**, *43*, 307–311.

181 L. Navarre, M. Pucheault, S. Darses, J.-P. Genet, *Tetrahedron Lett.* **2005**, *46*, 4247–4250.

182 D. M. Knapp, E. P. Gillis, M. D. Burke, *J. Am. Chem. Soc.* **2009**, *131*, 6961–6963.

183 L. J. Gooßen, J. Paetzold, *Adv. Synth. Catal.* **2004**, *346*, 1665–1668.

184 Beispiele für die Verwendung von Tetraarylboratsalzen in Rhodium-katalysierten Additionsreaktionen: a) M. Ueda, N. Miyaura, *J. Organomet. Chem.* **2000**, *595*, 31–35. b) K. Ueura, S. Miyamura, T. Satoh, M. Miura, *J. Organomet. Chem.* **2006**, *691*, 2821–2826. c) J. Chen, J. Chen, F. Lang, X. Zhang, L. Cun, J. Zhu, J. Deng, J. Liao, *J. Am. Chem. Soc.* **2010**, *132*,

4552–4553. d) R. Shintani, Y. Tsutsumi, M. Nagaosa, T. Nishimura, T. Hayashi, *J. Am. Chem. Soc.* **2009**, *131*, 13588–13589.

185 T. Hayashi, M. Takahashi, Y. Takaya, M. Ogasawara, *J. Am. Chem. Soc.* **2002**, *124*, 5052–5058.

186 a) T. Nishimura, J. Wang, M. Nagaosa, K. Okamoto, R. Shintani, F.-Y. Kwong, W.-Y. Yu, A. S. C. Chan, T. Hayashi, *J. Am. Chem. Soc.* **2010**, *132*, 464–465 und darin zitierte Referenzen. b) T. N. Salzmann, R. W. Ratcliffe, B. G. Christensen, F. A. J. Bouffard, *J. Am. Chem. Soc.* **1980**, *102*, 6161–6163. c) M. Pfau, *Bull. Soc. Chim. Fr.* **1967**, 1117–1125 und darin zitierte Referenzen.

187 K. H. Ahn, S. J. Lee, *Tetrahedron Lett.* **1994**, *35*, 1875–1878.

188 D. M. Ohlmann, L. J. Gooßen, M. Dierker, *Chem. Eur. J.* **2011**, *17*, 9508–9519.

189 Michael-Addition von Thiuroniumsalzen: Y. Zhao, Z.-M. Ge, T.-M. Cheng, R.-T. Li, *Synlett* **2007**, *10*, 1529–1532.

190 a) Michael-Addition von Alkoholen an Enone: M. V. Farnworth, M. J. Cross, J. Louie, *Tetrahedron Lett.* **2004**, *45*, 7441–7443. b) Triphenylphosphin-katalysierte Michael-Addition von Oximen an α,β-ungesättigte Carbonylverbindungen: D. Bhuniya, S. Mohan, S. Narayanan, *Synthesis* **2003**, *7*, 1018–1024. c) Organokatalytische Michael-Addition von Oximen an α,β-ungesättigte Aldehyde: S. Bertelsen, P. Dinér, R. L. Johansen, K. A. Jørgensen, *J. Am. Chem. Soc.* **2007**, *129*, 1536–1537.

191 H.-J. Arpe, *Industrielle organische Chemie: bedeutende Vor- und Zwischenprodukte*, 6. Aufl., Wiley-VCH, Weinheim, **2007**, S. 94–95.

192 a) K. Schmitt, F. Gude, *Patent US 3723350*, **1973**. b) E. J. Vandenberg, *Patent US 3058963*, **1962**. c) H. P. Rath, H. Mach, M. Röper, J. Stephan, J. Karl, R. Blackborow, *Patent WO 016290A2*, **2002**.

193 K. Maenz, D. Stadermann, *Angew. Makromol. Chem.* **1996**, *242*, 183–197.

194 J. A. M. Van Broekhoven, E. Drent, E. Klei, N. Nozaki, *Patent US 4,880,903*, **1989**.

195 N. Bottke, J. Tropsch, T. Narbeshuber, J. Stephan, M. Roeper, T. Heidemann, U. Steinbrenner, R. Benfer, *Patent WO 2005061447*, **2005**.

196 C. Böing, D. Maschmeyer, M. Winterberg, S. Buchholz, B. Melcher, M. Haumann, P. Wasserscheid, *Patent WO 2011029691*, **2011**.

197 R. E. Montenegro, M. A. R. Meier, *Eur. J. Lipid Sci. Technol.* **2012**, *114*, 55–62.

198 G. Heublein, H. Hartung, M. Helbig, D. Stadermann, *J. Macromol. Sci.-Chem., A* **1982**, *17*, 821–845.

199 a) R. W. Johnson, *Fatty acids in industry: processes, properties, derivatives, applications*, Marcel Dekker Inc., New York, **1989**. b) S. Huf, S. Krügener, T. Hirth, S. Rupp, S. Zibek, *Eur. J. Lipid Sci. Technol.* **2011**, *113*, 548–561. c) J. Schindler, F. Meussdoerffer, H. Giesel-Buehler, *Forum Mikrobiol.* **1990**, *13*, 274–281. d) S. Picataggio, T. Rohrer, K. Dean-

da, D. Lanning, R. Reynolds, J. Mielenz, L. D. Eirich, *Nat. Biotechnol.* **1992**, *10*, 894–898.

200 L. Porri, P. Diversi. A. Lucherini, R. Rossi, *Makrom. Chem.* **1975**, *176*, 3121–3125.

201 a) B. Schmidt, *Eur. J. Org. Chem.* **2003**, 816–819. b) B. Schmidt, *J. Org. Chem.* **2004**, *69*, 7672–7687.

202 J. L. Herisson, Y. Chauvin, *Makromol. Chem.* **1971**, *141*, 161–176.

203 C. Elschenbroich, *Organometallchemie*, Teubner, Wiesbaden, **2005**, S. 641.

204 F. Proutiere, M. Aufiero, F. Schoenebeck, *J. Am. Chem. Soc.* **2012**, *134*, 606–612.

205 L. J. Gooßen *et al.*, unveröffentlichte Ergebnisse, **2011**.

206 T. Yoshida, S. Otsuka, *J. Am. Chem. Soc.* **1977**, *99*, 2134–2140.

207 Ruthenium-induzierte Doppelbindungsmigrationen: a) M. Arisawa, Y. Terada, M. Nakagawa, A. Nishida, *Angew. Chem.* **2002**, *114*, 4926–4928; *Angew. Chem. Int. Ed.* **2002**, *41*, 4732–4734 und darin zitierte Referenzen. Übersichtsartikel: b) T. J. Donohoe, T. J. C. O'Riordan, C. P. Rosa, *Angew. Chem.* **2009**, *121*, 1032–1035; *Angew. Chem. Int. Ed.* **2009**, *48*, 1014–1017.

208 J. Scholz, M. Haumann, P. Wasserscheid, *Olefin metathesis with supported ruthenium catalysts*, Posterbeitrag beim 43. Jahrestreffen Deutscher Katalytiker, Weimar, 10.-12.03.2010.

209 Verwendung von Hydroxyphenolen als Polymerbausteine: a) N. Kawabata, Y. Taketani, *Bull. Chem. Soc. Jpn.* **1980**, *53*, 2986–2989. b) K. E. Uhrich, E. Reichmanis, S. A. Heffner, J. M. Kometani, *Macromol.* **1994**, *27*, 4936–4940. c) BASF, *Patent EP93120857*, **1993**.

210 a) K. Ferré-Filmon, L. Delaude, A. Demonceau, A. F. Noels, *Eur. J. Org. Chem.* **2005**, *2005*, 3319–3325. b) J. Velder, S. Ritter, J. Lex, H. G. Schmalz, *Synthesis* **2006**, *2*, 273–278.

211 a) S. Bradamante, L. Barenghi, A. Villa, *Cardiovasc. Drug Rev.* **2004**, *22*, 169–188. b) H. Li, U. Förstermann, *Cardiovasc. Drugs Ther.* **2009**, *23*, 425–429.

212 B. C. E. Makhubela, A. Jardine, G. S. Smith, *Green Chem.* **2012**, *14*, 338–347.

213 Katalogabfrage bei den Firmen Sigma-Aldrich, VWR und Strem, 15.12.2011.

214 L. Firmansjah, G. C. Fu, *J. Am. Chem. Soc.* **2007**, *129*, 11340–11341.

215 G. M. Rubottom, J. M. Gruber, R. Marrero, H. D. Juve, Jr., C. Wan Kim, *J. Org. Chem.* **1983**, *48*, 4940–4944.

216 B. Song, T. Himmler, L. J. Gooßen, *Adv. Synth. Catal.* **2011**, *353*, 1688–1694.

217 Übersicht zur Baylis-Hillman-Reaktion: L. Kurti, B. Czako, *Strategic Applications of Named Reactions in Organic Synthesis*, Academic Press, **2004**, S. 48–49.

218 a) A. B. Baylis, M. E. D. Hillman, *Patent DE 2155113*, **1972**. b) D. Basavaiah, P. D. Rao, R. S. Hyma, *Tetrahedron* **1996**, *52*, 8001–8062. c) E. Ciganek, *Org. React.* **1997**, *51*, 201–350. d) F. Coelho, W. P. Almeida, *Quim. Nova* **2000**, *23*, 98–101.

219 X. Mi, S. Luo, J.-P. Cheng, *J. Org. Chem.* **2005**, *70*, 2338–2341.

220 Silber/Kupfer-System: a) F. van der Klis, M. H. van den Hoorn, R. Blaauw, J. van Haveren, D. S. van Es, *Eur. J. Lipid Sci. Technol.* **2011**, *113*, 562–571. Eisen/Kohlenmonoxid-System: b) S. Maetani, T. Fukuyama, N. Suzuki, D. Ishihara, I. Ryu, *Chem. Commun.* **2012**, *48*, 2552–2554. c) Silber-katalysierte decarboxylierende Chlorierung aliphatischer Carbonsäuren: Z. Wang, L. Zhu, F. Yin, Z. Su, Z. Li, C. Li, *J. Am. Chem. Soc.* **2012**, Article ASAP, doi: 10.1021/ja210361z.

221 a) L. J. Gooßen, W. R. Thiel, N. Rodríguez, C. Linder, B. Melzer, *Adv. Synth. Catal.* **2007**, *349*, 2241–2246. b) L. J. Gooßen, N. Rodríguez, C. Linder, P. P. Lange, A. Fromm, *ChemCatChem* **2010**, *2*, 430–442.

222 A. Ech-Chahad, A. Minassi, L. Berton, G. Appendino, *Tetrahedron Lett.* **2005**, *46*, 5113–5115.

223 C.-G. Yang, N. W. Reich, Z. Shi, C. He, *Org. Lett.* **2005**, *7*, 4553-4556.

224 A. Kreimeyer, *Angew. Chem. Int. Ed.* **2011**, *50*, 3328–3330.

225 Positionspapier der Royal Chemical Society: *Chemistry for Tomorrow's World – A roadmap for the chemical sciences*, RSC, Cambridge, **2009**, S. 27.

226 W. Hess, *Chemie für das 21. Jahrhundert – sauber, sparsam und biobasiert*, Working Paper der Allianz Dresdner Economic Research, **2008**, S. 3.

227 S. Nordhoff, H. Höcker, H. Gebhardt, *Chem. Ing. Techn.* **2007**, *79*, 551–560.

228 P. T. Anastas, J. C. Warner, *Green Chemistry: Theory and Practice*, Oxford University Press, New York, **1998**, S. 30.

229 M. S. F. Lie ken Jie, *Eur. J. Lipid Sci. Technol.* **2002**, *104*, 178–185.

230 H. Mutlu, M. A. R. Meier, *Eur. J. Lipid Sci. Technol.* **2010**, *112*, 10–30.

231 J. A. Riddick, W. B. Bunger, T. K. Sakano, *Organic Solvents: Physical Properties und Methods of Purification*, 4. Ausg., Wiley, New York, **1986**.

232 S. C. Cermak, T. A. Isbell, *J. Am. Oil Chem. Soc.* **2000**, *77*, 243–248.

233 M. Ito, A. Osaku, A. Shiibashi, T. Ikariya, *Org. Lett.* **2007**, *9*, 1821–1824.

234 B. Schlutt, N. Moran, P. Schieberle, T. Hofmann, *J. Agric. Food Chem.* **2007**, *55*, 9634–9645.

235 M. Movassaghi, E. N. Jacobsen, *J. Am. Chem. Soc.* **2002**, *124*, 2456–2457.

236 B. V. S. K. Rao, R. Subbarao, *J. Lipid Sci. Technol.* **2006**, *38*, 185–191.

237 J. K. Well, F. D. Smith, W. M. Linfield, *J. Am. Oil Chem. Soc.* **1972**, *49*, 383–386.

238 Q. Yang, J. E. Ney, J. P. Wolfe, *Org. Lett.* **2005**, *7*, 2575–2578.

239 C. Fong, D. Wells, I. Krodkiewska, P. G. Hartley, C. J. Drummond, *Chem. Mater.* **2006**, *18*, 594–597.

240 S. Ribe, R. K. Kondru, D. N. Beratan, P. Wipf, *J. Am. Chem. Soc.* **2000**, *122*, 4608–4617.

241 P. Kumar, R. A. Fernandes, *Eur. J. Org. Chem.* **2000**, 3447–3449.

242 L. Anschütz, W. Marquardt, *Chem. Ber.* **1956**, *89*, 1119–1123.

243 R. A. Fernandes, P. Kumar, *Tetrahedron Asymm.* **1999**, *10*, 4797–4802.

244 M. C. Estévez, R. Galve, F. Sánchez-Baeza, M.-P. Marco, *Chem. Eur. J.* **2008**, *14*, 1906–1917.

245 A. R. Katritzky, D. Feng, H. Lang, *J. Org. Chem.* **1997**, *62*, 706–714.

246 J. Harmon, C. S. Marvel, *J. Am. Chem. Soc.* **1932**, *54*, 2515–2526.

247 J. Yangand, G. B. Dudley, *Tetrahedron Lett.* **2007**, *48*, 7887–7889.

248 S. Oi, A. Taira, Y. Honma, T. Sato, Y. Inoue, *Tetrahedron Asymm.* **2006**, *17*, 598–602.

249 K. Kindler, K. Lührs, *Liebigs Ann. Chem.* **1967**, *707*, 26–34.

250 A. G. H. Wee, Q. Shi, Z. Wang, K. Hatton, *Tetrahedron Asymm.* **2003**, *14*, 897–910.

251 D. W. Adamson, *J. Chem. Soc.* **1950**, 885–890.

252 A. R. Katritzky, K. Yannakopoulou, *Synthesis* **1989**, *10*, 747–751.

i want morebooks!

Buy your books fast and straightforward online - at one of world's fastest growing online book stores! Environmentally sound due to Print-on-Demand technologies.

Buy your books online at
www.get-morebooks.com

Kaufen Sie Ihre Bücher schnell und unkompliziert online – auf einer der am schnellsten wachsenden Buchhandelsplattformen weltweit! Dank Print-On-Demand umwelt- und ressourcenschonend produziert.

Bücher schneller online kaufen
www.morebooks.de

VDM Verlagsservicegesellschaft mbH
Heinrich-Böcking-Str. 6-8   Telefon: +49 681 3720 174   info@vdm-vsg.de
D - 66121 Saarbrücken   Telefax: +49 681 3720 1749   www.vdm-vsg.de

Printed by Books on Demand GmbH, Norderstedt / Germany